Michael Joswig
Thorsten Theobald

Algorithmische Geometrie

vieweg studium

Aufbaukurs Mathematik

Herausgegeben von Martin Aigner, Peter Gritzmann, Volker Mehrmann
und Gisbert Wüstholz

Walter Alt
Nichtlineare Optimierung

Martin Aigner
Diskrete Mathematik

Albrecht Beutelspacher/Ute Rosenbaum
Projektive Geometrie

Gerd Fischer
Ebene algebraische Kurven

Wolfgang Fischer und Ingo Lieb
Funktionentheorie

Otto Forster
Analysis 3

Klaus Hulek
Elementare Algebraische Geometrie

Michael Joswig und Thorsten Theobald
Algorithmische Geometrie

Horst Knörrer
Geometrie

Helmut Koch
Zahlentheorie

Ulrich Krengel
**Einführung in die Wahrscheinlich-
keitstheorie und Statistik**

Wolfgang Kühnel
Differentialgeometrie

Ernst Kunz
**Einführung in die algebraische
Geometrie**

Wolfgang Lück
Algebraische Topologie

Werner Lütkebohmert
Codierungstheorie

Reinhold Meise und Dietmar Vogt
Einführung in die Funktionalanalysis

Gisbert Wüstholz
Algebra

Grundkurs Mathematik

Matthias Bollhöfer/Volker Mehrmann
Numerische Mathematik

Gerd Fischer
Lineare Algebra

Hannes Stoppel/Birgit Griese
Übungsbuch zur Linearen Algebra

Gerd Fischer
Analytische Geometrie

Otto Forster
Analysis 1

Otto Forster/Rüdiger Wessoly
Übungsbuch zur Analysis 1

Otto Forster
Analysis 2

Otto Forster/Thomas Szymczak
Übungsbuch zur Analysis 2

Gerhard Opfer
**Numerische Mathematik
für Anfänger**

vieweg

Michael Joswig
Thorsten Theobald

Algorithmische Geometrie

Polyedrische und algebraische Methoden

vieweg

Bibliografische Information Der Deutschen Nationalbibliothek
Die Deutsche Nationalbibliothek verzeichnet diese Publikation in der
Deutschen Nationalbibliografie; detaillierte bibliografische Daten sind im Internet über
<http://dnb.d-nb.de> abrufbar.

Prof. Dr. Michael Joswig
Fachbereich Mathematik
Technische Universität Darmstadt
Schloßgartenstraße 7
64289 Darmstadt

joswig@mathematik.tu-darmstadt.de

Prof. Dr. Thorsten Theobald
Institut für Mathematik, FB 12
Johann Wolfgang Goethe-Universität
Robert-Mayer-Str. 10
60325 Frankfurt am Main

theobald@math.uni-frankfurt.de

1. Auflage 2008

Alle Rechte vorbehalten
© Friedr. Vieweg & Sohn Verlag | GWV Fachverlage GmbH, Wiesbaden 2008

Lektorat: Ulrike Schmickler-Hirzebruch | Susanne Jahnel

Der Vieweg Verlag ist ein Unternehmen von Springer Science+Business Media.
www.vieweg.de

Umschlaggestaltung: Ulrike Weigel, www.CorporateDesignGroup.de
Textgestaltung: Christoph Eyrich, Berlin
Druck und buchbinderische Verarbeitung: MercedesDruck, Berlin
Gedruckt auf säurefreiem und chlorfrei gebleichtem Papier.

ISBN 978-3-8348-0281-1

Vorwort

Die *Geometrie* gilt als das älteste systematisierte Teilgebiet der Mathematik. Aufgrund der wachsenden Fähigkeiten von Computern nehmen algorithmische Zugänge einen immer höheren Stellenwert in der Geometrie ein. Vor diesem Hintergrund verstehen wir *Algorithmische Geometrie* in einem sehr allgemeinen Sinn als denjenigen Teil der Geometrie, der *prinzipiell* einer algorithmischen Behandlung zugänglich ist.

In dem vorliegenden Lehrbuch soll ein mathematisch orientierter, breiter Zugang zu algorithmischen Fragestellungen der Geometrie geschaffen werden. Wir weisen darauf hin, dass es sich um einen *einführenden* Text handelt. Beschränkungen sind also unabdingbar, und die Stoffauswahl ist zwangsläufig von Vorlieben der Autoren geprägt.

Im ersten Teil des Buches werden Probleme und Techniken behandelt, die sich auf polyedrische (das heißt, linear begrenzte) Objekte beziehen. Hierzu gehören beispielsweise Algorithmen zur Berechnung konvexer Hüllen und die Konstruktion von Voronoi-Diagrammen. Methoden der algorithmischen algebraischen Geometrie stehen im Zentrum des zweiten Teils. Schwerpunkte hier sind Gröbnerbasen und das Lösen polynomialer Gleichungssysteme. Der dritte Teil widmet sich schließlich ausgewählten Anwendungen aus Computergrafik, Kurvenrekonstruktion und Robotik.

Vorrangiges Anliegen ist es, Querverbindungen algorithmisch-geometrischer Fragestellungen zu anderen Teilgebieten der Mathematik (wie der algebraischen Geometrie, der Optimierung oder der Numerik) herzustellen. Hierzu konzentrieren wir uns auf einige wesentliche Ideen und Methoden. Zusätzlich wollen wir einen Einblick in die Möglichkeiten aktueller Computersoftware (wie `polymake`, `Maple` oder `Singular`) in diesem Kontext geben.

Erwartete Vorkenntnisse

Das Buch richtet sich an fortgeschrittene Studierende in den Bachelor-Studiengängen Mathematik und Informatik sowie an Studierende der Ingenieurwissenschaften, die sich für Anwendungen der algorithmischen Geometrie (etwa in der Robotik) interessieren.

Vorausgesetzt wird der gängige Stoff der Anfangssemester aus der linearen Algebra und der Analysis. Zusätzliche Kenntnisse in diskreter Mathematik, Optimierung, Algorithmen und Algebra sind hilfreich; das aus diesen Bereichen benötigte Material wird aber im Text hergeleitet oder in den Anhängen zusammengestellt.

Zielsetzung des Buches

Es ist nicht beabsichtigt, alle Teilaspekte umfassend zu behandeln. Stattdessen sollen – ausgehend von algorithmischen Fragestellungen in verschiedenen aktuellen Teilbereichen der Geometrie – vielfältige Einstiegsmöglichkeiten in die (meist englischsprachige) Spezialliteratur geschaffen werden.

Im Gegensatz zu aus der Informatik hervorgegangen Büchern zum selben Thema wird der für effiziente Implementierungen oftmals wichtige Aspekt der abstrakten Datentypen nur am Rande behandelt.

Danksagung

Dieses Buch ist aus Vorlesungen der Autoren an der Technischen Universität Berlin, der Technischen Universität Darmstadt und der Johann Wolfgang Goethe-Universität Frankfurt am Main hervorgegangen. Die Hörer dieser Veranstaltungen haben uns zahlreiche Anregungen gegeben.

Einige Bilder wurden uns freundlicherweise von Sven Herrmann (Abbildung 13.3) und Nikolaus Witte (Abbildung 1.1) zur Verfügung gestellt. Christoph Eyrich hat uns wertvolle Hilfe bei der Gestaltung gegeben.

Für Kommentare und Kritik bedanken wir uns ganz besonders bei René Brandenberg, Peter Gritzmann, Martin Henk, Sven Herrmann, Katja Kulas, Alexander Martin, Werner Nickel, Marc Pfetsch, Cordian Riener, Thilo Rörig, Moritz Schmitt, Achill Schürmann, Dieter Schuster, Reinhard Steffens, Natascha Steinbrügge, Tanja Treffinger, Axel Werner, Claudia Wessling, Nikolaus Witte, Ronald Wotzlaw und Günter M. Ziegler.

Darmstadt und Frankfurt am Main,   Michael Joswig
im August 2007   Thorsten Theobald

Inhalt

II Nichtlineare algorithmische Geometrie

III   Anwendungen

IV   Anhänge

1 Einführung und Überblick

In methodischer Hinsicht betrachten wir in diesem Buch die Geometrie von einem *analytischen*, also koordinatenbasierten Standpunkt aus. Dieser Zugang macht die Frage nach der Darstellung der geometrischen Daten im Rechner zumeist sehr einfach. Hierbei wollen wir uns nicht auf lineare Probleme beschränken. Dieses Vorgehen ist zum einen vom theoretischen Standpunkt aus reizvoll, zum anderen aber auch praktisch motiviert durch Fortschritte in der Computeralgebra und durch die Verfügbarkeit schneller Hardware.

In Kapitel 2 stellen wir einige Grundlagen bereit. Zunächst einmal bietet sich für viele geometrische Anwendungen die Sprache der *projektiven Geometrie* an. Da diese oft nicht mehr zum Standardrepertoire der Grundvorlesungen gehört, diskutieren wir kurz die benötigten Konzepte projektiver Räume und projektiver Transformationen. Darüber hinaus wird in dem Kapitel in den *Konvexitätsbegriff* eingeführt.

Aus dem analytischen Zugang ergibt sich eine Organisation des Textes entlang der Fragestellung nach Verfahren zur Lösung von Gleichungssystemen und ihren Varianten steigender Komplexität in Bezug auf das notwendige mathematische Rüstzeug.

1.1 Lineare algorithmische Geometrie

Der zentrale Grundbaustein der meisten vorgestellten Algorithmen ist das *Gaußsche Eliminationsverfahren*. Dieses ist Gegenstand jeder Vorlesung über *lineare Algebra*. In geometrischer Sprechweise behandelt der Algorithmus die folgende Fragestellung: Zu gegebenen affinen Hyperebenen $H_1, \ldots, H_k$ im Vektorraum K^n über einem beliebigen Körper K sei

$$A = H_1 \cap \cdots \cap H_k. \tag{1.1}$$

Je nach Variante wird von A als Ausgabe eine (affine) Basis oder nur die Dimension verlangt.

Unser Streifzug durch die eigentliche algorithmische Geometrie beginnt mit den reellen Zahlen und dem Übergang von Gleichungen zu Ungleichungen. Betrach-

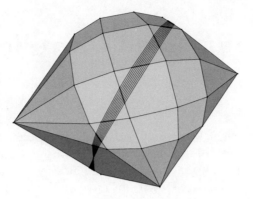

Abbildung 1.1. Beispiel für ein beschränktes Polyeder in $\mathbb{R}^3$. Hierbei handelt es sich um ein Polytop, das dual zu einem Zonotop ist. In dem gürtelartigen Streifen in der Mitte liegen sehr viele sehr schmale Facetten.

tet man zu jeder Hyperebene

$$H_i \; = \; \left\{ x \in \mathbb{R}^n : \sum_{j=1}^{n} a_{ij} x_j = b_i \right\}$$

den abgeschlossenen Halbraum

$$H_i^+ \; = \; \left\{ x \in \mathbb{R}^n : \sum_{j=1}^{n} a_{ij} x_j \geq b_i \right\} ,$$

dann definiert der Durchschnitt $P = \bigcap_{i-1}^{k} H_i^+$ ein *(konvexes) Polyeder* (siehe Abbildung 1.1 für ein Beispiel in $\mathbb{R}^3$).

Polyeder bilden ein geometrisches Grundkonzept für die algorithmische Geometrie und die lineare Optimierung. In hohen Dimensionen ist die kombinatorische Vielfalt von Polyedern erheblich größer als sich durch niedrigdimensionale Visualisierungen wie in Abbildung 1.1 erahnen lässt. Eine für die Komplexität vieler Algorithmen grundlegende Frage ist, wie viele Ecken ein durch k lineare Ungleichungen definiertes Polyeder maximal haben kann. Dieser Sachverhalt wurde erst im Jahr 1970 durch das *Upper-Bound-Theorem* geklärt, dessen Beweis (in einer etwas abgeschwächten Version, siehe Satz 3.44) und die Klärung der zugrunde liegenden geometrischen Struktur ein erstes Etappenziel des Buches ist. Für die algorithmische Geometrie ist das Resultat von besonderer Bedeutung, weil sich hieraus Komplexitätsabschätzungen für einige Verfahren ergeben.

In Kapitel 3 studieren wir systematisch Eigenschaften von Polytopen (Seitenverband, Polarität, Kombinatorik von Polytopen) bis hin zur *Euler-Formel* und den *Dehn-Sommerville-Gleichungen*. Am Ende des Kapitels illustrieren und visualisieren wir einige der Überlegungen mit der Geometrie-Software polymake. Diese wird auch in späteren Kapiteln zur Verdeutlichung der vorgestellten Algorithmen verwendet.

Kernstück vieler mathematischer Anwendungen ist die *lineare Optimierung*. Hier bei soll auf einem (durch lineare Ungleichungen gegebenen) Polyeder P das Minimum (bzw. Maximum) bezüglich einer linearen Zielfunktion bestimmt werden. Für algorithmische Lösungen ist zudem zu beachten, dass das Polyeder leer sein kann, oder die Zielfunktion auf P unbeschränkt. In Kapitel 4 geben wir eine kompakte Einführung in die relevanten Aspekte der linearen Optimierung. Insbesondere diskutieren wir den sowohl theoretisch als auch praktisch wichtigen *Simplex-Algorithmus*. Dabei betonen wir – unserem Thema entsprechend – die geometrische Sichtweise.

Ein interessantes algorithmisches Problem der Polyedertheorie besteht darin, *alle* Ecken eines durch Ungleichungen gegebenen Polyeders aufzuzählen. Mittels der in Abschnitt 3.3 erläuterten Dualitätstheorie ist das äquivalent zur Bestimmung eines minimalen Ungleichungssystems der konvexen Hülle einer Punktmenge. Dem *Konvexe-Hülle-Problem* widmen wir uns in Kapitel 5. Für Anwendungen ist hierbei zu beachten, dass dieses Problem (allein schon aufgrund der nach dem Upper-Bound-Theorem möglicherweise großen Ausgabe) in höheren Dimensionen praktisch schwierig wird. Von allgemeiner Bedeutung für den Entwurf effizienter Algorithmen ist das Prinzip *Divide-und-Conquer* („Teile und herrsche"), das wir anhand der Berechnung ebener konvexer Hüllen vorstellen.

Im nächsten Schritt untersuchen wir *Voronoi-Diagramme* und die dazu dualen *Delone-Zerlegungen*. Zu einer gegebenen Punktmenge $S = \{s^{(1)}, \ldots, s^{(m)}\}$ im n-dimensionalen Raum $\mathbb{R}^n$ besteht die zu einem Punkt $s^{(i)}$ gehörige *Voronoi-Region* aus denjenigen Punkten im $\mathbb{R}^n$, die (bezüglich des euklidischen Abstands) vom Punkt $s^{(i)}$ höchstens so weit entfernt sind wie von allen anderen.

In Kapitel 6 zeigen wir zunächst, wie sich aus Konvexe-Hülle-Algorithmen unmittelbar Verfahren zur Berechnung von Voronoi-Diagrammen in beliebiger Dimension gewinnen lassen. Anschließend konzentrieren wir uns wieder auf den ebenen Fall und stellen den *Wellenfront-Algorithmus* vor. Hierzu sind Kenntnisse über abstrakte Datentypen von Vorteil. Die wichtigsten Prinzipien werden wir erläutern; für eine tiefergehende Diskussion einschlägiger Datenstrukturen wird der Leser allerdings auf die weiterführende Literatur verwiesen.

Voronoi-Diagramme dienen beispielsweise dazu, das sogenannte *Postamt-Problem*, eine klassische Anwendung der algorithmischen Geometrie, zu lösen. Hierbei soll zu einer gegebenen endlichen Punktmenge $S \subseteq \mathbb{R}^2$ für jeden Punkt $p \in \mathbb{R}^2$ effizient derjenige Punkt $s \in S$ bestimmt werden, der den euklidischen Abstand $\|p - s\|$ minimiert. Die Punkte aus S kann man sich als Postämter vorstellen, während die Punkte p die Kunden sind. Natürlich gibt es hierzu eine naive algorithmische Lösung mittels vollständigen Ausprobierens (die auch sinnvoll

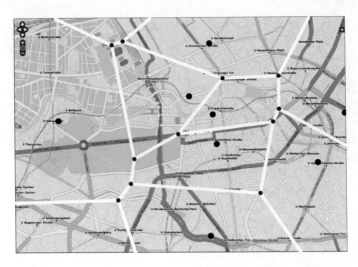

Abbildung 1.2. Lösung für ein Postamt-Problem für zehn Filialen der Deutschen Post AG in Berlin (zwei davon außerhalb des Kartenausschnitts). Karte von `www.openstreetmap.org`.

ist, wenn man nur einen einzigen Kunden in Betracht zieht). Man soll sich das Problem aber so vorstellen, als ob die Post ein Auskunftssystem erstellen wolle, das dann für sehr viele Kunden zu schnellen Antworten kommt, sofern sich die Positionen der Postämter nicht ändern.

Bei vielen Anwendungen treten Voronoi-Diagramme in dualer Form auf. In Kapitel 7 untersuchen wir daher Delone-Zerlegungen. Die hierdurch definierten Unterteilungen bzw. Triangulierungen (der konvexen Hülle) einer gegebenen Punktmenge S sind in mehrfacher Hinsicht optimal unter allen Triangulierungen von S. Wir zeigen, dass in beliebiger Dimension der maximale Umkugelradius minimiert wird. Auch hier gehen wir speziell auf den planaren Fall ein.

1.2   Nichtlineare algorithmische Geometrie

Der zweite Teil des Buches widmet sich nichtlinearen Problemen. Wenn wir zu unserer Systematik der Gleichungssysteme zurückkehren, dann machen wir in Kapitel 8 den Schritt von den linearen Gleichungs- und Ungleichungssystemen zu polynomialen Gleichungssystemen, also hinein in die elementare algebraische Geometrie. Es wäre zweifellos konsequent, anschließend polynomiale Ungleichungssysteme, also die semi-algebraische Geometrie, zu behandeln; dies würde aber den gesteckten Rahmen sprengen. Wir begnügen uns mit Hinweisen zu polynomialen Ungleichungen an den entsprechenden Stellen.

Als anschauliches Beispiel für ein nichtlineares Problem führe man sich etwa das *Kreisproblem des Apollonius von Perga* (ca. 260–190 v. Chr.) vor Augen: Bestimme einen Kreis, der drei gegebene Kreise C_1, C_2, C_3 in der Ebene tangential

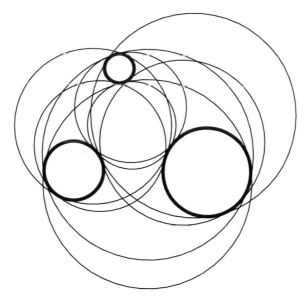

Abbildung 1.3. Acht (Apollonius-)Kreise, die drei gegebene Kreise berühren.

berührt (siehe Abbildung 1.3). Befinden sich die Kreise C_1, C_2 und C_3 in allgemeiner Lage, dann existieren im Allgemeinen acht (eventuell komplexe) Lösungen. In einer Anwendung können die Kreise etwa für Abstandsbedingungen von gegebenen Punkten stehen; wir kommen weiter unten darauf zurück.

Der algorithmische Schwerpunkt im zweiten Teil des Buches liegt auf *Gröbnerbasen* (Kapitel 9). Diese erlauben es, beliebige polynomiale Gleichungssysteme symbolisch zu lösen (Kapitel 10).

In Kapitel 8 stellen wir Grundlagen zusammen zu Resultanten, zu ebenen affinen und projektiven algebraischen Kurven sowie zum Satz von Bézout. Wir schließen das Kapitel, indem wir einige der Sachverhalte im mathematischen Softwaresystem Maple illustrieren.

Ein zentrales algorithmisches Problem, das in Kapitel 9 behandelt wird und auf dem die später diskutierten Methoden zur Lösung polynomialer Gleichungssysteme beruhen, ist das *Ideal-Zugehörigkeitsproblem*. Für ein Polynom f aus dem Polynomring $K[x_1, \ldots, x_n]$ über einem Körper K sowie $g_1, \ldots, g_r \in K[x_1, \ldots, x_n]$ soll entschieden werden, ob f in dem durch $g_1, \ldots, g_r$ erzeugten Ideal enthalten ist. Die Tatsache, dass diese Frage im allgemeinen Fall nicht direkt entschieden werden kann, motiviert das Studium von Idealbasen mit speziellen Eigenschaften, den Gröbnerbasen, für die das algorithmische Entscheidungsproblem dann einfach wird. Hauptaufgabe ist es nun, für ein gegebenes Polynomideal zunächst einmal eine Gröbnerbasis zu berechnen. Entlang dieser Frage entwickeln wir auch die relevante Theorie der algorithmischen Algebra.

In Kapitel 10 diskutieren wir, wie Gröbnerbasen zur algorithmischen Lösung polynomialer Gleichungssysteme verwendet werden können. Hierzu geben wir zunächst eine Einführung in das Computeralgebra-System `Singular`. Von theoretischer Seite ist der Hilbertsche Nullstellensatz von Bedeutung, der einen fundamentalen Zusammenhang zwischen *Geometrie* (im Sinne der Nullstellenmengen von Polynomen) und *Algebra* (im Sinne von Polynomidealen) herstellt. Durch Variablenelimination und Eliminationsideale können die Lösungen der polynomialen Gleichungssysteme dann auf die Nullstellen univariater Polynome zurückgeführt werden. Zum Abschluss des Kapitels präsentieren wir den einfachsten Fall des *Conti-Traverso-Algorithmus*, der aufzeigt, wie Gröbnerbasistechniken bei der Untersuchung ganzzahliger linearer Programme eingesetzt werden können.

1.3 Anwendungen

Im dritten Teil des Buches diskutieren wir einige ausgewählte Anwendungen der behandelten Theorie.

In Kapitel 11 betrachten wir das Problem, aus einer Schar von Punkten auf einer Kurve selbige zu rekonstruieren. Um das Verhältnis zwischen der (unbekannten) Kurve und den (gegebenen) Punkten zu bewerten, verwenden wir die Konzepte der medialen Achse sowie der lokalen Detailgröße („local feature size"). Für diese Anwendung reichen die Kenntnisse aus dem ersten Teil des Buches aus.

In Kapitel 12 behandeln wir Geraden im 3- und n-dimensionalen Raum. Geraden im 3-dimensionalen Raum treten häufig in der algorithmischen Geometrie und der Computergrafik auf, beispielsweise bei Sichtbarkeitsproblemen. Obwohl eine (affine) Gerade im $\mathbb{R}^3$ mengentheoretisch ein polyedrisches Objekt ist, sind beispielsweise Schnittbedingungen von Geraden mit Geraden inhärent nichtlinear. Wir untersuchen diese geometrischen Sachverhalte, indem wir algebraische Eigenschaften der *Plücker-Koordinaten* (bzw. Grassmann-Koordinaten) einer Geraden studieren. Wir schließen das Kapitel mit einem Beispiel, das zeigt, welche Rolle Konfigurationen 3-dimensionaler Geraden in der Computergrafik spielen.

Im abschließenden Kapitel 13 geben wir noch einen kleinen Einblick in einige Anwendungen zum *Global Positioning Systems (GPS)* sowie zur Robotik. Das zur Standortbestimmung dienliche GPS beruht auf mehreren Satelliten, die kontinuierlich die Erde so umkreisen, dass von (fast) jeder Stelle auf der Erde mindestens vier Satelliten erreichbar sind. Wie wir in Kapitel 13 sehen werden, ist die Positionsbestimmung mit GPS eng verbunden mit einer dreidimensionalen Version des Apollonius-Problems. Darüber hinaus diskutieren wir, auch mithilfe des Computers, einige grundlegende Probleme der Kinematik.

1.4 Anhänge

In drei der vier Anhänge werden Grundlagen zu algebraischen Strukturen, konvexer Analysis sowie Algorithmen und Komplexität zusammengestellt. Diese dienen auch zur Festlegung der Notation. Der vierte Anhang stellt kurz vier verwendete Softwarepakete vor: polymake, Maple, Singular und CGAL.

Zur Organisation des Textes

Das Buch umfasst mehr Material, als sich in einer einsemestrigen vierstündigen Vorlesung (Modul) abhandeln lässt. Das bedeutet, dass sich dieses Buch für unterschiedlich gestaltete Vorlesungen eignet. Die folgenden Varianten sind als Vorschläge zu verstehen:

- „Lineare algorithmische Geometrie": Kapitel 2 bis 7, Kapitel 11 und 12. Hierbei ist zu beachten, dass das Kapitel 12 auch die Eliminationstechniken aus Teil II des Buches verwendet. Die Nutzung von Maple oder Singular erlaubt aber das Ausrechnen einzelner Beispiele, ohne die Theorie im Detail behandeln zu müssen.
- „Nichtlineare algorithmische Geometrie": Dies ist komplementär zur vorigen Auswahl, besteht also aus den Kapiteln 8 bis 10 des zweiten Teils und dem Anwendungskapitel 13. Vom Umfang her eignet sich dieser Stoff für eine zweistündige Veranstaltung, die sich an eine „Lineare algorithmische Geometrie" anschließen könnte.
- „Querschnitt polyedrischer und algebraischer Methoden": Kapitel 2, 3, 5 oder 6, 8 bis 10, 12, 13. Dabei können die Abschnitte 9.5 und 10.6 ausgelassen werden.

Jedes Kapitel endet mit einem kurzen Abschnitt „Anmerkungen", in dem auf Historisches und Vertiefendes, vor allem aber auch auf weiterführende Literatur aufmerksam gemacht wird. Die Abbildungen wurden außer mit den genannten Programmen mit METAPOST erstellt [56].

Teil I
Lineare algorithmische Geometrie

2 Geometrische Grundlagen

In diesem Kapitel stellen wir einige geometrische Grundlagen zusammen, die den natürlichen Rahmen für alles Weitere bilden. Die *projektive Geometrie* erlaubt gegenüber der affinen Geometrie oft die einfachere Formulierung mathematischer Sachverhalte. Beispiele hierfür sind die projektive Äquivalenz von Polytopen und spitzen Polyedern (Satz 3.35) oder der Satz von Bézout (Satz 8.27) über die Anzahl der Schnittpunkte zweier ebener algebraischer Kurven. Danach führen wir den *Konvexitätsbegriff* ein, der unabdingbar ist für die lineare algorithmische Geometrie.

2.1 Projektive Räume

Eine elementare Motivation zur Einführung projektiver Räume entspringt der Untersuchung zweier verschiedener Geraden in einer beliebigen affinen Ebene, also zum Beispiel der euklidischen Ebene $\mathbb{R}^2$. Diese Geraden schneiden sich entweder, oder sie sind zueinander parallel. Die grundlegende Idee der projektiven Geometrie ist es, die affine Ebene so zu erweitern, dass parallelen Geraden ein Schnittpunkt im „Unendlichen" zugeordnet werden kann.

Sei K im Folgenden stets ein beliebiger Körper; für die Zwecke dieses Buches gilt das Hauptinteresse den Fällen $K = \mathbb{R}$ und $K = \mathbb{C}$. Für eine Teilmenge A eines Vektorraums V bezeichnet lin A die lineare Hülle von A.

Definition 2.1

(i) Sei V ein endlichdimensionaler Vektorraum über K. Der durch V induzierte *projektive Raum* $P(V)$ ist die Menge der eindimensionalen Unterräume von V. Die Dimension von $P(V)$ ist definiert als $\dim P(V) = \dim V - 1$. Die Funktion, die einem Vektor $v \in V \setminus \{0\}$ den eindimensionalen linearen Unterraum lin v zuordnet, heißt *kanonische Projektion*.

(ii) Für eine natürliche Zahl n heißt $P(K^{n+1})$ der *n-dimensionale projektive Raum über K*. Wir schreiben hierfür auch $\mathbb{P}^n_K$, und wir lassen den unteren Index K weg, wenn sich der Koordinatenkörper aus dem Kontext ergibt.

Ein eindimensionaler linearer Unterraum U von V wird durch einen beliebigen von Null verschiedenen Vektor $u \in U$ erzeugt. Wir können den projektiven Raum

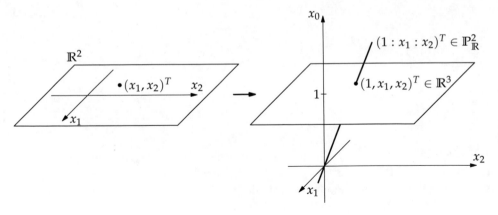

Abbildung 2.1. Einbettung der euklidischen Ebene $\mathbb{R}^2$ in die reelle projektive Ebene $\mathbb{P}^2_{\mathbb{R}}$

$P(V)$ daher mit der Menge der Äquivalenzklassen der folgenden Äquivalenzrelation $\sim$ auf $V \setminus \{0\}$ identifizieren: $x \sim y$ gilt genau dann, wenn ein $\lambda \in K \setminus \{0\}$ mit $x = \lambda y$ existiert.

Definition 2.2
Sei $(x_0, \dots, x_n)^T \in K^{n+1} \setminus \{0\}$ ein Vektor. Dann ist $x := \mathrm{lin}\{(x_0, \dots, x_n)^T\} \in \mathbb{P}^n$. Wir nennen jedes Element aus $x \setminus \{0\}$ *homogene Koordinaten* von x und schreiben $x = (x_0 : \dots : x_n)^T$. Es gilt also genau dann $(x_0 : \dots : x_n)^T = (y_0 : \dots : y_n)^T$, wenn gilt $(x_0, \dots, x_n)^T \sim (y_0, \dots, y_n)^T$ bzw. wenn ein $\lambda \in K \setminus \{0\}$ existiert mit $x_i = \lambda y_i$ für $0 \leq i \leq n$.

Wir wählen eine Einbettung des affinen Raumes K^n in den projektiven Raum $\mathbb{P}^n_K$ via der Injektion

$$\iota : K^n \to \mathbb{P}^n_K, \quad (x_1, \dots, x_n)^T \mapsto (1 : x_1 : \dots : x_n)^T. \tag{2.1}$$

Abbildung 2.1 illustriert die Einbettung der euklidischen Ebene in die reelle projektive Ebene.

Die Menge der *Fernpunkte* von $\mathbb{P}^n_K$ ist

$$\mathbb{P}^n \setminus \iota(K^n) = \{(x_0 : x_1 : \dots : x_n)^T \in \mathbb{P}^n : x_0 = 0\}.$$

Definition 2.3
Jeder Unterraum U eines Vektorraums V definiert einen *projektiven Unterraum* $P(U) = \{\mathrm{lin}(u) : u \in U \setminus \{0\}\}$.

Die Menge der (nichtleeren) projektiven Unterräume eines projektiven Raumes $P(V)$ steht folglich in Bijektion zu den (vom Nullraum verschiedenen) Unterräumen von V. Die Menge der Fernpunkte von $\mathbb{P}^n_K$ bildet einen Unterraum der Dimension $n - 1$. Es gilt $\mathrm{lin}\,\emptyset = \{0\}$ und $P(\{0\}) = \emptyset$.

Projektive Unterräume der Dimensionen $0, 1, 2$ bzw. $n - 1$ heißen *(projektive) Punkte, (projektive) Geraden, (projektive) Ebenen* bzw. *(projektive) Hyperebenen.* Die Einbettung $\iota(U)$ eines k-dimensionalen Unterraumes U von K^n ergibt einen k-dimensionalen projektiven Unterraum und heißt der *projektive Abschluss* von U.

Beispiel 2.4

Wir betrachten die projektive Ebene $\mathbb{P}_K^2$. Die projektiven Geraden dieses Raumes entsprechen den zweidimensionalen Unterräumen von K^3. Da der Durchschnitt zweier verschiedener zweidimensionaler Unterräume von K^3 stets eindimensional ist, besitzen je zwei verschiedene Geraden in der projektiven Ebene einen eindeutig bestimmten Schnittpunkt.

Umgekehrt verläuft durch je zwei verschiedene projektive Punkte eine eindeutige projektive Gerade; dies folgt sofort aus der Tatsache, dass die lineare Hülle zwei verschiedener eindimensionaler Unterräume eines Vektorraums zweidimensional ist.

Die Erweiterung des affinen Raums K^n zum projektiven Raum $\mathbb{P}_K^n$ ermöglicht oft kürzere Beweise, da viele Fallunterscheidungen unnötig werden. In den uns besonders interessierenden Fällen $K = \mathbb{R}$ und $K = \mathbb{C}$ trägt der Körper K eine lokal kompakte (und zusammenhängende) Topologie, die – per Produkttopologie – eine Topologie auf K^n induziert. Diese Topologie setzt sich auf der Punktmenge von $\mathbb{P}_{\mathbb{R}}^n$ bzw. $\mathbb{P}_{\mathbb{C}}^n$ in natürlicher Weise zu einer Kompaktifizierung fort. Siehe Aufgabe 2.10.

Jede projektive Hyperebene H in $\mathbb{P}_K^n$ kann als Kern einer Linearform

$$\varphi : K^{n+1} \to K, \quad x = (x_0 : \cdots : x_n) \mapsto u_0 x_0 + \cdots + u_n x_n$$

mit nicht gleichzeitig verschwindenden Koeffizienten $u_0, \ldots, u_n \in K$ beschrieben werden. Wir bezeichnen mit $(K^{n+1})^*$ den *Dualraum* von K^{n+1}, das heißt den Raum der K-linearen Abbildungen $\varphi : K^{n+1} \to K$, und identifizieren die Elemente des Dualraums mit den zugehörigen Zeilenvektoren $u = (u_0, \ldots, u_n)$. Offensichtlich bestimmt jede Hyperebene den Vektor $u \neq 0$ bis auf einen von Null verschiedenen Skalar eindeutig und umgekehrt. Mit anderen Worten: auch Hyperebenen können durch homogene Koordinaten beschrieben werden, und wir schreiben kurz $H = [u_0 : \cdots : u_n]$.

Die nachfolgende Proposition zeigt, wie Hyperebenen mit Hilfe des *inneren Produkts*

$$\langle \cdot, \cdot \rangle : K^{n+1} \times K^{n+1} \to K, \quad \langle x, y \rangle := x_0 y_0 + x_1 y_1 + \cdots + x_n y_n \qquad (2.2)$$

auf K^{n+1} dargestellt werden. Für $x \in K^{n+1}$ und $u \in (K^{n+1})^*$ gilt

$$u(x) = u \cdot x = \langle x, u^T \rangle,$$

wobei „$\cdot$" hier die gewöhnliche Matrixmultiplikation ist.

Proposition 2.5
Der projektive Punkt $x = (x_0 : \cdots : x_n)^T$ liegt genau dann in der projektiven Hyper-ebene $u = [u_0 : \cdots : u_n]$, wenn das innere Produkt $\langle x, u^T \rangle$ verschwindet.

Beweis. Es gilt

$$\langle (\lambda x_0, \dots, \lambda x_n)^T, (\mu u_0, \dots, \mu u_n)^T \rangle = \lambda\mu(x_0 u_0 + \cdots + x_n u_n) = \lambda\mu\langle x, u^T \rangle$$

für alle $\lambda, \mu \in K$. $\qquad\qquad\qquad\qquad\qquad\qquad\qquad\qquad\qquad\qquad\qquad\square$

Am Ende des Buches werden wir in Satz 12.24 eine weitreichende Verallgemeinerung von Proposition 2.5 beweisen.

Beispiel 2.6
Wie in Beispiel 2.4 betrachten wir die affine Ebene K^2 und ihren projektiven Abschluss, die projektive Ebene $\mathbb{P}^2_K$. Zur Darstellung einer projektiven Gerade von $\mathbb{P}^2_K$ können wir die homogenen Koordinaten verwenden. Es sei

$$\ell = \left\{ \begin{pmatrix} x \\ y \end{pmatrix} \in K^2 : a + bx + cy = 0 \right\}$$

für $a, b, c \in K$ mit $(b, c) \neq (0, 0)$ eine beliebige affine Gerade. Dann ist die projektive Gerade $[a : b : c]$ der projektive Abschluss von ℓ. Sie enthält genau einen weiteren projektiven Punkt, der nicht Bild eines affinen Punktes unter der Einbettung ι ist, den Fernpunkt von ℓ. Dieser hat die homogenen Koordinaten $(0 : c : -b)$.

Alle zu ℓ in K^2 parallelen Geraden unterscheiden sich in ihren homogenen Koordinaten (des projektiven Abschlusses) nur in der ersten Koordinate a. Sie haben daher denselben Fernpunkt. Alle Fernpunkte wiederum liegen auf der eindeutigen projektiven Geraden $[1 : 0 : 0]$, die nicht projektiver Abschluss einer affinen Geraden ist; diese Gerade heißt *Ferngerade*.

Fernpunkte in der reellen projektiven Ebene $\mathbb{P}^2_\mathbb{R}$ heißen in der Literatur oft auch *unendlich ferne Punkte*. Der Ausdruck, dass sich Parallelen „im Unendlichen schneiden" meint, dass sich die projektiven Abschlüsse zweier paralleler Geraden in $\mathbb{R}^2$ in ihrem gemeinsamen Fernpunkt in $\mathbb{P}^2_\mathbb{R}$ schneiden.

2.2 Projektive Transformationen

Auch das Konzept linearer Transformationen überträgt sich auf projektive Räume. Eine *lineare Transformation* ist ein Vektorraumautomorphismus, das heißt eine bijektive lineare Abbildung eines Vektorraums auf sich selbst.

Sei V ein endlichdimensionaler K-Vektorraum und $f : V \to V$ eine K-lineare Transformation. Für $v \in V \setminus \{0\}$ und $\lambda \in K$ gilt $f(\lambda v) = \lambda f(v)$ und daher $f(\operatorname{lin}(v)) = \operatorname{lin}(f(v))$. Damit induziert f eine *projektive Transformation*:

$$P(f) : P(V) \to P(V), \quad \operatorname{lin}(v) \mapsto \operatorname{lin}(f(v)).$$

Für $V = K^{n+1}$ wird f üblicherweise durch eine Matrix $A \in \mathrm{GL}_{n+1} K$ beschrieben. In diesem Fall verwenden wir auch die Notation $[A] := P(f)$.

Sei $P(V)$ ein n-dimensionaler projektiver Raum. Eine *Fahne* der Länge k ist eine Sequenz projektiver Unterräume $(U_1, \ldots, U_k)$ mit $U_1 \subsetneq U_2 \subsetneq \cdots \subsetneq U_k$. Die maximale Länge einer Fahne beträgt $n + 2$. Eine solche *maximale Fahne* beginnt notwendig mit dem leeren Unterraum und endet mit dem gesamten Raum $P(V)$.

Satz 2.7

Sei $P(V)$ ein endlichdimensionaler projektiver Raum mit zwei maximalen Fahnen $(U_0, \ldots, U_{n+1})$ und $(W_0, \ldots, W_{n+1})$. Dann existiert eine projektive Transformation $\pi : P(V) \to P(V)$ mit $\pi(U_i) = W_i$.

Beweis. Da der Unterraum U_i echt größer ist als U_{i-1}, können wir Vektoren $u^{(i)} \in U_i \setminus U_{i-1}$ auswählen, $i \in \{1, \ldots, n+1\}$. Nach Konstruktion ist $u^{(i)}$ linear unabhängig von $u^{(1)}, \ldots, u^{(i-1)}$, und hieraus folgt, dass $(u^{(1)}, \ldots, u^{(n+1)})$ eine Basis von V ist. Entsprechend entsteht eine zweite Basis $(w^{(1)}, \ldots, w^{(n+1)})$ aus der zweiten maximalen Fahne $(W_0, \ldots, W_{n+1})$.

Aus der linearen Algebra ist bekannt, dass es eine eindeutig bestimmte – und damit zwangsläufig invertierbare – lineare Abbildung f von V gibt, die $u^{(i)}$ auf $w^{(i)}$ für alle $i \in \{1, \ldots, n+1\}$ abbildet. Folglich ist $\pi := P(f)$ eine projektive Transformation mit den gewünschten Eigenschaften. $\qquad\square$

Eine äquivalente Formulierung des soeben Bewiesenen lautet: Die Gruppe der invertierbaren linearen Abbildungen $\mathrm{GL}(V)$ operiert *transitiv* auf den maximalen Fahnen von $P(V)$. Zu einer nicht notwendig maximalen Fahne $\mathcal{F} = (V_1, \ldots, V_k)$ heißt die streng monotone Folge natürlicher Zahlen $(\dim_K V_1, \dim_K V_2, \ldots, \dim_K V_k)$ *Typ* von $\mathcal{F}$.

Korollar 2.8

Seien $(U_1, \ldots, U_k)$ und $(W_1, \ldots, W_k)$ zwei Fahnen in $P(V)$ desselben Typs. Dann existiert eine projektive Transformation π auf $P(V)$ mit $\pi(U_i) = W_i$.

Beweis. Sowohl $(U_1, \ldots, U_k)$ als auch $(W_1, \ldots, W_k)$ lassen sich zu maximalen Fahnen erweitern. Die Behauptung folgt daher aus Satz 2.7. $\qquad\square$

Man könnte auf die Idee kommen, dass die Eindeutigkeit der linearen Transformation f im Beweis des Satzes 2.7 auch die Eindeutigkeit von $\pi = P(f)$ impliziert. Dass dies jedoch nicht richtig ist, ist Gegenstand der folgenden Aufgabe. Hierzu noch einige Begriffsbildungen: Eine Punktmenge $M \subseteq \mathbb{P}^n$ heißt *kollinear*, falls es eine projektive Gerade gibt, die sämtliche Punkte aus M enthält. Ein Quadrupel $(a^{(1)}, a^{(2)}, a^{(3)}, a^{(4)})$ von Punkten in $\mathbb{P}^2$ heißt *Viereck*, falls keine drei seiner Punkte kollinear sind.

Aufgabe 2.9. Zu je zwei Vierecken $(a^{(1)}, a^{(2)}, a^{(3)}, a^{(4)})$ und $(b^{(1)}, b^{(2)}, b^{(3)}, b^{(4)})$ existiert eine projektive Transformation π von $\mathbb{P}^2$ mit $\pi(a^{(i)}) = b^{(i)}$, für $1 \leq i \leq 4$.

Eine *affine Transformation* ist eine projektive Transformation, die Fernpunkte auf Fernpunkte abbildet.

Aufgabe 2.10. Zu jeder affinen Transformation π von $\mathbb{P}_K^n$ existiert eine lineare Transformation $A \in \mathrm{GL}_n(K)$ und ein Vektor $v \in K^n$, so dass für alle $x \in K^n$ gilt $\pi(\iota(x)) = \iota(Ax + v)$.

2.3 Konvexität

Bei der Begriffsbildung beginnen wir wieder mit der Rekapitulation einiger aus der linearen Algebra bekannten Notationen. Dabei bezeichnet K wie zuvor einen Körper.

Definition 2.11
Sei $A \subseteq K^n$. Eine *Affinkombination* von Punkten in A ist eine Linearkombination $\sum_{i=1}^m \lambda^{(i)} a^{(i)}$ mit $m \geq 1$, $\lambda^{(1)}, \ldots, \lambda^{(m)} \in K$, $a^{(1)}, \ldots, a^{(m)} \in A$ sowie $\sum_{i=1}^m \lambda^{(i)} = 1$. Die Menge aller Affinkombinationen von A heißt *affine Hülle* von A (kurz: aff A). Die Punkte $a^{(1)}, \ldots, a^{(m)} \in K^n$ heißen *affin unabhängig*, wenn sie einen affinen Unterraum der Dimension $m - 1$ erzeugen.

Beispielsweise sind die drei Punkte im linken Bild von Abbildung 2.2 affin unabhängig, und je vier oder mehr Punkte in der reellen Ebene (wie in der Mitte und rechts in Abbildung 2.2) sind affin abhängig. Es gilt aff $\emptyset = \emptyset$ und dim $\emptyset = -1$.
    Die Sprache der projektiven Geometrie erlaubt es, die lineare Algebra über einem beliebigen Körper in geometrischer Weise auszudrücken. Wenn der Körper angeordnet ist, wie die reellen Zahlen (im Gegensatz zu $\mathbb{C}$), lassen sich der geometrischen Situation zusätzliche Aspekte abgewinnen. Für den Rest des Kapitels ist stets $K = \mathbb{R}$ der Körper der reellen Zahlen.

Definition 2.12
Sei $A \subseteq \mathbb{R}^n$. Eine *Konvexkombination* von A ist eine Affinkombination $\sum_{i=1}^m \lambda^{(i)} a^{(i)}$ mit $\lambda^{(1)}, \ldots, \lambda^{(m)} \geq 0$. Die Menge aller Konvexkombinationen von A heißt *konvexe Hülle* von A, und wir schreiben kurz conv A. Eine Menge $C \subseteq \mathbb{R}^n$ heißt *konvex*, wenn sie alle aus ihr zu gewinnenden Konvexkombinationen enthält. Die *Dimension* einer konvexen Menge ist die Dimension ihrer affinen Hülle.

Die leere Menge ist definitionsgemäß konvex. Das einfachste nicht-triviale Beispiel für eine konvexe Menge ist ein abgeschlossenes Intervall $[a, b] \subseteq \mathbb{R}$. Dieses ist eindimensional und außerdem die konvexe Hülle seiner zwei Endpunkte. Für $a, b \in \mathbb{R}^n$ definiert man analog:

$$[a, b] := \{\lambda a + (1 - \lambda) b : 0 \leq \lambda \leq 1\} = \mathrm{conv}\{a, b\}.$$

Aufgabe 2.13. Eine Menge $C \subseteq \mathbb{R}^n$ ist genau dann konvex, wenn sie zu je zwei ihrer Punkte $x, y \in C$ auch die gesamte Strecke $[x, y]$ enthält.

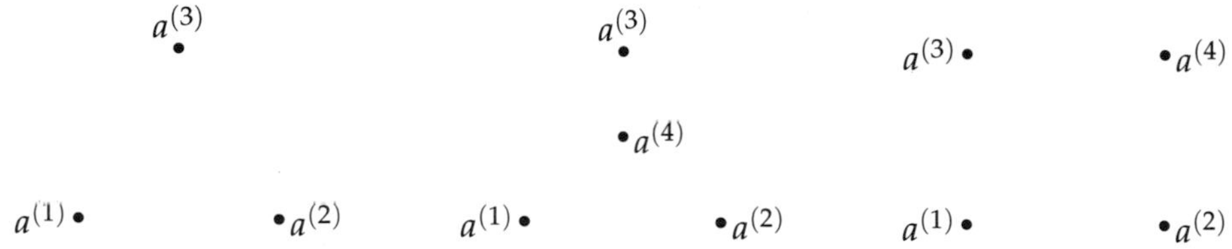

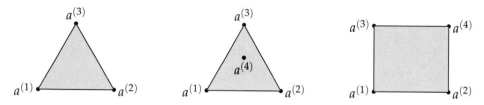

Abbildung 2.2. Affin unabhängige Punkte (links) und affin abhängige Punkte (Mitte und rechts) in der euklidischen Ebene $\mathbb{R}^2$

Abbildung 2.3. Konvexe Hüllen der Punkte aus Abbildung 2.2

2.3.1 Orientierung von affinen Hyperebenen

Zu den reellen Zahlen $a_0, a_1, \ldots, a_n$ mit $(a_1, \ldots, a_n) \neq 0$ betrachten wir die affine Hyperebene $H = \{x \in \mathbb{R}^n : a_0 + a_1 x_1 + \cdots + a_n x_n = 0\}$. Ihr projektiver Abschluss hat die homogenen Koordinaten $[a_0 : a_1 : \cdots : a_n]$. Das Komplement $\mathbb{R}^n \setminus H$ hat die beiden Zusammenhangskomponenten

$$H_\circ^+ := \{x \in \mathbb{R}^n : a_0 + a_1 x_1 + \cdots + a_n x_n > 0\} \quad \text{und} \tag{2.3}$$
$$H_\circ^- := \{x \in \mathbb{R}^n : a_0 + a_1 x_1 + \cdots + a_n x_n < 0\}. \tag{2.4}$$

Sie heißen die durch H definierten *offenen affinen Halbräume*, wobei $H_\circ^+$ willkürlich als *positiv* bezeichnet wird und $H_\circ^-$ als *negativ*. Der durch H definierte *(abgeschlossene) positive Halbraum* $H^+ := H \cup H_\circ^+ = \mathbb{R}^n \setminus H_\circ^-$ ist der topologische Abschluss von $H_\circ^+$ in $\mathbb{R}^n$. Entsprechend wird H^- definiert. Der Vektor $(\lambda a_0, \lambda a_1, \ldots, \lambda a_n)$ definiert für beliebiges $\lambda \neq 0$ dieselbe affine Hyperebene H, aber die Rollen von H^+ und H^- werden vertauscht, falls λ negativ ist. Wir vereinbaren

$$[a_0 : a_1 : \cdots : a_n]^+ := \{x \in \mathbb{R}^n : a_0 + a_1 x_1 + \cdots + a_n x_n \geq 0\}$$

und $[a_0 : a_1 : \cdots : a_n]^-$ entsprechend. Wenn wir Wert darauf legen, welcher der beiden durch H definierten Halbräume positiv oder negativ ist, dann nennen wir $[a_0 : a_1 : \cdots : a_n]$ die *orientierten homogenen Koordinaten* von H.

Oft haben wir eine affine Hyperebene H in $\mathbb{R}^n$ gegeben, und wir benutzen die Notation H^+ und H^-, ohne zuvor eine Koordinatendarstellung von H festgelegt zu haben. Dies dient dann nur dazu, die beiden Halbräume überhaupt unterscheiden zu können. Stets können dann Koordinaten für H so gewählt werden, dass die Notation zu den obigen Definitionen passt.

Das in (2.2) eingeführte innere Produkt ist auf $\mathbb{R}^n$ das *euklidische Skalarprodukt*. Analog zu Proposition 2.5 signalisiert das Vorzeichen des Skalarprodukts

$$\langle (1, x_1, \ldots, x_n)^T, (a_0, a_1, \ldots, a_n)^T \rangle,$$

in welchem der beiden Halbräume von $[a_0 : a_1 : \cdots : a_n]$ der Punkt $(1, x_1, \ldots, x_n)^T$ liegt.

2.3.2 Trennungssätze

Für $M \subseteq \mathbb{R}^n$ ist int M das *Innere* von M, das heißt die Menge der Punkte $p \in M$, für die eine kleine ε-Kugel um p ganz in M liegt. Eine Menge heißt *offen*, wenn sie mit ihrem Inneren übereinstimmt, und *abgeschlossen*, wenn sie das Komplement einer offenen Menge in $\mathbb{R}^n$ ist. Der Abschluss $\overline{M}$ von M ist die kleinste abgeschlossene Menge in $\mathbb{R}^n$, die M enthält. Die Menge $\partial M := \overline{M} \setminus \text{int } M$ ist der *Rand* von M. Alle diese Begriffe beziehen sich auf den umgebenden Raum $\mathbb{R}^n$.

Für die Strukturtheorie konvexer Mengen sind einige Konzepte aus der Analysis essenziell. Die weitere Darstellung stützt sich dabei auf zwei Kernaussagen, die beide im Anhang B bewiesen werden.

Satz 2.14
Seien C eine abgeschlossene und konvexe Teilmenge des $\mathbb{R}^n$ und $p \in \mathbb{R}^n \setminus C$ ein Punkt außerhalb. Dann existiert eine affine Hyperebene H mit $C \subseteq H^+$ und $p \in H^-$, die weder C noch p trifft.

Die nächste Aussage ist eine direkte Konsequenz aus Satz 2.14.

Korollar 2.15
Sei C eine abgeschlossene und konvexe Teilmenge des $\mathbb{R}^n$. Dann ist jeder Punkt des Randes ∂C in einer Stützhyperebene enthalten.

Ein konvexe Menge $C \subseteq \mathbb{R}^n$ heißt *volldimensional*, wenn $\dim C = n$. Ist C nicht volldimensional, dann ist es oft zweckmäßig, auch die (bezüglich der affinen Hülle aff C) relativen Versionen der topologischen Begriffe zu verwenden: Die *relativ inneren* Punkte einer konvexen Menge C sind die inneren Punkte von C, aufgefasst als Teilmenge von aff C. Entsprechend ist der *relative Rand* von C auch der Rand von C als Teilmenge von aff C.

2.4 Aufgaben

Aufgabe 2.16. Sei $P(V)$ ein projektiver Raum. Für jede Menge $S \subseteq V$ ist $T = \{\text{lin}\{x\} : x \in S \setminus \{0\}\}$ eine Teilmenge von $P(V)$ und für den von S erzeugten Unterraum lin S ist $P(\text{lin}\, S)$ ein projektiver Unterraum, den wir hier mit $\langle T \rangle$ bezeichnen. Zeigen Sie für zwei projektive Unterräume U und W von $P(V)$ die Dimensionsformel

$$\dim U + \dim W \;=\; \dim(\langle U \cup W \rangle) + \dim(U \cap W).$$

Aufgabe 2.17.   a. Jede von der Identität verschiedene projektive Transformation auf der reellen projektiven Geraden $\mathbb{P}^1_{\mathbb{R}}$ hat höchstens zwei Fixpunkte.

   b. Jede von der Identität verschiedene projektive Transformation auf der komplexen projektiven Geraden $\mathbb{P}^1_{\mathbb{C}}$ hat mindestens einen und höchstens zwei Fixpunkte. (Warum ist es in der ersten Situation natürlich, von einem doppelten Fixpunkt zu sprechen?)

Über einem topologischen Körper trägt der projektive Raum eine natürliche Topologie, die in der folgenden Aufgabe diskutiert werden soll.

Aufgabe 2.18.   Sei $\mathbb{K} \in \{\mathbb{R}, \mathbb{C}\}$. Zeigen Sie:

a. Die Quotiententopologie macht die Punktmenge des projektiven Raumes $\mathbb{P}^n_{\mathbb{K}} = \mathbb{K}^{n+1}/$ $\sim$ zu einem kompakten topologischen Raum.

b. Jeder projektive Unterraum von $\mathbb{P}^n_{\mathbb{K}}$, aufgefasst als Teilmenge der Punktmenge von $\mathbb{P}^n_{\mathbb{K}}$, ist kompakt.

Aufgabe 2.19.   Sei K ein endlicher Körper mit q Elementen.

a. Zeigen Sie, dass die projektive Ebene $\mathbb{P}^2_K$ genau $N := q^2 + q + 1$ Punkte und ebenso viele Geraden enthält.

b. Seien die Punkte aus $\mathbb{P}^2_K$ mit $p^{(1)}, \dots, p^{(N)}$ und die Geraden mit $\ell_1, \dots, \ell_N$ bezeichnet, und sei $A \in \mathbb{R}^{N \times N}$ die durch

$$a_{ij} \;=\; \begin{cases} 1 & \text{falls } p^{(i)} \text{ auf } \ell_j \text{ liegt,} \\ 0 & \text{sonst} \end{cases}$$

definierte *Inzidenzmatrix*. Berechnen Sie den Betrag der Determinante von A. [Hinweis: Untersuchen Sie die Matrix $A \cdot A^T$.]

Aufgabe 2.20 (Satz von Carathéodory).   Ist $A \subseteq \mathbb{R}^n$ und $x \in \text{conv}\, A$, dann lässt sich x als Konvexkombination von höchstens $n + 1$ Punkten von A darstellen. [Hinweis: Jede Konvexkombination von $m \geq n + 2$ Punkten von A kann aufgrund der affinen Abhängigkeit dieser Punkte in eine Konvexkombination von $m - 1$ Punkten überführt werden.]

2.5 Anmerkungen

Für weiteres Material zur projektiven Geometrie sei beispielsweise auf das Buch von Beutelspacher und Rosenbaum [14] verwiesen. Ausführliche Darstellungen zur Konvexität finden sich bei Grünbaum [53, §2], Webster [88] oder Gruber [52]. Für die topologischen Grundbegriffe siehe etwa das Buch von Stöcker und Zieschang [82].

Unsere projektiven Transformationen sind definitionsgemäß stets linear induziert. In der Literatur ist es dagegen oft auch üblich, von Körperautomorphismen induzierte Kollineationen als projektive Transformationen zu bezeichnen.

3 Polytope und Polyeder

Polytope können als konvexe Hülle endlich vieler Punkte im n-dimensionalen Raum $\mathbb{R}^n$ definiert werden und bilden ein Grundmodell der algorithmischen Geometrie. Beim Studium von Polytopen zeigt sich, dass selbst der Nachweis manch anschaulich einsichtiger Eigenschaft erfordert, die geometrische Struktur von Grund auf zu klären. Ein Beispiel hierfür ist die zentrale Aussage, dass Polytope auch als Durchschnitt endlich vieler affiner Halbräume dargestellt werden können.

In diesem Kapitel sollen – zielgerichtet für algorithmische Zwecke – die geometrischen Grundlagen von Polytopen und nicht notwendig beschränkten Polyedern hergeleitet werden.

3.1 Definitionen und grundlegende Eigenschaften

Definition 3.1

Eine Menge $P \subset \mathbb{R}^n$ ist ein *Polytop*, wenn sie als konvexe Hülle endlich vieler Punkte dargestellt werden kann. Ein k-dimensionales Polytop wird auch k-*Polytop* genannt. Die konvexe Hülle $k + 1$ affin unabhängiger Punkte ist ein k-*Simplex*.

Hierbei ist zu beachten, dass wir die leere Menge ebenfalls als Polytop (der Dimension -1) ansehen.

Vom Standpunkt der Analysis ist ein Polytop eine abgeschlossene und beschränkte, also kompakte, Teilmenge des $\mathbb{R}^n$. Polytope in niedrigen Dimensionen

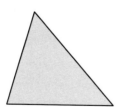

Abbildung 3.1. Jedes 2-Simplex ist ein Dreieck, und jedes 3-Simplex in $\mathbb{R}^3$ ist ein (im Allgemeinen nicht-reguläres) Tetraeder. Das rechte Bild zeigt ein 3-Polytop in $\mathbb{R}^3$.

vermitteln jedoch nicht, wie unterschiedlich Polytope aussehen können, und wie reichhaltig die Polytoptheorie in höheren Dimensionen ist.

Als einen ersten Beispielvorrat führen wir nun einige Polytope ein, die später immer wieder eine Rolle spielen werden. Der *Standardwürfel* C_n ist die konvexe Hülle aller 2^n Punkte mit ± 1-Koordinaten. Bezeichnen wir mit $e^{(1)}, \ldots, e^{(n)}$ die Standardbasisvektoren in $\mathbb{R}^n$, so lässt sich das *Kreuzpolytop* als konvexe Hülle der $2n$ Punkte $\pm e^{(1)}, \ldots, \pm e^{(n)}$ beschreiben. Das 3-dimensionale Kreuzpolytop ist das *reguläre Oktaeder*.

Die *zyklischen Polytope* stellen eine wichtige Klasse mit besonderen extremalen Eigenschaften dar. Sie werden uns in Abschnitt 3.5 wieder begegnen.

Definition 3.2
Die *Momentenkurve* μ_n in $\mathbb{R}^n$ ist definiert als

$$\mu_n : \mathbb{R} \to \mathbb{R}^n, \ \tau \mapsto (\tau, \tau^2, \ldots, \tau^n)^T.$$

Ein Polytop $Z \subseteq \mathbb{R}^n$ heißt *zyklisch*, wenn Z die konvexe Hülle von Punkten auf der Momentenkurve ist.

Für $n = 2$ ist die Momentenkurve die Normalparabel $\tau \mapsto (\tau, \tau^2)^T$, und ein zyklisches 2-Polytop, das als konvexe Hülle von $m \geq 3$ Punkten entsteht, ist ein konvexes m-Eck. Dies ist unabhängig davon, wie die m Punkte auf der Kurve μ_2 gewählt werden.

Man überzeugt sich leicht von der Tatsache, dass das Bild eines Polytops unter einer beliebigen affinen Transformation wieder ein Polytop (derselben Dimension) ist.

Definition 3.3
Ein *affiner Automorphismus* eines Polytops $P \subseteq \mathbb{R}^n$ ist eine affine Transformation des $\mathbb{R}^n$, die P in sich überführt.

Die Menge aller affinen Automorphismen eines Polytops bildet bezüglich der Hintereinanderausführung eine Gruppe. Die Größe der *Automorphismengruppe* ist ein Maß für die Regelmäßigkeit eines Polytops.

Aufgabe 3.4. a. Zeigen Sie, dass es für je zwei Punkte $p, q \in \mathbb{R}^n$ mit ± 1-Koordinaten eine affine Transformation des $\mathbb{R}^n$ gibt, die den Standardwürfel C_n invariant lässt und gleichzeitig p auf q abbildet.
b. Bestimmen Sie die Anzahl der affinen Automorphismen des Standardwürfels.

3.1.1 Die Seiten eines Polytops

Eine affine Hyperebene H *stützt* ein Polytop $P \subseteq \mathbb{R}^n$, falls $H \cap P \neq \emptyset$ und P vollständig in einem der beiden abgeschlossenen Halbräume H^+ oder H^- enthalten ist.

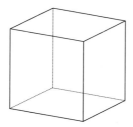

Abbildung 3.2. Ein Würfel in $\mathbb{R}^3$ besitzt 8 Ecken, 12 Kanten (die in Dimension 3 gleichzeitig die Grate sind) und 6 Facetten.

Definition 3.5

Sei $P \subseteq \mathbb{R}^n$ ein n-Polytop. Der Durchschnitt $P \cap H$ von P mit einer Stützhyperebene H heißt *echte Seite* von P. Eine Seite der Dimension k heißt k-*Seite*. Eine 0-Seite heißt *Ecke*, eine 1-Seite *Kante*, eine $(n-2)$-Seite *Grat*, und eine $(n-1)$-Seite heißt *Facette*. Zusätzlich gibt es noch zwei *unechte Seiten*: die leere Menge und P selbst.

Die Definition 3.5 wurde für volldimensionale Polytope erklärt. Die Begriffe übertragen sich unmittelbar auch auf k-Polytope $P \subseteq \mathbb{R}^n$ für $k < n$, indem man sie jeweils auf die affine Hülle aff P bezieht.

Satz 3.6

Die Anzahl der Seiten eines Polytops ist endlich. Seiten von Polytopen sind ebenfalls Polytope.

Beweis. Sei $P = \operatorname{conv} U$ für eine endliche Menge U. Es genügt zu zeigen, dass jede echte Seite von P die konvexe Hülle einer Teilmenge von U ist. Sei H eine Stützhyperebene von P, und sei $U' := U \cap H$. In orientierten homogenen Koordinaten habe H die Darstellung $[a_0 : \cdots : a_n]$, und es gelte ohne Einschränkung $P \subseteq H^+$. Wir zeigen nun $H \cap P = \operatorname{conv} U'$. Die Inklusion „$\supseteq$" ist klar.

Für die umgekehrte Richtung betrachten wir einen Punkt $p = (p_1, \ldots, p_n)^T \in P \setminus \operatorname{conv} U'$. Es existieren also $u^{(1)}, \ldots, u^{(k)} \in U$, so dass $p = \lambda^{(1)} u^{(1)} + \cdots + \lambda^{(k)} u^{(k)}$ mit $\lambda^{(j)} \geq 0$ und $\sum \lambda^{(j)} = 1$. Hierbei können wir annehmen, dass $u^{(1)} \in U \setminus U'$ und $\lambda^{(1)} > 0$. Wir müssen zeigen, dass $p \notin H$. Es gilt

$$a_0 + \sum_{i=1}^{n} a_i p_i = a_0 + \sum_{i=1}^{n} a_i \sum_{j=1}^{k} \lambda^{(j)} u_i^{(j)}$$

$$= a_0 + \sum_{j=1}^{k} \lambda^{(j)} \sum_{i=1}^{n} a_i u_i^{(j)} = \sum_{j=1}^{k} \lambda^{(j)} \left(a_0 + \sum_{i=1}^{n} a_i u_i^{(j)} \right),$$

wobei die letzte Gleichung aus $\sum_{j=1}^{k} \lambda^{(j)} = 1$ folgt. Nach Voraussetzung ist aber $a_0 + \sum_{i=1}^{n} a_i u_i^{(1)} > 0$ sowie $a_0 + \sum_{i=1}^{n} a_i u_i^{(j)} \geq 0$ für alle $j \in \{2, \ldots, n\}$. Wegen $\lambda^{(1)} > 0$ folgt daraus nun $a_0 + \sum_{i=1}^{n} a_i p_i > 0$ oder, anders ausgedrückt, $p \in H_\circ^+$. $\qquad\square$

3.1.2   Erste Konsequenzen aus den Trennungssätzen

Ein wesentlicher Schlüssel zur Strukturtheorie der Polytope ist der Trennungssatz 2.14. Wir beginnen daher unsere Untersuchungen mit daraus resultierenden
Folgerungen.

Satz 3.7
*Der Rand eines volldimensionalen Polytops $P \subseteq \mathbb{R}^n$ ist die Vereinigung seiner echten
Seiten.*

Beweis. Offensichtlich ist die Vereinigung der echten Seiten von P im Rand von
P enthalten. Die umgekehrte Richtung folgt aus Korollar 2.15, nach dem jeder
Randpunkt auch von mindestens einer Stützhyperebene getroffen wird. $\square$

Satz 3.8
Jedes Polytop ist die konvexe Hülle seiner Ecken.

Beweis. Sei $P = \operatorname{conv} U$ für eine endliche Menge U. Nach sukzessivem Entfer-
nen aller Punkte aus U, die als Konvexkombination der anderen ausgedrückt
werden können, verbleibt eine bezüglich Inklusion minimale Teilmenge $V =
\{v^{(1)}, \dots, v^{(k)}\}$ mit der Eigenschaft, dass $P = \operatorname{conv} V$ ist.

Wir zeigen nun, dass jeder der verbliebenen Punkte eine Ecke von P ist. Es
genügt, dies für $v^{(1)}$ zu zeigen. Da V minimal ist, ist $v^{(1)}$ nicht in der konvexen
Hülle der anderen Punkte enthalten. Nach Satz 2.14 existiert dann eine affine
Hyperebene H, die $v^{(1)}$ und $\operatorname{conv}\{v^{(2)}, \dots, v^{(k)}\}$ trennt. Wir nehmen an, dass $H =
[a_0 : \cdots : a_n]$ und $v^{(1)} \in H_\circ^-$. Mit der Bezeichnung $\mu := a_0 + \sum_{i=1}^n a_i v_i^{(1)}$ hat die zu
H parallele Hyperebene K durch $v^{(1)}$ die orientierten homogenen Koordinaten
$[a_0 - \mu : a_1 : \cdots : a_n]$; siehe Abbildung 3.3. Wegen $\mu < 0$ gilt $\{v^{(2)}, \dots, v^{(k)}\} \subseteq
\operatorname{int} K^+$, und da $v^{(1)} \in K$, ist K eine Stützhyperebene an P. Sei nun $p \in P \cap K$. Dann
folgt, dass p Konvexkombination der $v^{(j)}$ ist, also $p = \sum_{j=1}^k \lambda^{(j)} v^{(j)}$ für geeignete
$\lambda^{(j)} \geq 0$ mit $\sum_{j=1}^k \lambda^{(j)} = 1$. Damit gilt

$$a_0 - \mu + \sum_{i=1}^n a_i p_i = a_0 - \mu + \sum_{i=1}^n a_i \sum_{j=1}^k \lambda^{(j)} v_i^{(j)}$$

$$= \sum_{j=1}^k \lambda^{(j)} \Big(a_0 - \mu + \sum_{i=1}^n a_i v_i^{(j)} \Big) = 0 \, .$$

Da nun $\lambda^{(j)} \geq 0$ und $a_0 - \mu + \sum_{i=1}^n a_i v_i^{(j)} > 0$ für alle $j \geq 2$, können wir auf
$\lambda^{(2)} = \cdots = \lambda^{(k)} = 0$ und so auch auf $\lambda^{(1)} = 1$ schließen. Dies bedeutet, dass
$p = v^{(1)}$ ist, und damit ist $v^{(1)}$ eine Ecke von P. $\square$

Eine direkte Folgerung aus dem soeben bewiesenen Satz ist, dass im Beweis die
inklusionsminimale Menge V von Punkten, die P konvex erzeugt, eindeutig bestimmt ist.

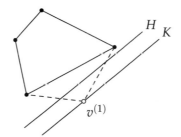

Abbildung 3.3. Trennung des Punktes $v^{(1)}$ von $\mathrm{conv}(V \setminus \{v^{(1)}\})$ durch H und parallele Stützhyperebene K

3.1.3 Die äußere Beschreibung eines Polytops

Die Darstellung eines Polytops als konvexe Hülle endlich vieler Punkte bezeichnet man als *V-Darstellung* oder *innere Beschreibung*. Die folgenden beiden zentralen Aussagen besagen, dass jedes Polytop äquivalent auch als beschränkter Durchschnitt endlich vieler abgeschlossener Halbräume beschrieben werden kann (*H-Darstellung* oder *äußere Beschreibung*). Die Bezeichnungen V- und H-Darstellung leiten sich vom englischen Wort „vertices" für „Ecken" bzw. „hyperplane" für „Hyperebene" ab.

Satz 3.9
Sei $P \subseteq \mathbb{R}^n$ ein n-Polytop und $\{F_1, \dots, F_m\}$ die Menge seiner Facetten, H_i die P stützende Hyperebene entlang F_i, und H_i^+ der P enthaltende abgeschlossene Halbraum. Dann gilt

$$P = \bigcap_{i=1}^{m} H_i^+ .$$

Jedes Polytop ist also der Durchschnitt einer endlichen Menge abgeschlossener Halbräume.

Beweis. Die Inklusion „$\subseteq$" ist klar. Für die Inklusion „$\supseteq$" zeigen wir, dass jeder Punkt außerhalb von P nicht im Durchschnitt $\bigcap_{i=1}^{m} H_i^+$ enthalten ist. Im Folgenden wählen wir einen festen Punkt $p \notin P$.

Wir betrachten die Menge $\{G_1, \dots, G_k\}$ aller Seiten von P der Dimension $\leq n - 2$. Sei nun q ein Punkt im Inneren von P, der nicht in der Menge $\bigcup_{i=1}^{k} \mathrm{aff}(G_i \cup \{p\})$ liegt. Ein solcher Punkt existiert, da das Innere eines n-Polytops die Dimension n hat und damit nicht durch endlich viele affine Unterräume der Dimension $\leq n - 1$ überdeckt werden kann (vergleiche Abbildung 3.4). Die Strecke $[p, q]$ schneidet den Rand von P in einem eindeutig bestimmten Punkt z, welcher nach Satz 3.7 in einer echten Seite von P enthalten ist. Da z nach Wahl von q nicht in einer Seite der Dimension $j < n - 1$ enthalten

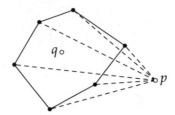

Abbildung 3.4. Der Punkt q liegt nicht in der affinen Hülle von p mit irgendeiner Seite der Dimension $\leq n-2$ (hier $n=2$).

ist, existiert ein $i \in \{1,\ldots,m\}$ mit $z \in F_i$. Es gilt also $z \in H_i$ und $q \in H_i^+$, aber $p \in H_i^- \setminus H_i$, das heißt $p \notin \bigcap_{i=1}^m H_i^+$. □

Falls das Polytop $P \subseteq \mathbb{R}^n$ wie in Satz 3.9 volldimensional ist, ist der affine Aufspann jeder Facette F eine Hyperebene H. Hat H die Form $H = [a_0 : \cdots : a_n]$ und gilt $P \subseteq H^+$, dann heißt jedes positive Vielfache von $(a_1,\ldots,a_n)^T$ ein *innerer Normalenvektor* von F und jedes negative Vielfache von $(a_1,\ldots,a_n)^T$ ein *äußerer Normalenvektor* von F. Gilt dagegen $\dim P < n$, so gibt es unendlich viele affine Hyperebenen von $\mathbb{R}^n$ durch jede Facette von P.

Als weitere Folgerung ergibt sich, als Verschärfung von Satz 3.7, dass der Rand eines Polytops die Vereinigung seiner Facetten ist.

Satz 3.10
Ist der Durchschnitt P einer endlichen Anzahl abgeschlossener affiner Halbräume in $\mathbb{R}^n$ beschränkt, dann ist P ein Polytop.

Beweis. Der Beweis erfolgt durch Induktion über die Dimension n des Raumes. In Dimension ≤ 1 ist die Aussage klar. Sei nun $n \geq 2$ und

$$P = \bigcap_{i=1}^m H_i^+$$

Durchschnitt einer endlichen Anzahl von affinen Halbräumen in $\mathbb{R}^n$ und beschränkt. Sei $F_j := H_j \cap P$, $j \in \{1,\ldots,m\}$. Dann ist F_j also ein beschränkter Durchschnitt von Halbräumen in der Hyperebene H_j. Da H_j mit einem affinen Raum der Dimension $n-1$ identifiziert werden kann, ist F_j nach Induktionsannahme ein Polytop in der Hyperebene H_j und daher auch ein Polytop in $\mathbb{R}^n$. Sei V_j die Menge der Ecken von F_j und $V = \bigcup_{j=1}^m V_j$.

Es genügt nun zu zeigen, dass $P = \operatorname{conv} V$. Die Inklusion „$\supseteq$" folgt unmittelbar, da $V \subseteq P$ und P konvex ist.

Für die umgekehrte Inklusion betrachten wir einen Punkt $q \in P$. Falls q ein Randpunkt von P ist, dann existiert ein $j \in \{1,\ldots,m\}$ mit $q \in F_j$. Der Punkt q ist also eine Konvexkombination von V_j, woraus insbesondere $q \in \operatorname{conv} V$ folgt. Falls q im Inneren von P enthalten ist, dann liegt q auf einem Segment $[r,s]$, das der Durchschnitt einer Gerade durch q mit P ist. Da sowohl r als auch s auf dem Rand von P liegen, gehören sie zu conv V, so dass auch $q \in$ conv V ist.   □

Beispiel 3.11
Die Facetten definierenden Hyperebenen des Standardwürfels C_n sind genau $H_i = [1 : h_1^{(i)} : \cdots : h_n^{(i)}]$ für $i \in \{1, \ldots, 2n\}$ mit

$$h_k^{(i)} = \begin{cases} 1 & \text{falls } i = k \leq n, \\ -1 & \text{falls } i = k + n > n, \\ 0 & \text{sonst} \end{cases}$$

für $k \in \{1, \ldots, n\}$.

Die algorithmische Umrechnung von $\mathcal{H}$- in $\mathcal{V}$-Darstellungen von Polytopen und umgekehrt ist ein zentrales Thema der algorithmischen Geometrie und wird in Kapitel 5 diskutiert.

Aufgabe 3.12.   Der Schnitt eines Polytops mit einem beliebigen affinen Unterraum ist ein Polytop.

Aufgabe 3.13.   Für ein Polytop P gilt:
a.   Der Durchschnitt einer Menge von Seiten von P ist eine Seite von P.
b.   Jeder Grat von P ist der Durchschnitt von genau zwei Facetten von P.
c.   Ist G Seite von P und F Seite von G, so ist F auch Seite von P.

3.2   Der Seitenverband eines Polytops

Die Menge $\mathcal{F}(P)$ aller Seiten eines Polytops P ist durch Inklusion partiell geordnet und nach Satz 3.6 endlich, das heißt $(\mathcal{F}(P), \subseteq)$ ist eine endliche Halbordnung. Als rein kombinatorisches Objekt besetzt diese Halbordnung eine wichtige Nahtstelle zwischen der eher analytisch geprägten allgemeinen Konvexitätstheorie und der diskreten Geometrie.

Aufgabe 3.14.   Zeigen Sie, dass $(\mathcal{F}(P), \subseteq)$ die folgenden Eigenschaften erfüllt:
a.   Es gibt jeweils eine eindeutig bestimmte kleinste und größte Seite von P.
b.   Zu je zwei Seiten $F, G \in \mathcal{F}(P)$ gibt es eine eindeutig bestimmte kleinste Seite $F \vee G$ mit $F \subseteq F \vee G$ und $G \subseteq F \vee G$.
c.   Zu je zwei Seiten $F, G \in \mathcal{F}(P)$ gibt es eine eindeutig bestimmte größte Seite $F \wedge G$ mit $F \supseteq F \wedge G$ und $G \supseteq F \wedge G$.

Die in der Aufgabe 3.14 zu verifizierenden Eigenschaften machen aus $(\mathcal{F}(P), \subseteq)$ einen *Verband*, der als *Seitenverband* von P bezeichnet wird.

Definition 3.15
Ein *kombinatorischer Isomorphismus* zwischen zwei Polytopen ist ein (Halbord-
nungs-)Isomorphismus der Seitenverbände. Falls ein solcher kombinatorischer
Isomorphismus existiert, heißen die Polytope auch *kombinatorisch äquivalent*. Der
kombinatorische Typ eines Polytops ist der Isomorphietyp seines Seitenverbands.

Aufgabe 3.16. Zeigen Sie, dass jede affine Transformation eines Polytops P auf ein Polytop Q einen Isomorphismus von $\mathcal{F}(P)$ nach $\mathcal{F}(Q)$ induziert.

Aufgabe 3.17. Geben Sie zwei kombinatorisch äquivalente Polytope an, die nicht durch
eine affine Transformation ineinander überführt werden können.

Satz 3.18
Es seien F und G Seiten von P mit $F \subseteq G$. Dann ist

$$\mathcal{F}(F, G) := \left\{ F' \in \mathcal{F}(P) : F \subseteq F' \subseteq G \right\}$$

*mit der durch Inklusion induzierten Halbordnung isomorph zum Seitenverband eines
Polytops der Dimension* $\dim G - \dim F - 1$.

Beweis. Da wir aus Satz 3.6 bereits wissen, dass Seiten von Polytopen wieder Polytope sind, können wir ohne Einschränkung annehmen, dass $G = P$ ist. Weiter
sei F eine echte Seite.
   Es sei V die Eckenmenge von P und $V(F) = F \cap V$ die Eckenmenge der Seite F. Wähle eine Stützhyperebene H an P mit $F = P \cap H$. Wir nehmen an, dass H
die orientierten homogenen Koordinaten $[a_0 : \cdots : a_n]$ hat, und dass $P \subseteq H^+$ gilt.
Für jedes genügend kleine $\varepsilon > 0$ gilt dann, dass die zu H parallele Hyperebene
$H(\varepsilon) = [a_0 - \varepsilon : a_1 : \cdots : a_n]$ die Eckenmenge $V(F)$ von ihrem Komplement
trennt: $V(F) \subseteq \operatorname{int} H(\varepsilon)^-$ und $V \setminus V(F) \subseteq \operatorname{int} H(\varepsilon)^+$. Vergleiche Abbildung 3.5.
   Sei $x \in F$ ein relativ innerer Punkt und A das affine orthogonale Komplement
zu $\operatorname{aff} F$ durch x. Damit ist A ein $(n - \dim F)$-dimensionaler affiner Unterraum
von $\mathbb{R}^n$, der $\operatorname{aff} F$ genau im Punkt x schneidet. Wir wählen nun $\varepsilon > 0$ so klein,
dass der Schnitt $A \cap H(\varepsilon)$ innere Punkte von P enthält (und die Menge $V(F)$ von
ihrem Komplement in V trennt). Dann ist $A \cap H(\varepsilon)$ ein affiner Unterraum der
Dimension $n - \dim F - 1$, der von dem Polytop

$$P(F, x, \varepsilon) := P \cap A \cap H(\varepsilon)$$

affin erzeugt wird. Die Abbildung

$$\alpha : \mathcal{F}(F, P) \to \mathcal{F}(P(F, x, \varepsilon)) : F' \mapsto F' \cap A \cap H(\varepsilon)$$

ist inklusionserhaltend und bijektiv wegen $\alpha^{-1}(F' \cap A \cap H(\varepsilon)) = \operatorname{aff}((F' \cap A \cap H(\varepsilon)) \cup F) \cap P = \operatorname{aff}(F') \cap P = F'$. Da $\mathcal{F}(F, P)$ nicht von x und ε abhängt, folgt
insbesondere, dass der kombinatorische Typ des Polytops $P(F, x, \varepsilon)$ unabhängig
ist von x und ε. $\qquad\square$

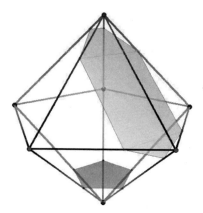

Abbildung 3.5. Zwei Beispiele für Polytope $P \cap H(\varepsilon)$ für $\dim F \in \{0,1\}$ (Notation wie im Beweis zu Satz 3.18). Das Polytop P ist hier eine *Bipyramide* über einem Fünfeck.

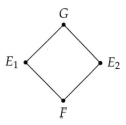

Abbildung 3.6. Diamanteigenschaft des Seitenverbandes

Für eine Seite F von P heißt das Polytop $P(F, x, \varepsilon)$ *Seitenfigur* von F. Eine Konsequenz aus Satz 3.18 ist die Tatsache, dass $\mathcal{F}(F, G)$ für $\dim G - \dim F = 2$ stets der Seitenverband eines Intervalls ist, das heißt, es existieren genau zwei Seiten E_1 und E_2 der Dimension $\dim F + 1$, die zwischen F und G liegen. Diese Eigenschaft heißt *Diamanteigenschaft* von $\mathcal{F}(P)$, vergleiche Abbildung 3.6.

Sei $P \subseteq \mathbb{R}^n$ ein n-Polytop, und es sei $f_k(P)$ die Anzahl der k-dimensionalen Seiten von P. Dann heißt $f(P) := (f_0(P), f_1(P), \ldots, f_{n-1}(P))$ der *f-Vektor* von P. Offensichtlich ist der f-Vektor eine kombinatorische Invariante: Er hängt nur vom kombinatorischen Typ von P ab. Es ist eine interessante – aber auch sehr komplizierte – Frage, welche n-Tupel natürlicher Zahlen f-Vektoren von n-Polytopen sind.

Aufgabe 3.19. Bestimmen Sie den f-Vektor des n-dimensionalen Standardwürfels C_n, und beschreiben Sie seinen Seitenverband.

Man kann sich fragen, wie „typische" Polytope aussehen. Eine Konkretisierung dieses zunächst etwas naiv gestellten Problems lässt sich – auf verschiedene Weise – mittels geeigneter stochastischer Begriffe gewinnen. In Abschnitt 3.6 etwa

werden wir konvexe Hüllen von zufälligen Punkten auf der Einheitssphäre sehen. In vielen Fällen hat „typisch" etwas mit „allgemeiner Lage" zu tun.

Aufgabe 3.20. Es sei $K \subseteq \mathbb{R}^n$ eine volldimensionale, konvexe Menge. Zeigen Sie, dass
jede endliche Menge X von gleichverteilt zufällig aus K gezogenen Punkten fast sicher in
allgemeiner Lage ist: Mit Wahrscheinlichkeit 1 sind je $n + 1$ dieser Punkte affin unabhängig.
Insbesondere sind daher alle echten Seiten von conv X Simplexe.

Diese letzte Eigenschaft wollen wir als Anlass nehmen für eine weitere Definition.
Gleichzeitig führen wir einen zweiten Begriff ein.

Definition 3.21
Ein Polytop P heißt *simplizial*, wenn alle echten Seiten von P Simplexe sind. Und
es heißt *einfach*, wenn die Seitenfigur jeder echten Seite von P ein Simplex ist.

Jedes Simplex ist sowohl ein simpliziales als auch ein einfaches Polytop. Die Beziehung zwischen Simplizialität und Einfachheit ergibt sich im folgenden Abschnitt 3.3.

Aufgabe 3.22.   Es sei P ein n-Polytop mit Eckenmenge V und Kantenmenge E. Der *Graph*
$\Gamma(P)$ ist der abstrakte Graph (V, E) mit der natürlichen Inzidenz. Zeigen Sie:
a.   Der Graph $\Gamma(P)$ ist zusammenhängend.
b.   Jede Ecke ist in mindestens n Kanten enthalten.
c.   Das n-Polytop P ist genau dann einfach, wenn jede Ecke in genau n Kanten enthalten
     ist.

3.3   Polarität und Dualität

Das im Folgenden eingeführte Konzept der Polarität ordnet jedem Polytop P,
dessen Inneres den Nullpunkt enthält, ein polares Polytop P° zu, so dass zu jeder
k-Seite von P eine $(n - k - 1)$-Seite von P° korrespondiert. Insbesondere gilt dann
also $f_{n-i-1}(P) = f_i(P^\circ)$.

Beispiel 3.23
Für den Standardwürfel $C_3 = [-1, 1]^3$ in $\mathbb{R}^3$ gilt $f_0(C_3) = 8$, $f_1(C_3) = 12$,
$f_2(C_3) = 6$. Für das Kreuzpolytop (bzw. Oktaeder) $Q = \text{conv}\{\pm e^{(i)} : 1 \le i \le 3\}$
(wobei $e^{(i)}$ wiederum den i-ten Standardbasisvektor bezeichnet) gilt $f_0(Q) = 6$,
$f_1(Q) = 12$, $f_2(Q) = 8$ (siehe Abbildung 3.7).
    Wir werden in Beispiel 3.29 sehen, dass Q das polare Polytop von C_3 ist.

Im Folgenden bezeichnet $\langle \cdot, \cdot \rangle$ wie in Abschnitt 2.3.1 das euklidische Skalarprodukt.

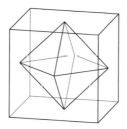

Abbildung 3.7. Würfel $[-1, 1]^n$ und Oktaeder conv $\{e^{(i)} : 1 \leq i \leq 3\}$

Definition 3.24

Die zu $X \subseteq \mathbb{R}^n$ *polare Menge* X° ist definiert als

$$X^\circ = \{y \in \mathbb{R}^n : \langle x, y \rangle \leq 1 \text{ für alle } x \in X\} \; .$$

Aufgabe 3.25. Zeigen Sie für $X, Y \subseteq \mathbb{R}^n$: Aus $X \subseteq Y$ folgt $Y^\circ \subseteq X^\circ$.

Proposition 3.26

Sei $X \subseteq \mathbb{R}^n$ beliebig. Dann ist X° abgeschlossen und konvex, und es gilt $0 \in X^\circ$.

Beweis. Offenbar gilt $0 \in X^\circ$. Sei $x \in \mathbb{R}^n \setminus \{0\}$. Dann ist

$$\{x\}^\circ = \{y \in \mathbb{R}^n : \langle x, y \rangle \leq 1\} = [1 : x_1 : \cdots : x_n]^+$$

ein abgeschlossener affiner Halbraum und $\{0\}^\circ = \mathbb{R}^n$. Der Durchschnitt $X^\circ = \bigcap_{x \in X} \{x\}^\circ$ abgeschlossener und konvexer Mengen ist wiederum abgeschlossen und konvex. $\qquad\square$

Satz 3.27

Ist $P \subseteq \mathbb{R}^n$ ein n-Polytop mit $0 \in \text{int } P$, dann ist auch P° ein n-Polytop mit $0 \in \text{int } P^\circ$. Es gilt

$$P^\circ = \bigcap_{v \in V} \{y \in \mathbb{R}^n : \langle v, y \rangle \leq 1\} = \bigcap_{v \in V} [1 : -v_1 : \cdots : -v_n]^+ , \qquad (3.1)$$

wobei V die Eckenmenge von P ist.

Beweis. Da das Polytop P beschränkt ist, ist P in einer offenen Kugel $B(0, \rho)$ mit Mittelpunkt 0 und Radius ρ enthalten. Dann gilt für alle $x \in \mathbb{R}^n$ mit $\|x\| \leq 1/\rho$ nach der Ungleichung von Cauchy-Schwarz

$$|\langle x, y \rangle| \leq \|x\| \, \|y\| \leq \frac{1}{\rho} \|y\| \leq 1 \quad \text{für alle } y \in P \, ,$$

so dass die Kugel $B(0, 1/\rho)$ in P° enthalten ist. Daher ist P° volldimensional. Da P zudem eine Kugel $B(0, \rho')$ enthält, folgt auf analoge Weise, dass P° beschränkt ist.

Es bleibt, die Gleichung (3.1) zu zeigen. Die Inklusion „$\subseteq$" folgt unmittelbar aus der Definition 3.24. Für die Inklusion „$\supseteq$" betrachten wir einen Punkt y, der nicht in P° enthalten ist. Ein beliebiger Punkt $x \in P$ lässt sich als Konvexkombination $\sum_{i=1}^k \lambda^{(i)} v^{(i)}$ von Ecken von P schreiben. Offenbar gilt dann

$$\langle x, y \rangle \;=\; \sum_{i=1}^k \lambda^{(i)} \langle v^{(i)}, y \rangle \;\leq\; \max\left\{ \langle v^{(i)}, y \rangle : 1 \leq i \leq k \right\},$$

wobei sich die letzte Gleichung aus $\sum_{i=1}^k \lambda^{(i)} = 1$ ergibt. Falls nun $\langle x, y \rangle > 1$ ist, dann muss folglich auch eine Ecke $v^{(i)}$ existieren mit $\langle v^{(i)}, y \rangle > 1$. Hieraus folgt die Behauptung. $\qquad\square$

Satz 3.28
Für ein n-Polytop $P \subseteq \mathbb{R}^n$ mit $0 \in \operatorname{int} P$ gilt:
a. *$(P^\circ)^\circ = P$.*
b. *Für jeden Randpunkt p von P ist die affine Hyperebene $H = \{x \in \mathbb{R}^n : \langle p, x \rangle = 1\}$ eine Stützhyperebene an P°.*

Beweis. a. Aus der Definition der polaren Menge folgt unmittelbar $P \subseteq (P^\circ)^\circ$. Für die umgekehrte Richtung sei $P = \bigcap_{i=1}^m H_i^+$ und x ein nicht in P enthaltener Punkt. Dann gibt es ein $i \in \{1, \ldots, m\}$ mit $x \notin H_i^+$. Nach dem Trennungssatz 2.14 existiert folglich ein $v \in \mathbb{R}^n$ mit $\langle v, x \rangle > 1$, aber $\langle v, y \rangle \leq 1$ für alle $y \in H_i^+$. Also gilt $v \in P^\circ$ und wegen $\langle v, x \rangle > 1$ schließlich $x \notin (P^\circ)^\circ$.

b. Für jedes $p \in P \setminus \{0\}$ ist $H^+ = [1 : -p_1 : \cdots : -p_n]^+$ ein Halbraum, der das Polytop P° enthält. Ist p ein Randpunkt von P, dann gehört er nach Satz 3.7 zu einer echten Seite F von P, und es existiert daher ein Vektor $x \in \mathbb{R}^n$, so dass die Hyperebene $H' = \{y \in \mathbb{R}^n : \langle x, y \rangle = 1\}$ das Polytop P stützt und den Punkt p enthält. Folglich gilt $x \in P^\circ$ und $x \in H$, so dass H das Polytop P° also trifft. Insgesamt ist H eine Stützhyperebene an P°. $\qquad\square$

Beispiel 3.29
Die Beschreibung der Facetten definierenden Hyperebenen des Standardwürfels C_n in Beispiel 3.11 zeigt nun, dass C_n polar zum n-dimensionalen Kreuzpolytop ist.

Lemma 3.30
Sei $P \subseteq \mathbb{R}^n$ ein n-Polytop mit $0 \in \operatorname{int} P$. Für jede echte Seite F von P ist

$$F^* := \{x \in P^\circ : \langle x, y \rangle = 1 \text{ für alle } y \in F\} \;\subsetneqq\; F^\circ$$

eine echte Seite von P°.

Beweis. Für jedes $p \in F$ ist die Hyperebene $H = \{x \in \mathbb{R}^n : \langle p, x \rangle = 1\}$ nach Satz 3.28b eine Stützhyperebene von P°, so dass $P^\circ \cap H$ eine Seite von P° ist.

Da nun F konvexe Hülle endlich vieler Punkte ist, kann F^* als Durchschnitt endlich vieler solcher Seiten von P° geschrieben werden. Folglich ist auch F^* eine Seite von P°. □

Lemma 3.30 induziert eine Abbildung $\varphi : F \mapsto F^*$ von der Menge aller echten Seiten von P in die Menge aller echten Seiten von P°. Ferner setzen wir $\varphi(P) = \emptyset$ und $\varphi(\emptyset) = P^\circ$.

Satz 3.31

Sei $P \subseteq \mathbb{R}^n$ ein n-Polytop mit $0 \in$ int P. Die Abbildung φ ist bijektiv und bildet für alle $k \in \{0, \ldots, n-1\}$ die k-Seiten von P auf die $(n-k-1)$-Seiten von P° ab. Ferner ist φ inklusionsumkehrend, das heißt aus $F \subseteq G$ folgt $G^* \subseteq F^*$.

Beweis. Dass φ die Inklusion umkehrt, ist klar aus Aufgabe 3.25.

Da die Abbildung ψ entsprechend auch auf die Seiten von P° angewandt werden kann, genügt es wegen Satz 3.28a. für den Beweis der Bijektivität, $\varphi(\varphi(F)) = F$ für jede Seite F von P zu zeigen. Für die unechten Seiten ist dies nach Definition erfüllt. Für jede echte Seite F gilt nach Definition

$$\varphi(\varphi(F)) = \{x \in \mathbb{R}^n : \langle x, y \rangle = 1 \text{ für alle } y \in \varphi(F)\}$$

mit

$$\varphi(F) = \{y \in \mathbb{R}^n : \langle x, y \rangle = 1 \text{ für alle } x \in F\},$$

so dass unmittelbar $F \subseteq \varphi(\varphi(F))$ folgt.

Für die umgekehrte Inklusion betrachten wir einen Punkt $p \in P$ mit $p \notin F$. Bezeichnet $H = [1 . -h_1 : \cdots : -h_n]$ eine F enthaltende Stützhyperebene von P, dann gilt $p \in H_\circ^+$, also $\langle p, h \rangle < 1$. Wegen $h \in \varphi(F)$ folgt daher $p \notin \varphi(\varphi(F))$.

Es verbleibt, die Aussage über die Dimensionen zu zeigen. Für unechte Seiten ist dies offensichtlich erfüllt. Jede echte k-Seite F enthält $k+1$ affin unabhängige Punkte, so dass $\varphi(F)$ im Durchschnitt von $k+1$ Hyperebenen enthalten ist, deren Gleichungen linear unabhängig sind. Folglich gilt $\dim \varphi(F) \leq n-k-1$. Wegen $F \subseteq \varphi(\varphi(F))$ muss in dieser Ungleichung Gleichheit gelten. □

Eine die Ordnungsbeziehung umkehrende Bijektion zwischen Verbänden oder Halbordnungen wird *Anti-Isomorphismus* genannt.

Korollar 3.32

Sei $P \subseteq \mathbb{R}^n$ ein n-Polytop mit $0 \in$ int P. Das Polytop P ist genau dann simplizial, wenn das Polare P° einfach ist.

Beispiel 3.33

Sei $P = \text{conv}\{p^{(1)}, \ldots, p^{(4)}\} \subseteq \mathbb{R}^2$ das in Abbildung 3.8 dargestellte konvexe Viereck. Dann ist das Polare $P^\circ = \bigcap_{i=1}^4 \{x \in \mathbb{R}^2 : \langle p^{(i)}, x \rangle \leq 1\}$ das gestrichelte Viereck. Die Strecke $[0, p^{(i)}]$ steht senkrecht auf der Geraden

$$H_i := \{x \in \mathbb{R}^2 : \langle p^{(i)}, x \rangle = 1\} = \text{aff}(\{p^{(i)}\}^*).$$

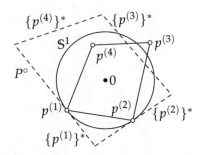

Abbildung 3.8. Ein Polytop $P = \mathrm{conv}\{p^{(1)}, \ldots, p^{(4)}\}$ und sein Polares

Für $i \in \{1,2\}$ liegt $p^{(i)}$ auf dem Einheitskreis $\mathbb{S}^1$, so dass die Gerade H_i eine Tangente an den Einheitskreis ist. Der Punkt $p^{(3)}$ liegt außerhalb des Einheitskreises, so dass H_3 das Innere der Einheitskreisscheibe schneidet. Der vierte Punkt $p^{(4)}$ liegt im Inneren des Einheitskreises, so dass H_4 außerhalb des Einheitskreises verläuft. Der Abstand vom Ursprung zur Geraden H_i ist stets der Kehrwert des Abstandes von 0 und $p^{(i)}$.

Eine häufige Voraussetzung an Polytope P in diesem Abschnitt war, dass der Ursprung ein innerer Punkt sein sollte. Durch Einschränkung auf aff P und eine geeignete Translation lässt sich diese Situation immer herstellen, das heißt, jedes Polytop hat ein affines Bild, das diesen Anforderungen genügt. Hieraus ergibt sich, dass es zu jedem Polytop P ein Polytop P' gibt, dessen Seitenverband $\mathcal{F}(P')$ anti-isomorph zu $\mathcal{F}(P)$ ist. Jedes solche Polytop heißt *dual* zu P.

3.4   Polyeder

Polytope sind zwar elementare Bausteine der algorithmischen Geometrie, oft ist es aber natürlich, die folgende Verallgemeinerung zu betrachten. Dies wird unter anderem im Kapitel 4 über lineare Optimierung eine Rolle spielen.

Definition 3.34
Eine Menge $P \subseteq \mathbb{R}^n$ heißt *Polyeder*, wenn sie als Durchschnitt von endlich vielen abgeschlossenen affinen Halbräumen dargestellt werden kann.

Ein Polytop ist also ein beschränktes Polyeder. Im Allgemeinen lässt sich ein Polyeder natürlich nicht als konvexe Hülle endlich vieler Punkte darstellen. Das einfachste Beispiel hierfür ist ein einzelner Halbraum. Die Unterschiede zwischen Polytopen und unbeschränkten Polyedern sind aber überschaubar.
Hierzu sind zwei Sorten von unbeschränkten Polyedern zu unterscheiden: Entweder enthält ein Polyeder P eine affine Gerade oder nicht. Im zweiten Fall heißt P *spitz*. Nehmen wir zunächst an, $P = H_1^+ \cap \cdots \cap H_k^+$ sei spitz. Dann folgt

insbesondere, dass $H_1 \cap \cdots \cap H_k$ leer ist oder aus genau einem Punkt besteht. In beiden Fällen können wir n Hyperebenen auswählen, deren Schnitt aus genau einem Punkt z besteht. Ohne Einschränkung sei

$$z = [h_0^{(1)} : \cdots : h_n^{(1)}] \cap \cdots \cap [h_0^{(n)} : \cdots : h_n^{(n)}]$$

mit $H_i^+ = [h_0^{(i)} : \cdots : h_n^{(i)}]^+$. Der Punkt z kann, muss aber nicht in P liegen. Um eine bessere Vorstellung von P zu gewinnen, transformieren wir P affin: Der Punkt z soll in den Ursprung verschoben werden und anschließend werden die verschobenen Hyperebenen $-z + H_i$ in die Koordinatenhyperebenen $E_i = [0 : \cdots : 0 : 1 : 0 : \cdots : 0] = \{x \in \mathbb{R}^n : x_i = 0\}$ transformiert. Dabei sind $E_1, \ldots, E_n$ so orientiert, dass $E_1^+ \cap \cdots \cap E_n^+$ der positive Orthant ist. Die beschriebene affine Transformation lässt sich am bequemsten mittels des Produktes zweier $(n+1) \times (n+1)$-Matrizen ausdrücken.

$$
T =
\begin{pmatrix}
1 & 0 & \cdots & 0 \\
h_0^{(1)} & h_1^{(1)} & \cdots & h_n^{(1)} \\
\vdots & \vdots & \ddots & \vdots \\
h_0^{(n)} & h_1^{(n)} & \cdots & h_n^{(n)}
\end{pmatrix}
\cdot
\begin{pmatrix}
1 & 0 & 0 & \cdots & 0 & 0 \\
-z_1 & 1 & 0 & \cdots & 0 & 0 \\
-z_2 & 0 & 1 & \cdots & 0 & 0 \\
\vdots & \vdots & \vdots & \ddots & \vdots & \vdots \\
-z_{n-1} & 0 & 0 & \cdots & 1 & 0 \\
-z_n & 0 & 0 & \cdots & 0 & 1
\end{pmatrix}.
$$

Das transformierte Polyeder $[T]P$ ist im positiven Orthanten enthalten. Wir betrachten eine weitere projektive Transformation, definiert durch die nichtnegative Matrix

$$
B =
\begin{pmatrix}
1 & 1 & 1 & \cdots & 1 & 1 \\
0 & 1 & 0 & \cdots & 0 & 0 \\
0 & 0 & 1 & \cdots & 0 & 0 \\
\vdots & \vdots & & \ddots & & \vdots \\
0 & 0 & 0 & \cdots & 1 & 0 \\
0 & 0 & 0 & \cdots & 0 & 1
\end{pmatrix}.
$$

Die Abbildung $[B]$ ist keine affine Transformation, statt dessen bildet sie die Fernhyperebene $(1 : 0 : \cdots : 0)$ auf die projektive Hyperebene $[1 : 1 : \cdots : 1]$ ab, wobei die Koordinatenhyperebenen fest bleiben. Zusätzlich ist das Bild des positiven Orthanten unter der Abbildung $[B]$ das n-Simplex

$$E_1^+ \cap \cdots \cap E_n^+ \cap [1 : 1 : \cdots : 1]^+.$$

Insbesondere ist das Bild $[BT]P$ ein beschränktes Polyeder, also ein Polytop. Wir haben den folgenden Satz bewiesen.

Satz 3.35
Jedes spitze Polyeder ist projektiv äquivalent zu einem Polytop.

Spitze Polyeder kann man sich vorstellen als Polytope mit einer ausgezeichneten echten Seite, die in die Fernhyperebene verschoben wurde.

Es ist aber zu betonen, dass das Bild eines Polyeders unter einer projektiven Transformation nicht notwendig wieder ein Polyeder ist. Unproblematisch in diesem Sinn ist jedoch der folgende Fall, der hier für uns relevant ist.

Aufgabe 3.36. Sei $P \subseteq \mathbb{R}^n_{\geq 0}$ ein Polyeder im positiven Orthanten und $[A]$ die projektive Transformation zu einer Matrix $A \in \mathrm{GL}_{n+1}\,\mathbb{R}$ mit nichtnegativen Koeffizienten. Zeigen Sie, dass dann das Bild $[A]P$ wieder ein Polyeder ist.

Es bleibt noch zu untersuchen, was passiert, wenn P nicht spitz ist. In diesem Fall wählen wir einen affinen Unterraum A von $\mathbb{R}^n$ maximaler Dimension, der in P enthalten ist. Der lineare Unterraum von $\mathbb{R}^n$ parallel zu A heißt auch *Linealitätsraum* von P. Sei p ein beliebiger Punkt von P und A' das affine orthogonale Komplement von A durch p. Der Schnitt $P \cap A'$ ist ein Polyeder, das keine affine Gerade enthält, also spitz ist. Ferner gilt $P = (P \cap A') \times A$. Damit erhalten wir das folgende Lemma.

Lemma 3.37
Jedes Polyeder ist als direktes Produkt eines affinen Unterraums mit einem spitzen Polyeder darstellbar.

Hierbei kann es passieren, dass der affine Unterraum oder das spitze Polyeder nur aus einem Punkt bestehen, die Faktorisierung also trivial ist.

Zusammenfassend kann man sagen, dass sich Aussagen über Polyeder auf Aussagen über Polytope zurückführen lassen. Als Beispiel hierfür mag die Verallgemeinerung von Satz 3.8 dienen, die in der Aufgabe 3.40 gezeigt werden soll. Zunächst jedoch noch zwei Definitionen hierzu.

Definition 3.38
Sei $A \subseteq \mathbb{R}^n$. Eine *Positivkombination* von A ist eine Linearkombination $\sum_{i=1}^m \lambda^{(i)} a^{(i)}$ mit $a^{(i)} \in A$ und $\lambda^{(i)} \geq 0$ für alle i. Die Menge aller Positivkombinationen von A heißt *positive Hülle* von A, und wir schreiben kurz $\mathrm{pos}\,A$.

Die positive Hülle einer Menge A ist ein *konvexer Kegel* in dem Sinne, dass $\mathrm{pos}\,A$ konvex ist und für $a, b \in \mathrm{pos}\,A$ auch $a + b$ und λa in $\mathrm{pos}\,A$ enthalten sind (siehe Bild 3.9). In einem konvexen Kegel K heißt eine Halbgerade $x + \mathbb{R}_{\geq 0}y \subseteq \partial K$ mit $x \in K$ und $y \in \mathbb{R}^n \setminus \{0\}$ *Strahl* von K.

Definition 3.39
Seien $A, B \subseteq \mathbb{R}^n$. Dann ist die *Minkowski-Summe* von A und B definiert als

$$A + B = \{a + b : a \in A, b \in B\} \,.$$

Abbildung 3.9. Positive Hülle einer endlichen Punktmenge

Aufgabe 3.40. Jedes Polyeder $P \subseteq \mathbb{R}^n$ kann als Minkowski-Summe

$$P = \operatorname{conv} V + \operatorname{pos} R$$

mit endlichen Mengen V, R geschrieben werden.

Aufgabe 3.41. Das *Produkt*

$$\left\{ (p,q) \in \mathbb{R}^{n+n'} : p \in P, q \in Q \right\}$$

zweier Polyeder $P \subseteq \mathbb{R}^n$ und $q \subseteq \mathbb{R}^{n'}$ ist ein Polyeder.

3.5 Die Kombinatorik von Polytopen

Wie bereits in Kapitel 1 angedeutet, erfordern algorithmische Fragen oft die Umrechnung einer $\mathcal{V}$-Darstellung in eine $\mathcal{H}$-Darstellung und umgekehrt. Bevor in Kapitel 5 entsprechende Algorithmen untersucht werden, ist es zweckmäßig, mehr über die kombinatorische Struktur von Polytopen zu verstehen.

Um die Komplexität eines Algorithmus überhaupt diskutieren zu können, muss man erst einmal klären, wie groß die Ausgabe im Verhältnis zur Eingabe sein kann. Für Konvexe-Hülle-Algorithmen, also Verfahren, die zu einer gegebenen Punktmenge die Facetten der konvexen Hülle berechnen, stellt sich damit die Frage, wie viele Facetten ein n-dimensionales Polytop mit m Ecken maximal haben kann. Die umgekehrte Frage, wie viele Ecken ein n-Polytop mit m Facetten haben kann ist durch Polarisierung hierzu äquivalent. Wie zuvor bezeichnet $f_k(P)$ die Anzahl der k-dimensionalen Seiten eines n-Polytops P für $-1 \leq k \leq n$. Insbesondere gilt $f_{-1}(P) = f_n(P) = 1$.

Das Upper-Bound-Theorem, ein fundamentales Ergebnis der Polytoptheorie, besagt, dass die zyklischen Polytope aus Definition 3.2 im nachstehenden Sinne extremal sind. Wir bezeichnen ein als konvexe Hülle von m Punkten auf der Momentenkurve des $\mathbb{R}^n$ hervorgehendes zyklisches Polytop mit $Z_n(m)$. Diese Notation unterdrückt bewusst, welche m Punkte das zyklische Polytop definieren und wird am Ende des Abschnitts (in den Aufgaben 3.47–3.49) durch die Aussage gerechtfertigt, dass je zwei solche zyklische Polytope kombinatorisch äquivalent sind.

Satz 3.42 (Upper-Bound-Theorem, McMullen 1970)
Ein n-dimensionales Polytop mit m Ecken hat höchstens so viele k-Seiten wie ein zyklisches Polytop $Z_n(m)$ für alle $k \in \{-1, \ldots, n\}$.

In den Aufgaben 3.47 bis 3.49 werden wir die Anzahl der Facetten der zyklischen Polytope bestimmen. Dies liefert dann die folgende explizite obere Schranke.

Korollar 3.43
Die Anzahl der Facetten eines n-dimensionalen Polytops mit m Ecken ist beschränkt durch

$$
f_{n,m} = \begin{cases} \dfrac{m}{m - \frac{n}{2}} \begin{pmatrix} m - \frac{n}{2} \\ m - n \end{pmatrix} & \text{falls } n \text{ gerade,} \\[2em] 2 \begin{pmatrix} m - \frac{n+1}{2} \\ m - n \end{pmatrix} & \text{falls } n \text{ ungerade.} \end{cases}
$$

Durch Übergang zum Dualen ergibt sich dieselbe obere Schranke für die Anzahl der Ecken eines n-Polytops mit m Facetten.

In diesem Abschnitt wollen wir Satz 3.42 nicht in voller Stärke zeigen, statt dessen jedoch einen Beweis für eine obere Schranke wiedergeben, die die richtige Größenordnung für die Anzahl der Facetten zeigt.

Satz 3.44
Ein n-Polytop mit m Ecken besitzt höchstens $2\binom{m}{\lfloor n/2 \rfloor}$ Facetten und insgesamt nicht mehr als $2^{n+1}\binom{m}{\lfloor n/2 \rfloor}$ Seiten. Für festes n haben beide Anzahlen daher die Größenordnung $O(m^{\lfloor n/2 \rfloor})$.

Wir zeigen diese Aussage zunächst für simpliziale Polytope und führen dann den Fall nicht-simplizialer Polytope darauf zurück.

Lemma 3.45
Für ein simpliziales n-Polytop P gilt
a. $(n-k)f_k(P) \leq \binom{n}{k+1}f_{n-1}(P)$ *für* $k \in \{-1, \ldots, n\}$;
b. $nf_0(P) + (n-1)f_1(P) + \cdots + 2f_{n-2}(P) \leq (2^n - 2)f_{n-1}(P)$;
c. $f_{n-1}(P) \leq 2f_{\lfloor n/2 \rfloor - 1}(P)$.

Beweis. Für die erste Behauptung zählen wir die Inzidenzen zwischen Facetten von P und k-Seiten. Nach Voraussetzung ist jede Facette ein $(n-1)$-Simplex und enthält daher genau $\binom{n}{k+1}$ k-Seiten. Andererseits ist die Seitenfigur einer k-Seite ein $(n-k-1)$-Polytop, das dann also mindestens $n-k$ Facetten hat. Hieraus folgt die erste Behauptung. Die zweite Behauptung folgt aus der ersten durch Summation über k von 0 bis $n-2$.

Für die dritte Behauptung gehen wir zu einem dualen Polytop P' über, das nach Korollar 3.32 einfach ist. Zu zeigen ist $f_0(P') \leq 2f_{\lceil n/2 \rceil}(P')$.

Wir beschränken nun die Anzahl der Ecken von P' in Abhängigkeit von der Anzahl der $\lceil n/2 \rceil$-Seiten. Nach einer affinen Transformation können wir ohne Einschränkung annehmen, dass keine zwei Ecken von P' eine gemeinsame x_n-Koordinate besitzen. Wir stellen uns vor, dass die n-te Koordinatenrichtung nach „oben" zeigt.

Betrachte eine Ecke v und ihre n ausgehenden Kanten. Dann gibt es mindestens $\lceil n/2 \rceil$ nach unten gerichtete Kanten oder mindestens $\lceil n/2 \rceil$ nach oben gerichtete Kanten. Im ersten Fall bestimmt jedes $\lceil n/2 \rceil$-Tupel nach oben gehender Kanten eine $\lceil n/2 \rceil$-Seite, für die v die niedrigste Ecke ist. Im zweiten Fall bestimmt jedes $\lceil n/2 \rceil$-Tupel nach unten gehender Kanten eine $\lceil n/2 \rceil$-Seite, für die v die höchste Ecke ist. Damit haben wir mindestens eine $\lceil n/2 \rceil$-Seite gefunden, für die v die niedrigste oder die höchste Ecke ist. Da die niedrigste und die höchste Ecke für jede Seite eindeutig sind, gibt es in P' höchstens doppelt so viele Ecken wie $\lceil n/2 \rceil$-Seiten. $\qquad\square$

Lemma 3.46

Für jedes n-Polytop P existiert ein n-dimensionales simpliziales Polytop Q mit gleicher Eckenanzahl und $f_k(Q) \geq f_k(P)$ für $1 \leq k \leq n$.

Beweis. Wir können annehmen, dass $P \subseteq \mathbb{R}^n$ gilt. Ziel ist es, das gesuchte Polytop Q durch eine kleine Verschiebung aller Ecken von P zu erhalten.

Für die *Perturbation* einer Ecke v verwenden wir die folgende Operation. Sei $\| \cdot \|$ die euklidische Norm auf $\mathbb{R}^n$ und $\mathcal{F}_0(P)$ die Eckenmenge von P. Wir wählen ein $v' \in \text{int}\, P$ mit $\|v' - v\| \leq \varepsilon$ für ein hinreichend kleines ε, so dass v' auf keiner der durch je $n + 1$ Punkte von $\mathcal{F}_0(P)$ bestimmten Hyperebene liegt. Die Eckenmenge des perturbierten Polytops P' sei $\mathcal{F}_0(P') = (\mathcal{F}_0(P) \setminus \{v\}) \cup \{v'\}$. Wir bezeichnen die Ecken des Ausgangspolytops P mit $v^{(1)}, \dots, v^{(k)}$ und perturbieren diese Ecken sukzessive auf die zuvor beschriebene Weise. Dann ist das resultierende Polytop P' simplizial, weil die perturbierten Ecken in allgemeiner Lage sind.

Es bleibt zu zeigen, dass für jedes $v^{(i)} \in \mathcal{F}_0(P)$ ein $\varepsilon > 0$ existiert, so dass die Perturbation die Anzahl der Seiten nicht verringert.

Sei $k \in \{0, \dots, n-1\}$ und F eine k-Seite von P. Ferner sei $v \in \mathcal{F}_0(P)$ und F' die durch die Perturbation von v resultierende Seite. Ist $v \notin \mathcal{F}_0(F)$, dann ist F offensichtlich eine Seite von P'. Sei daher $v \in \mathcal{F}_0(F)$, und unterscheide die folgenden beiden Fälle.

Fall 1: $v \in \text{aff}(\mathcal{F}_0(F) \setminus \{v\})$. Sei H eine F enthaltende Stützhyperebene mit $P \subseteq H^+$. Dann hat $H \cap \text{conv}(\mathcal{F}_0(F) \setminus \{v\})$ die Dimension k. Da $v' \in \text{int}\, P$ ist, liegt v' im offenen Halbraum $H_\circ^+$. Folglich ist $\mathcal{F}_0(F) \setminus \{v\}$ die Eckenmenge einer k-Seite von P'.

Fall 2: $v \notin \text{aff}(\mathcal{F}_0(F) \setminus \{v\})$. In diesem Fall zeigen wir, dass die Menge $U := (\mathcal{F}_0(F) \setminus \{v\}) \cup \{v'\}$ eine k-Seite von P' bestimmt. Die affine Hülle von F ist disjunkt zu der kompakten Menge $\text{conv}(\mathcal{F}_0(P) \setminus \mathcal{F}_0(F))$. Wenn wir v stetig und nur hinreichend wenig bewegen, verändert sich die affine Hülle von

U ebenfalls stetig. Folglich existiert ein $\varepsilon > 0$, so dass die Bewegung innerhalb der ε-Umgebung des Ausgangspunktes die betrachtete affine Hülle und $\mathrm{conv}(\mathcal{F}_0(P) \setminus \mathcal{F}_0(F))$ disjunkt lässt.   □

Beweis von Satz 3.44. Nach Lemma 3.46 genügt es, simpliziale Polytope P zu betrachten. Da für die Anzahl der $(\lfloor n/2 \rfloor - 1)$-Seiten natürlich gilt

$$f_{\lfloor n/2 \rfloor - 1}(P) \leq \binom{m}{\lfloor n/2 \rfloor},$$

folgt mit Lemma 3.45c

$$f_{n-1}(P) \leq 2\binom{m}{\lfloor n/2 \rfloor}$$

und mit Lemma 3.45b

$$f_0(P) + f_1(P) + \cdots + f_n(P) \leq 2^{n+1}\binom{m}{\lfloor n/2 \rfloor}.$$

□

Zum Abschluss dieses Abschnitts sollen die in Definition 3.2 eingeführten zyklischen Polytope untersucht werden. Wie Satz 3.42 zu entnehmen ist, maximieren diese Polytope den f-Vektor aller Polytopen.

Aufgabe 3.47. Je n verschiedene Punkte auf der Momentenkurve in $\mathbb{R}^n$ sind affin unabhängig. Zyklische Polytope sind folglich simplizial.

Eine Folgerung aus der nächsten Aufgabe (zusammen mit Aufgabe 3.53) ist die Tatsache, dass je zwei zyklische Polytope derselben Dimension und derselben Eckenzahl kombinatorisch äquivalent sind. Dies rechtfertigt die Notation $Z_n(m)$.

Aufgabe 3.48 (Geradheitskriterium von Gale). Sei V die Eckenmenge eines zyklischen Polytops mit der induzierten Ordnung $\prec$ bezüglich der Momentenkurve (das heißt, $x(\tau_1) \prec x(\tau_2)$ genau dann, wenn $\tau_1 < \tau_2$). Sei $U = \{v^{(1)}, \ldots, v^{(n)}\} \subseteq V$ ein n-Tupel von Ecken von P, wobei $v^{(1)} \prec v^{(2)} \prec \ldots \prec v^{(n)}$. Dann ist conv U genau dann eine Facette von P, wenn für je zwei Ecken $u, v \in V \setminus U$ die Anzahl der Ecken $v^{(i)} \in U$ mit $u \prec v^{(i)} \prec v$ gerade ist.

Aufgabe 3.49. Folgern Sie mittels des Geradheitskriteriums, dass für die Anzahl $f_{n,m}$ der Facetten eines zyklischen Polytops $Z_n(m)$ gilt

$$f_{n,m} = \begin{cases} \frac{m}{m-\frac{n}{2}}\binom{m-\frac{n}{2}}{m-n} & \text{falls } n \text{ gerade}, \\[2mm] 2\binom{m-\frac{n+1}{2}}{m-n} & \text{falls } n \text{ ungerade}. \end{cases} \tag{3.2}$$

Aufgabe 3.50. Bestimmen Sie die Gruppe der kombinatorischen Automorphismen der zyklischen Polytope.

Im Rest des Abschnitts sollen wichtige Beziehungen zwischen den Seitenanzahlen von Polytopen diskutiert werden. Für das tiefergehende Studium der Kombinatorik von Polytopen (wie etwa dem Beweis der exakten Form des Upper Bound-Theorems) sind diese Beziehungen unerlässlich.

Die Einträge im f-Vektor eines Polytops sind nicht unabhängig voneinander. Direkt sieht man dies zum Beispiel für einfache n-Polytope. Hier ist jede Ecke in genau n Kanten enthalten, und umgekehrt hat jede Kante genau zwei Ecken. Dies impliziert $2f_1 = nf_0$. Da f_1 eine ganze Zahl ist, folgt weiter, dass jedes einfache Polytop in ungerader Dimension eine gerade Anzahl Ecken hat. Dual hierzu besitzt ein simpliziales Polytop in ungerader Dimension gerade viele Facetten. Der Satz 3.52 unten verschärft diese Aussage. Zunächst jedoch ein berühmtes Ergebnis, das für beliebige Polytope gilt.

Satz 3.51 (Euler-Formel)
Der f-Vektor eines n-Polytops P erfüllt die Gleichung

$$\sum_{k=-1}^{n} (-1)^k f_k(P) = 0.$$

Für zweidimensionale Polytope besagt die Euler-Formel, dass in einem Polygon die Anzahl der Ecken mit der Anzahl der Kanten übereinstimmt.

Für dreidimensionale Polytope ergibt sich der klassische *eulersche Polyedersatz*.

$$f_0(P) - f_1(P) + f_2(P) = 2. \tag{3.3}$$

Beweis. Wir beweisen die Euler-Formel durch vollständige Induktion nach der Dimension n des Polytops.

Für $n = 1$ besitzt ein Polytop genau zwei echte Seiten, nämlich seine Ecken, so dass

$$\sum_{k=-1}^{1} (-1)^k f_k(P) = 1 - 2 + 1 = 0.$$

Sei nun P ein n-Polytop und $m = f_0(P)$ die Anzahl der Ecken von P. Durch eine geeignete affine Transformation können wir ohne Einschränkung annehmen, dass die x_n-Koordinaten der Ecken paarweise verschieden sind. Sei $v^{(1)}, \ldots, v^{(m)}$ die in aufsteigender Reihenfolge der x_n-Koordinaten sortierte Folge der Ecken von P. Ferner seien $H_1, \ldots, H_{2m-1}$ horizontale (das heißt zur x_n-Achse orthogonale) affine Hyperebenen mit $v^{(i)} \in H_{2i-1}$, $1 \leq i \leq m$, und $v^{(i)}$ ist die einzige Ecke, die zwischen H_{2i-2} und H_{2i} liegt. Für eine Seite F von P definieren wir

$$\chi_j(F) = \begin{cases} 1 & \text{falls } H_j \cap \operatorname{relint} F \neq \emptyset, \\ 0 & \text{sonst} \end{cases}$$

für $1 \leq j \leq 2m - 1$.

Wir fixieren nun eine Seite F und bezeichnen mit $v^{(l)}$ (bzw. $v^{(u)}$) ihre Ecke mit minimaler (bzw. maximaler) x_n-Koordinate. Die horizontalen Hyperebenen, die das relative Innere von F schneiden, liegen echt zwischen den Hyperebenen H_{2l-1} und H_{2u-1}. Ist dim $F \geq 1$, dann gilt $l \neq u$, und die Anzahl der Hyperebenen mit geraden Indizes, die relint F schneiden, ist um eins größer als die Anzahl der Hyperebenen mit ungeraden Indizes, die relint F schneiden, so dass

$$\sum_{j=2}^{2m-2} (-1)^j \chi_j(F) = 1.$$

Summation dieser Gleichung über die Menge $\mathcal{F}_k(P)$ der k-Seiten von P liefert

$$f_k(P) = \sum_{F \in \mathcal{F}_k(P)} \sum_{j=2}^{2m-2} (-1)^j \chi_j(F).$$

Die alternierende Summe über alle $k \geq 1$ ergibt so

$$\sum_{k=1}^{n} (-1)^k f_k(P) = \sum_{j=2}^{2m-2} (-1)^j \sum_{k=1}^{n} (-1)^k \sum_{F \in \mathcal{F}_k(P)} \chi_j(F). \tag{3.4}$$

Für $2 \leq j \leq 2m-2$ hat $P_j := P \cap H_j$ die Dimension $n-1$, so dass nach Induktionsannahme gilt

$$\sum_{k=0}^{n-1} (-1)^k f_k(P_j) = 1. \tag{3.5}$$

Wir unterscheiden nun zwei Fälle:

Falls j gerade: Jede $(k-1)$-Seite von P_j ist der Durchschnitt einer k-Seite von P mit der Hyperebene H_j, so dass

$$f_{k-1}(P_j) = \sum_{F \in \mathcal{F}_k(P)} \chi_j(F), \quad \text{für } 1 \leq k \leq n.$$

Einsetzen in (3.5) liefert

$$\sum_{k=1}^{n} (-1)^{k-1} \sum_{F \in \mathcal{F}_k(P)} \chi_j(F) = 1. \tag{3.6}$$

Falls j ungerade: Jede $(k-1)$-Seite von P_j ist der Durchschnitt einer k-Seite von P mit H_j, mit Ausnahme der in H_j enthaltenen Ecke $v^{((j+1)/2)}$. Daher gilt

$$f_0(P_j) = 1 + \sum_{F \in \mathcal{F}_1(P)} \chi_j(F),$$

$$f_{k-1}(P_j) = \sum_{F \in \mathcal{F}_k(P)} \chi_j(F), \quad 2 \leq k \leq n.$$

In diesem Fall liefert Einsetzen in (3.5)

$$\sum_{k=1}^{n}(-1)^{k-1}\sum_{F\in\mathcal{F}_k(P)}\chi_j(F) = 0. \tag{3.7}$$

Multiplikation der Gleichungen von (3.6) und (3.7) mit $(-1)^{j+1}$ und Einsetzen in (3.4) liefert

$$\sum_{k=-1}^{n}(-1)^k f_k(P) = -1 + m + \sum_{k=1}^{n}(-1)^k f_k(P)$$

$$= -1 + m + (m-1)\cdot(-1) + (m-2)\cdot 0 = 0.$$

$\square$

Hieraus lässt sich, letztlich durch geschickte Summierung, eine weitreichende Verallgemeinerung der eingangs bemerkten Beziehung $2f_1 = nf_0$ für einfache Polytope begründen. Für einen Beweis siehe Ziegler [91, §8.3].

Satz 3.52 (Dehn-Sommerville-Gleichungen)
Für den f-Vektor eines einfachen n-Polytops P gilt

$$\sum_{j=0}^{k}(-1)^j\binom{n-j}{n-k}f_j(P) = f_k(P), \quad \text{für } k \in \{0,\dots,n\}.$$

Durch Dualisierung erhält man eine entsprechende Aussage für simpliziale Polytope.

3.6 Untersuchungen mit polymake

Wir wollen einige konkrete Beispiele für Polytope ansehen, deren Eigenschaften sich weitgehend aus den bisher gewonnenen Ergebnissen erschließen lassen. Hier und im Folgenden verwenden wir das Softwaresystem polymake, das im Anhang unter D.1 kurz beschrieben wird.

3.6.1 Zyklische Polytope

Wir untersuchen das zyklische 4-Polytop $Z_4(7)$ mit 7 Ecken. Das Programm cyclic erzeugt zyklische Polytope, die anschließend mit dem Programm polymake untersucht werden können.

```
> cyclic Z_4,7.poly 4 7
> polymake Z_4,7.poly VERTICES DIM F_VECTOR "dense(VERTICES_IN_FACETS)"
  VERTICES
  1 0 0 0 0
  1 1 1 1 1
  1 2 4 8 16
  1 3 9 27 81
  1 4 16 64 256
  1 5 25 125 625
  1 6 36 216 1296

  DIM
  4

  F_VECTOR
  7 21 28 14

  dense(VERTICES_IN_FACETS)
  [ 1 1 0 0 1 1 0 ]
  [ 0 1 1 0 1 1 0 ]
  [ 0 0 1 1 1 1 0 ]
  [ 0 1 1 1 1 0 0 ]
  [ 1 1 0 1 1 0 0 ]
  [ 1 1 1 1 0 0 0 ]
  [ 1 1 1 0 0 0 1 ]
  [ 1 0 1 1 0 0 1 ]
  [ 1 0 0 1 1 0 1 ]
  [ 0 0 0 1 1 1 1 ]
  [ 1 0 0 0 1 1 1 ]
  [ 0 0 1 1 0 1 1 ]
  [ 0 1 1 0 0 1 1 ]
  [ 1 1 0 0 0 1 1 ]
```

Jede Zeile des Ausgabeabschnitts VERTICES enthält die orientierten homogenen Koordinaten einer Ecke. Die Reihenfolge ist nicht wichtig, jedoch sind die Ecken implizit durchnummeriert, beginnend mit 0. Der Abschnitt dense(VERTICES_IN_FACETS) nimmt beispielsweise darauf Bezug: Jede Zeile der Ausgabematrix entspricht einer Facette und jede Spalte einer Ecke, wobei die Reihenfolge der Spalten der Reihenfolge im Abschnitt VERTICES entspricht. Eine 1 an der Stelle (i, j) besagt, dass die i-te Facette die j-te Ecke enthält. Wird in der polymake-Kommandozeile das dense() weggelassen, so wird für jede Facette die Liste ihrer Ecken angegeben.

In dense(VERTICES_IN_FACETS) lässt sich das Geradheitskriterium von Gale aus Aufgabe 3.48 direkt ablesen: In jeder Zeile steht zwischen je zwei Nullen eine gerade Anzahl Einsen.

Die durch die Sektion VERTICES_IN_FACETS codierte Matrix mit Koeffizienten in $\{0, 1\}$ heißt *Inzidenzmatrix* bezüglich der gegebenen Anordnungen von Ecken und Facetten.

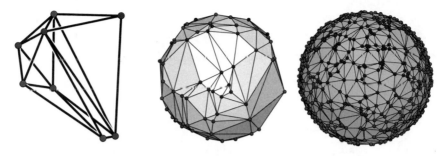

Abbildung 3.10. Konvexe Hülle von 8, 100 und 1000 zufälligen Punkten auf S^2

Die homogenen Koordinaten der Facetten bekommt man durch das Kommando

```
> polymake Z_4,7.poly FACETS
```

in derselben Reihenfolge wie in der Sektion `VERTICES_IN_FACETS`. Die (hier unterdrückte) Ausgabe sieht ähnlich aus wie in Abschnitt 5.4.

3.6.2 Zufällige Polytope

Das Programm `rand_sphere` produziert n-Polytope als konvexe Hülle von gleichverteilt zufällig auf der Einheitssphäre S^{n-1} gezogenen Punkten. Nach Aufgabe 3.20 sind die Punkte fast sicher in allgemeiner Lage, und die konvexe Hülle ist dann simplizial.

```
> rand_sphere R_3,8.poly 3 8
> polymake R_3,8.poly SIMPLICIAL F_VECTOR
  SIMPLICIAL
  1

  F_VECTOR
  8 18 12
```

Durch die Dehn-Sommerville-Gleichungen ist der gesamte f-Vektor eines simplizialen 3-Polytops bereits durch die Eckenzahl bestimmt. Es gilt $f_2 = 2f_0 - 4$ und $f_1 = f_0 + f_2 - 2 = 3f_0 - 6$.

3.7 Aufgaben

Aufgabe 3.53. Zeigen Sie, dass zwei Polytope genau dann kombinatorisch äquivalent sind, wenn es Anordnungen ihrer Ecken und Facetten gibt, so dass die zugehörigen Inzidenzmatrizen gleich sind.

Ein Polytop heißt *kubisch*, falls alle seine echten Seiten kombinatorisch äquivalent zu Würfeln sind. Für kubische Polytope gilt ein Analogon zu Lemma 3.45. Dies ist eine Beobachtung von Gil Kalai.

Aufgabe 3.54. Zeigen Sie, dass für den f-Vektor eines kubischen Polytops gilt

$$f_1 + 2f_2 + 2^2 f_3 + \cdots + 2^{n-2} f_{n-1} \leq \binom{f_0}{2}.$$

Aufgabe 3.55. Zeigen Sie, dass für jedes volldimensionale spitze Polyeder $P \subseteq \mathbb{R}^n$ mit äußerer Beschreibung $P = \bigcap_{i=1}^m H_i^+$ eine Familie von Indizes $i_0, i_1, \ldots, i_n$ existiert, so dass $Q = H_{i_0}^+ \cap \cdots \cap H_{i_n}^+$ projektiv äquivalent zu einem n-Simplex ist. Wenn man zusätzlich annimmt, dass P ein Polytop ist, können dann die Hyperebenen stets so gewählt werden, dass auch Q ein Polytop ist?

Aufgabe 3.56. Sei $\pi : \mathbb{R}^{n+1} \to \mathbb{R}^n$ die lineare Projektion auf die ersten n Koordinaten. Zeigen Sie, dass das Bild eines Polytops unter π wieder ein Polytop ist.

Aufgabe 3.57. Sei P ein n-Polytop. Zeigen Sie, dass für jede k-Seite G von P eine Familie von Facetten $F_1, \ldots, F_{n-k}$ existiert, so dass für $G_i := F_1 \cap \cdots \cap F_i$ gilt

$$G_1 \supsetneq G_2 \supsetneq \cdots \supsetneq G_{n-k} = G.$$

Aufgabe 3.58. Die Minkowskisumme $[p^{(1)}, q^{(1)}] + \cdots + [p^{(k)}, q^{(k)}]$ endlich vieler Geradensegmente mit $p^{(i)}, q^{(i)} \in \mathbb{R}^n$ ist ein *Zonotop*.

Zeigen Sie, dass die Zonotope aus k Segmenten genau die Bilder des Standardwürfels $[-1, 1]^k$ unter affinen Abbildungen sind.

3.8 Anmerkungen

Der Stoff dieses Abschnitts gehört zum Standardmaterial für Polytope und Polyeder, siehe die Monographien von Boissonnat und Yvinec [16], Brøndsted [18], Grünbaum [53] und Ziegler [91]. Das Upper-Bound-Theorem wurde von McMullen bewiesen [72]. Weitere Beweise können beispielsweise auch in den Büchern von Mulmuley [74] oder Ziegler [91] gefunden werden. Als allgemeines Nachschlagewerk eignet sich das *Handbook of discrete and computational geometry* [46].

Der Begriff *Polyeder* wird nicht immer in der hier verwendeten Bedeutung benutzt. Vor allem in der Topologie versteht man darunter oft einen in den $\mathbb{R}^n$ eingebetteten simplizialen oder polyedrischen Komplex, gelegentlich auch eine triangulierte Mannigfaltigkeit.

Da die Ecken- und Kantenmenge eines dreidimensionalen Polytops als Knoten- und Kantenmenge eines planaren Graphen auf der Sphäre interpretiert werden kann, ist (3.3) ein Spezialfall der Euler-Formel für planare Graphen, vergleiche hierzu auch [3, Kapitel 11].

4 Lineare Optimierung

Methoden aus der linearen Optimierung liegen vielen Verfahren der algorithmischen Geometrie zugrunde. Hierbei soll eine lineare Zielfunktion über einem durch Ungleichungen gegebenen Polyeder P maximiert (bzw. minimiert) werden. Für den Fall, dass P nicht leer und beschränkt ist, werden wir sehen, dass der Optimalwert immer an einer Ecke von P angenommen wird.

Wie in den meisten Texten zur linearen Optimierung üblich operieren die vorgestellten Algorithmen mit Matrizen sowie ihren Zeilen oder Spalten. Diese entsprechen unmittelbar Datenstrukturen, mit denen diese Algorithmen implementiert werden können. Um das Verständnis für die geometrische Situation zu schärfen, werden wir zusätzlich immer wieder Rückübersetzungen in die Sprache der Polytoptheorie anbieten.

4.1 Problemstellung

Im Folgenden bezeichnet $x \leq y$ für zwei Vektoren $x, y \in \mathbb{R}^n$ die komponentenweise Ungleichungsrelation. Ferner bezeichne $(\mathbb{R}^n)^*$ wieder den Dualraum von $\mathbb{R}^n$.

Wir betrachten lineare Optimierungsprobleme (oder *lineare Programme*, kurz: *LP*) der Form

$$\max \{cx : Ax \leq b\} \tag{4.1}$$

für eine gegebene $m \times n$-Matrix A und Vektoren $b \in \mathbb{R}^m$, $c \in (\mathbb{R}^n)^*$. Dabei ist die rechte Seite b der Nebenbedingungen ein Spaltenvektor, und die *Zielfunktion* c kann mit einem Zeilenvektor identifiziert werden. Da das Polyeder

$$P(A, b) := \{x \in \mathbb{R}^n : Ax \leq b\}$$

als Schnitt von abgeschlossenen Halbräumen wieder abgeschlossen ist, wird das Maximum tatsächlich angenommen, sofern $P(A, b)$ nicht leer ist und die Menge $\{cx : Ax \leq b\}$ nach oben beschränkt ist.

Eine *zulässige Lösung* des linearen Programms in (4.1) ist ein Punkt $x \in P(A, b)$. Eine zulässige Lösung, an der die Zielfunktion c das Maximum annimmt, heißt *Optimallösung*. Diese ist nicht notwendig eindeutig.

Wir konkretisieren das eingangs formulierte lineare Optimierungsproblem wie folgt.

Eingabe : Eine Matrix $A \in \mathbb{R}^{m \times n}$ und Vektoren $b \in \mathbb{R}^m$, $c \in (\mathbb{R}^n)^*$.
Ausgabe : Bestimme einen Vektor $x \in \mathbb{R}^n$, so dass $Ax \leq b$ gilt und cx
maximiert wird, oder entscheide, dass $P(A, b)$ leer ist, oder
entscheide, dass das Polyeder $P(A, b)$ in Richtung der
Zielfunktion c unbeschränkt ist.

Im Folgenden gehen wir stets davon aus, dass $c \neq 0$ ist. Andernfalls reduziert
sich das lineare Optimierungsproblem auf ein reines Zulässigkeitsproblem, das
heißt darauf, einen beliebigen zulässigen Punkt zu finden. Wir kommen auf das
Problem der linearen Zulässigkeit am Ende des Kapitels noch einmal zurück.

Aufgabe 4.1. Zeigen Sie: Die Menge aller Optimallösungen von $\max \{cx : Ax \leq b\}$ ist eine Seite von $P(A, b)$. Unter welchen Bedingungen bilden die Optimallösungen eine echte
Seite?

Beispiel 4.2
Das Maximieren der linearen Zielfunktion $(1, 1)x$ für $x \in \mathbb{R}^2$ unter den Nebenbedingungen $x_1 + 5x_2 \leq 20$, $-2x_1 + x_2 \leq -10$, $x \geq 0$ schreiben wir in der Normalform (4.1) als

$$\max (1, 1)x$$
$$\begin{pmatrix} 1 & 5 \\ -2 & 1 \\ -1 & 0 \\ 0 & -1 \end{pmatrix} x \leq \begin{pmatrix} 20 \\ -10 \\ 0 \\ 0 \end{pmatrix}.$$

Abbildung 4.1 illustriert den Zulässigkeitsbereich dieses linearen Programms.
Der maximale Zielfunktionswert ist $100/11$ und wird am Punkt $(70/11, 30/11)$

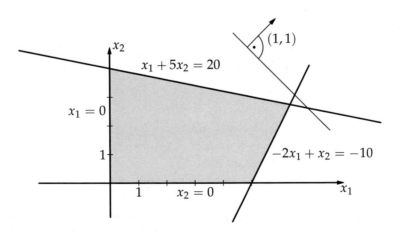

Abbildung 4.1. Lineare Programmierung in Dimension 2

angenommen. Auf jeder Geraden mit der Gleichung $(1,1)x = \alpha$ für ein $\alpha \in \mathbb{R}$ ist die Zielfunktion c konstant. Daher ist die (hier eindeutige) Optimallösung der Schnitt von P mit der Geraden aus der Parallelenschar $(1,1)x = \alpha$ mit maximalem α, die P noch trifft.

Bevor wir uns mit der Lösung linearer Programme befassen, wollen wir noch ein Anwendungsbeispiel studieren, das uns später nützlich sein wird.

Beispiel 4.3
In $\mathbb{R}^n$ seien affine Halbräume

$$H_i^+ = [h_0^{(i)} : \cdots : h_n^{(i)}]^+ \quad \text{für } 1 \leq i \leq m$$

gegeben. Gesucht sei ein innerer Punkt des Polyeders $P = \bigcap_{i=1}^m H_i^+$ bzw. der Nachweis, dass das Innere leer ist, weil $\dim P < n$ gilt. Dazu betrachten wir das lineare Programm

$$
\begin{aligned}
h_0^{(1)} + h_1^{(1)}x_1 + \cdots + h_n^{(1)}x_n &\geq \varepsilon, \\
&\vdots \\
h_0^{(m)} + h_1^{(m)}x_1 + \cdots + h_n^{(m)}x_n &\geq \varepsilon.
\end{aligned}
\tag{4.2}
$$

Offenbar ist $x = (x_1, \ldots, x_n)^T$ genau dann ein innerer Punkt von P, wenn es ein $\varepsilon > 0$ gibt, so dass (4.2) gilt. Die Frage nach der Existenz eines inneren Punktes des Polyeders P lässt sich also beantworten, indem man ε unter den linearen Nebenbedingungen (4.2) maximiert. Falls das maximale ε positiv ist, so ist das zugehörige x ein innerer Punkt, und es gilt $\dim P = n$. Falls $\varepsilon = 0$ ist, so ist $P \neq \emptyset$ und $\dim P < n$. Im Fall $\varepsilon < 0$ gilt $P = \emptyset$.

Es ist auch der unbeschränkte Fall möglich, dass also ein beliebig großes $\varepsilon > 0$ existiert, das die Nebenbedingungen erfüllt. Dies lässt sich jedoch einfach umgehen, indem man zusätzlich die künstliche Beschränkung $\varepsilon \leq 1$ einführt.

Aufgabe 4.4. Sei $P = \bigcap_{i=1}^m H_i^+$ in $\mathcal{H}$-Beschreibung gegeben.
a. Konstruieren Sie ein lineares Programm, mittels dessen Sie eine affine Hyperebene angeben können, die P enthält, bzw. mittels dessen Sie entscheiden können, das eine solche Hyperebene nicht existiert.
b. Geben Sie ein Verfahren an, um die Dimension von P zu bestimmen.

Aufgabe 4.5. Sei $P = \bigcap_{i=1}^m H_i^+$ in $\mathcal{H}$-Beschreibung gegeben. Geben Sie ein Verfahren an, um den Linealitätsraum von P zu bestimmen.

4.2 Dualität

Mit Hilfe der Dualitätstheorie kann charakterisiert werden, wann ein gegebener Punkt ein Optimalpunkt eines linearen Programms ist. Hierzu wollen wir zunächst die geometrische Situation näher beleuchten.

Der Zulässigkeitsbereich des linearen Programms max $\{cx : Ax \leq b\}$ ist das Polyeder $P := P(A, b) \subseteq \mathbb{R}^n$. Aus Aufgabe 4.1 folgt, dass die Optimallösungen zwangsläufig im Rand von P zu suchen sind. Für einen beliebigen Randpunkt $v \in \partial P$ sei $(A'(v) \mid b'(v))$ die Teilmatrix von $(A \mid b)$ aus denjenigen Zeilen, die zu Ungleichungen gehören, die von v mit Gleichheit erfüllt werden; diese heißen *aktiv* in v. Da v im Rand liegt, gibt es mindestens eine aktive Ungleichung in v. Man beachte, dass $\partial P(A, b) = P(A, b)$ gilt, falls $\dim P(A, b) < n$ ist.

Die inaktiven Ungleichungen fassen wir in der Matrix $(A''(v) \mid b''(v))$ zusammen. Bis auf Umordnung der Zeilen gilt also

$$(A \mid b) \;=\; \begin{pmatrix} A'(v) \mid b'(v) \\ A''(v) \mid b''(v) \end{pmatrix}$$

sowie

$$A'(v)v \;=\; b'(v)\,, \tag{4.3}$$
$$A''(v)v \;<\; b''(v)\,, \tag{4.4}$$

für alle $v \in \partial P$. Im Folgenden wird sich herausstellen, dass für jede Optimallösung v des LPs max $\{cx : Ax \leq b\}$ der Punkt v auch eine Optimallösung des LPs

$$\max \left\{ cx : A'(v)x \leq b'(v) \right\}$$

ist.

Der von den Zeilen $a_1(v), \dots, a_k(v)$ der Matrix $A'(v)$ erzeugte Kegel

$$N(v) \;:=\; \mathrm{pos}\{a_1(v), \dots, a_k(v)\} \;\subseteq\; (\mathbb{R}^n)^*$$

heißt der *Kegel der äußeren Normalen* in v.

Aufgabe 4.6. Für $v \in \partial P$ sind die folgenden Aussagen äquivalent:
a. Der Punkt v ist eine Ecke von P.
b. Die Matrix $A'(v)$ der aktiven Nebenbedingungen hat vollen Rang n.
Ist P volldimensional und v eine Ecke von P, dann ist der Kegel $N(v)$ spitz.

Beispiel 4.7
Das linke Bild in Abbildung 4.2 zeigt den Kegel $N(v)$ der äußeren Normalen in einem Eckpunkt $v = 0$ eines als Durchschnitt von drei Halbebenen gegebenen Dreiecks. Die Randstrahlen des Kegels stehen senkrecht auf den beiden Geraden, die v enthalten. Ist v ein von Null verschiedener Punkt, dann geht der Kegel der äußeren Normalen durch Translation des dargestellten Kegels hervor.

Das rechte Bild zeigt einen Durchschnitt von vier Halbräumen, wobei die betrachtete Ecke v drei der vier Ungleichungen mit Gleichheit erfüllt. Der Kegel $N(v)$ ist der gleiche wie zuvor.

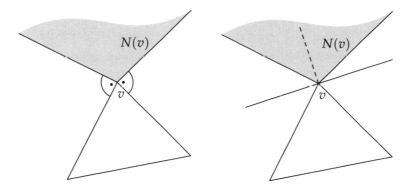

Abbildung 4.2. Kegel der äußeren Normalen, wobei der Ursprung der Dualraumes $(\mathbb{R}^2)^*$ in den Punkt v des Ausgangsraumes $\mathbb{R}^2$ gelegt wurde.

Lemma 4.8

Sei v ein Randpunkt des Polyeders $P = \{x \in \mathbb{R}^n : Ax \leq b\}$. Dann gilt

$$N(v) = \left\{u \in (\mathbb{R}^n)^* : ux \leq 0 \text{ für alle } x \in P(A'(v), 0)\right\}.$$

Beweis. Wir bezeichnen die Zeilen von $A'(v)$ mit $a_1, \ldots, a_k$.

„$\subseteq$": Sei $u \in N(v)$. Dann gibt es $\lambda_1, \ldots, \lambda_k \geq 0$ mit $u = \sum_{i=1}^k \lambda_i a_i$. Für jeden Punkt $x \in P(A'(v), 0) = \{x \subset \mathbb{R}^n : A'(v)x \leq 0\}$ folgt somit

$$ux = \sum_{i=1}^k \lambda_i a_i x \leq 0.$$

„$\supseteq$": Sei $u \notin N(v)$. Dann gibt es nach dem Trennungssatz einen Vektor $w \in \mathbb{R}^n$ mit $uw > 0$, aber $zw \leq 0$ für alle $z \in N(v)$. Insbesondere gilt daher $a_i w \leq 0$ für alle $1 \leq i \leq k$ und somit $A'(v)w \leq 0$. Es folgt $w \in P(A'(v), 0)$, so dass wegen $uw > 0$ gilt

$$u \notin \left\{y \in (\mathbb{R}^n)^* : yx \leq 0 \text{ für alle } x \in P(A'(v), 0)\right\}.$$

$\square$

Korollar 4.9

Seien $P = \{x \in \mathbb{R}^n : Ax \leq b\}$, $c \in (\mathbb{R}^n)^* \setminus \{0\}$ und v ein Randpunkt von P. Der Punkt v ist genau dann eine Optimallösung des LPs $\max \{cx : x \in P\}$, wenn c im Kegel $N(v)$ der äußeren Normalen an v enthalten ist.

Beweis. Der Punkt $v \in \partial P$ ist genau dann optimal für das LP $\max \{cx : x \in P\}$, wenn für alle $x \in P$ gilt $cx \leq cv$ bzw. $c(x - v) \leq 0$. Damit folgt die Behauptung aus dem voranstehenden Lemma.

$\square$

Anders gesagt: Ein Punkt $v \in P$ ist also genau dann eine Optimallösung für das LP $\max\{cx : Ax \leq b\}$, wenn das Ungleichungssystem in den Variablen $y = (y_1, \ldots, y_m)$

$$
\begin{aligned}
yA &= c, \\
y &\geq 0
\end{aligned}
\tag{4.5}
$$

eine Lösung in $(\mathbb{R}^m)^*$ besitzt, für die höchstens diejenigen Komponenten von y von 0 verschieden sind, die zu den aktiven Nebenbedingungen für v gehören.

Wenn wir nun annehmen, dass v eine Ecke des Polyeders P ist, dann ist die Teilmatrix $A'(v)$ nach Aufgabe 4.6 invertierbar. Ferner gilt $A'(v)v = b'(v)$. Bezeichnet $y = (y', y'')$ die Zerlegung von y gemäß der Zerlegung von A in die aktiven und inaktiven Nebenbedingungen, dann erhält man die Lösung von (4.5) durch

$$
\begin{aligned}
y' &= cA'(v)^{-1}, \\
y'' &= 0.
\end{aligned}
\tag{4.6}
$$

Definition 4.10
Zu dem linearen Programm $\max\{cx : Ax \leq b\}$ ist

$$
\begin{aligned}
\min yb \\
yA &= c, \\
y &\geq 0
\end{aligned}
\tag{4.7}
$$

das *duale Programm*. Das ursprüngliche Problem $\max\{cx : Ax \leq b\}$ wird auch das *primale Programm* genannt. Eine zulässige Lösung des primalen LPs wird *primal zulässig* genannt, entsprechend ist der Begriff der *dualen Zulässigkeit* definiert.

Satz 4.11 (Schwacher Dualitätssatz)
Sei x eine primal zulässige Lösung, und sei y eine dual zulässige Lösung. Dann gilt $cx \leq yb$.

Beweis. Für zulässige Lösungen x und y gilt

$$
cx = (yA)x = y(Ax) \leq yb.
$$

$\square$

Ein Paar (x, y) zulässiger Lösungen der dualen LPs

$$
\max\{cx : Ax \leq b\} \text{ und } \min\{yb : yA = c, y \geq 0\}
\tag{4.8}
$$

heißt *primal-duales Paar*, wenn die *Komplementaritätsbedingung*

$$
y(b - Ax) = 0
$$

erfüllt ist.

Aufgabe 4.12. Zeigen Sie für ein primal-duales Paar (x, y), dass x ein Optimalpunkt des primalen LPs und y ein Optimalpunkt des dualen Problems ist.

Satz 4.13 (Starker Dualitätssatz)
Für ein Paar zueinander dualer linearer Optimierungsprobleme

$$\max\{cx : Ax \leq b\} \quad und \quad \min\{yb : yA = c, y \geq 0\}$$

gilt genau eine der drei folgenden Aussagen:
a. *Beide Probleme sind zulässig und ihre Optimalwerte stimmen überein.*
b. *Eines der beiden Probleme ist unzulässig und das andere unbeschränkt.*
c. *Beide Probleme sind unzulässig.*

Beweis. Wir nehmen an, dass das primale Problem zulässig und beschränkt ist. Sei $v \in \mathbb{R}^n$ ein Optimalpunkt des primalen Problems. Dann existiert nach Korollar 4.9 ein Vektor $y = (y_1, \dots, y_m)$ mit

$$yA = c,$$
$$y \geq 0,$$

für den höchstens diejenigen Komponenten von 0 verschieden sind, die zu den aktiven Nebenbedingungen von v gehören. Folglich gilt

$$cv = (yA)v = y(Av) = yb.$$

Zusammen mit dem schwachen Dualitätssatz folgt, dass das duale Problem beschränkt ist sowie die Gleichheit der Optimalwerte.

Die Fälle, bei denen eines der Probleme unbeschränkt oder unzulässig ist, verbleiben als Übungsaufgabe. $\square$

4.3 Der Simplex-Algorithmus

Der bekannteste Algorithmus zur linearen Programmierung ist der *Simplex-Algorithmus* (Dantzig, 1947). Dazu betrachten wir ein lineares Programm der Form $\max\{cx : x \in P\}$ mit $P = P(A, b) = \{x \in \mathbb{R}^n : Ax \leq b\}$ wie zuvor. Wir nehmen zunächst an, dass das Polyeder volldimensional, spitz ist und dass sogar eine Ecke von P bereits bekannt ist („Startecke"). Insbesondere ist hier also P nicht leer. Wir verschieben die Frage, inwieweit diese Annahmen berechtigt sind, auf später.

Der Simplex-Algorithmus beruht auf einer einfachen geometrischen Idee. Für die aktuelle Ecke v von P wird zunächst geprüft, ob sie ein Optimalpunkt ist. Hierfür wird sich die im vorherigen Abschnitt diskutierte Dualitätstheorie als nützlich erweisen. Ist v kein Optimalpunkt, dann werden diejenigen von v ausgehenden Kanten ermittelt, die in Richtung der Zielfunktion ansteigen. Entweder

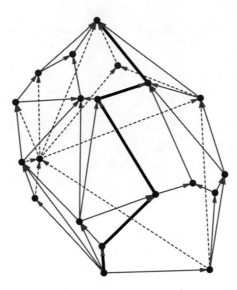

Abbildung 4.3. Ein möglicher Weg des Simplexalgorithmus in $\mathbb{R}^3$. Die Pfeile auf den Kanten zeigen die durch die Zielfunktion induzierte Richtung an.

findet man so eine bessere Ecke von P oder eine unbeschränkte Kante (siehe Abbildung 4.3). Dies liefert ein endliches Verfahren, da P nur endlich viele Ecken hat.

Sei v eine Ecke von P. Die äquivalenten Eigenschaften in Aufgabe 4.6 implizieren dann rang $A'(v) = n$.

Definition 4.14
Eine linear unabhängige, den Zeilenraum von $A'(v)$ aufspannende Teilmenge der Zeilen von $A'(v)$ heißt *Basis* für v bezüglich A.

Falls P ein einfaches Polytop ist und die Zeilen der Matrix A genau aus den bis auf Normierung eindeutigen (äußeren) Facettennormalen von P bestehen, so ist für jede Ecke v die Basis eindeutig bestimmt. Jede Basis von v definiert einen spitzen Kegel mit Scheitel v, der das Polyeder P enthält. Dieser Kegel ist projektiv äquivalent zu einem Simplex, der P gewissermaßen lokal in v approximiert. Daher stammt der Name Simplex-Algorithmus.

Beispiel 4.15
Sei P das im Einheitswürfel $[0,1]^3$ enthaltene Polytop

$$P = \left\{ x \in \mathbb{R}^3 : 0 \leq x_i \leq 1 \text{ für } 1 \leq i \leq 3, \; x_1 + 2x_2 + x_3 \leq 3 \right\}.$$

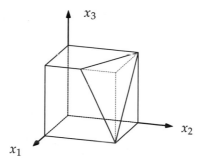

Abbildung 4.4. Im Würfel $[0,1]^3$ enthaltenes Polytop P

In Matrixform lauten die Ungleichungen

$$\begin{pmatrix} -1 & 0 & 0 \\ 0 & -1 & 0 \\ 0 & 0 & -1 \\ 1 & 0 & 0 \\ 0 & 1 & 0 \\ 0 & 0 & 1 \\ 1 & 2 & 1 \end{pmatrix} x \le \begin{pmatrix} 0 \\ 0 \\ 0 \\ 1 \\ 1 \\ 1 \\ 3 \end{pmatrix} \tag{4.9}$$

(siehe Abbildung 4.4). Wie üblich schreiben wir (4.9) kurz als $Ax \le b$. Für die Ecken $v = (0,0,0)^T$ und $w = (1,1,0)^T$ gilt

$$A'(v) = \begin{pmatrix} -1 & 0 & 0 \\ 0 & -1 & 0 \\ 0 & 0 & -1 \end{pmatrix} \quad \text{sowie} \quad A'(w) = \begin{pmatrix} 0 & 0 & -1 \\ 1 & 0 & 0 \\ 0 & 1 & 0 \\ 1 & 2 & 1 \end{pmatrix}.$$

Die Zeilen von $A'(v)$ definieren die eindeutige Basis von v bezüglich A, während je drei Zeilen von $A'(w)$ eine Basis von w bilden.

Wir beschreiben nun den Hauptschritt des Simplex-Algorithmus. Sei im Folgenden $v \in \mathbb{R}^n$ eine Ecke von P und I die Menge der Zeilenindizes zu einer Basis von v. Die von I induzierte Teilmatrix von A bezeichnen wir mit A_I, entsprechend für den Vektor b. Insbesondere gilt mit dieser Notation natürlich $b_{\{i\}} = b_i$. Nach Voraussetzung ist A_I regulär, und es gilt $A_I v = b_I$. Ferner bezeichnet a_i die i-te Zeile der Matrix A, das heißt, $a_i = A_{\{i\}}$. Jede Kante des approximierenden Kegels $K_I = \{x \in \mathbb{R}^n : A_I x \le b_I\}$ ist der Schnitt von genau $n-1$ Facetten von K_I, das heißt, jede Zeile $i \in I$ definiert einen (nicht spitzen) Kegel $K_{I \setminus \{i\}}$, dessen eindimensionaler Linealitätsraum eine Kante von K_I enthält.

Lemma 4.16

Die Menge $L = \{x \in \mathbb{R}^n : A_{I \setminus \{i\}} x = b_{I \setminus \{i\}}\}$ ist eine affine Gerade in $\mathbb{R}^n$, die v enthält. Ferner ist die Spalte von $-(A_I)^{-1}$ mit Index i ein Richtungsvektor von L.

Beweis. Aus der Regularität von A_I folgt, dass L eine Gerade ist, und offensichtlich gilt $v \in L$. Sei s die Spalte von $-(A_I)^{-1}$ mit Index i. Dann gilt

$$A_{I \setminus \{i\}} s = 0 \quad \text{und} \quad a_i s = -1. \tag{4.10}$$

Folglich ist s ein von Null verschiedener Vektor mit $v + s \in L$. □

Sei s nun die Spalte von $-(A_I)^{-1}$ mit Index i. Ausgehend von der Ecke v könnte prinzipiell in Richtung s nach besseren Lösungen gesucht werden. Ob sich das lohnt, hängt davon ab, ob sich der Zielfunktionswert in Richtung s verbessert, das heißt, ob $cs > 0$ ist. Dies kann wie folgt mittels des dualen Programms charakterisiert werden.

Lemma 4.17
Sei y eine zulässige Lösung des dualen Programms (4.7) mit $y_j = 0$ für alle $j \notin I$. Es gilt genau dann $cs > 0$, wenn $y_i < 0$.

Beweis. Bezeichnet y eine solche dual zulässige Lösung, dann gilt nach Definition des dualen Programms sowie nach (4.10)

$$cs = yAs = y_I A_I s_I = -y_i.$$

□

Die Idee für das weitere Vorgehen ist nun, von der Ecke v in Richtung s einer geeigneten Kante von K_I soweit zu laufen, solange man gerade noch nicht die Zulässigkeitsbedingungen verletzt. Dabei können zwei Fälle auftreten.

Lemma 4.18
a. *Im Fall $As \leq 0$ ist $v + \lambda s$ für alle $\lambda \geq 0$ zulässig.*
b. *Andernfalls ist für*

$$\lambda_s := \min \left\{ \frac{b_j - a_j v}{a_j s} : a_j s > 0 \right\} \tag{4.11}$$

der Punkt $v + \lambda_s s$ ein zulässiger Punkt, und λ_s ist maximal mit dieser Eigenschaft.

Beweis. Wir betrachten hierzu zunächst einen beliebigen Zeilenindex j und die zugehörige Nebenbedingung $a_j v \leq b_j$.
    Behauptung: Es gilt

$$\max \left\{ \lambda \geq 0 : v + \lambda s \in \left\{ x \in \mathbb{R}^n : a_j x \leq b_j \right\} \right\} = \begin{cases} \dfrac{b_j - a_j v}{a_j s} & \text{falls } a_j s > 0, \\ \infty & \text{falls } a_j s \leq 0. \end{cases}$$

Da v ein zulässiger Punkt ist, gilt $a_j v \leq b_j$. Ist $a_j s \leq 0$, dann folgt für alle $\lambda \geq 0$ die Ungleichung $a_j(v + \lambda s) \leq a_j v \leq b_j$. Anderenfalls gilt genau dann $a_j(v + \lambda s) \leq b_j$, wenn $\lambda \leq (b_j - a_j v)/(a_j s)$.

Um festzustellen, wann $v + \lambda s$ den Zulässigkeitsbereich P verlässt, betrachten wir alle Ungleichungen simultan und erhalten so die zu zeigende Aussage des Lemmas. □

Da das im Fall $As \not\leq 0$ in Lemma 4.18 gewählte λ_s maximal ist, wird für $\lambda_s > 0$ im Punkt $v + \lambda_s s$ eine Ungleichung aktiv, die vorher nicht aktiv war.

Lemma 4.19
Sei j ein Zeilenindex der Matrix A mit $\lambda_s = (b_j - a_j v)/(a_j s)$. Dann ist $v' := v + \lambda_s s$ eine Ecke von P und $(I \setminus \{i\}) \cup \{j\}$ die Indexmenge einer Basis für v'.

Beweis. Sei $I' = (I \setminus \{i\}) \cup \{j\}$. Es ist zu zeigen, dass $A_{I'}$ regulär ist und dass $A_{I'} v' = b_{I'}$.

Wegen $A_{I \setminus \{i\}} s = 0$ und $a_j s > 0$ liegt a_j nicht im Zeilenraum der $(n-1)$-zeiligen Matrix $A_{I \setminus \{i\}}$. Folglich ist $A_{I'}$ regulär.

Aus $A_{I \setminus \{i\}} s = 0$ und $\lambda_s = (b_j - a_j v)/(a_j s)$ folgt

$$A_{I \setminus \{i\}}(v + \lambda_s s) = A_{I \setminus \{i\}} v = b_{I \setminus \{i\}}$$

und

$$a_j(v + \lambda_s s) = a_j v + a_j s \frac{b_j - a_j v}{a_j s} = b_j.$$

Also gilt $A_{I'} v' = b_{I'}$. □

Beispiel 4.20
Wir betrachten wieder das Polytop aus Beispiel 4.15 sowie den Zielfunktionsvektor $(0, 0, 1)$. Die Menge $I = \{3, 4, 7\}$ ist Indexmenge einer Basis der Ecke $(1, 1, 0)^T$. Für $i = 3$ gilt für die Gerade L aus Lemma 4.16

$$L = \left\{ x \in \mathbb{R}^3 : x_1 = 1, \ x_1 + 2x_2 + x_3 = 3 \right\}.$$

Es folgt

$$-(A_I)^{-1} = -(A_{\{3,4,7\}})^{-1} = \begin{pmatrix} 0 & -1 & 0 \\ -\frac{1}{2} & \frac{1}{2} & -\frac{1}{2} \\ 1 & 0 & 0 \end{pmatrix},$$

so dass die zum Index $i = 3$ korrespondierende Spalte $s = (0, -1/2, 1)^T$ ist. Ferner gilt $\lambda_s = 1$, und das Minimum in (4.11) wird für den Index $j = 6$ angenommen. Die Indexmenge der neuen Basis lautet also $I' = \{4, 6, 7\}$, und als neue Ecke ergibt sich $v' = (1, 1/2, 1)^T$.

Das in (4.11) bestimmte λ_s kann durchaus Null werden. Nur für $\lambda_s > 0$ kommt man in der Richtung s von v aus zu einer in Bezug auf die Zielfunktion c besseren Ecke. Eine Ecke kann jedoch mehrere Basen besitzen, was zu $\lambda_s = 0$ führen kann.

Beispiel 4.21

Startet man in dem zuvor diskutierten Beispiel von der Basis der Ecke $(1,1,0)^T$ zur Indexmenge $\{3,4,5\}$ und wählt $i = 3$, erhält man $s = (0,0,1)^T$. In Richtung s verbessert sich wegen $cs = (0,0,1) \cdot (0,0,1)^T = 1$ die Zielfunktion c. Aufgrund der zur letzten Zeile von A korrespondierenden Ungleichung $x_1 + 2x_2 + x_3 \leq 1$ ergibt sich jedoch $\lambda_s = 0$, so dass $v' = v$ und kein echter Fortschritt gemacht wird. Es hat lediglich ein sogenannter *Basiswechsel* stattgefunden.

Algorithmus 4.1 stellt eine Vorstufe des Simplex-Algorithmus dar. *Falls er terminiert*, dann findet er entweder eine optimale Ecke oder entscheidet, dass das LP unbeschränkt ist.

Eingabe : Eine Matrix $A \in \mathbb{R}^{m \times n}$ und Vektoren $b \in \mathbb{R}^m$, $c \in (\mathbb{R}^n)^*$; eine Ecke v von $P = \{x \in \mathbb{R}^n : Ax \leq b\}$.

Ausgabe : Eine optimale Ecke v von P (und dualen Vektor y) oder ein Vektor $s \in \mathbb{R}^n$ mit $As \leq 0$ und $cs > 0$ (das heißt, das LP ist unbeschränkt).

1 $I \leftarrow$ Indexmenge einer Basis für v
2 Bestimme ein $y \in (\mathbb{R}^n)^*$ mit $yA = c$ und $y_i = 0$ für alle $i \notin I$.
3 **if** $y \geq 0$ **then**
4 $\quad \lfloor$ **return** (v,y)
5 $i \leftarrow$ ein Index mit $y_i < 0$
6 $s \leftarrow$ Spalte von $-(A_I)^{-1}$ mit Index i, so dass $A_{I \setminus \{i\}}s = 0$ und $a_i s = -1$
7 **if** $As \leq 0$ **then**
8 $\quad \lfloor$ **return** s
9 $\lambda_s \leftarrow \min\left\{\frac{b_j - a_j v}{a_j s} : a_j s > 0\right\}$; $j \leftarrow$ ein Zeilenindex, der dieses Minimum annimmt
10 $I \leftarrow (I \setminus \{i\}) \cup \{j\}$; $v \leftarrow v + \lambda_s s$
11 **goto** Schritt 2

Algorithmus 4.1. Vorstufe des Simplex-Algorithmus

Die Existenz einer Basis in Schritt 1 folgt nach Aufgabe 4.6 aus der Tatsache, dass in einer Ecke mindestens n (linear unabhängige) Ungleichungen mit Gleichheit erfüllt sein müssen. Es werden zunächst alle aktiven Ungleichungen bestimmt, und anschließend kann mittels Gauß-Elimination hieraus eine Basis des Dualraums $(\mathbb{R}^n)^*$ ausgerechnet werden. Die Bestimmung des Vektors y in Schritt 2 kann mit Hilfe von (4.6) erfolgen.

Satz 4.22

Falls der Algorithmus 4.1 terminiert, dann gilt: Gibt er v und y in Schritt 4 aus, dann sind diese Vektoren Optimallösungen der zueinander dualen LPs, und es gilt $cv = yb$. Gibt der Algorithmus s in Schritt 8 aus, dann gilt $cs > 0$, und das LP ist unbeschränkt.

Der Fall der Unzulässigkeit kommt in diesem Satz nicht vor, da die Kenntnis einer Startecke vorausgesetzt wurde.

Beweis. In Schritt 2 des Algorithmus wird mittels (4.6) eine Lösung des dualen Zulässigkeitsbereiches bestimmt. Danach wird in Schritt 6 eine Suchrichtung s gemäß Lemma 4.16 gewählt. Nach Lemma 4.17 gilt $cs > 0$, das heißt, entlang dieser Richtung wird der Zielfunktionswert verbessert. In Schritt 9 wird mittels Lemma 4.18 die maximal mögliche Schrittweite λ_s berechnet und anschließend in Schritt 10 gemäß Lemma 4.19 die neue Basis bestimmt.

Gibt der Algorithmus v und y in Schritt 4 aus, dann bilden v und y ein primal-duales Paar: Es gilt $cv = (yA)v = y(Av) = yb$, da die Komponenten von y außerhalb der Indexmenge I Null sind. Aus dem schwachen Dualitätssatz folgt daher die Optimalität von v und y.

Terminiert dagegen der Algorithmus in Schritt 8, dann ist das LP unbeschränkt. Denn in diesem Fall ist $cs > 0$ und daher $v + \lambda s \in P$ für alle $\lambda \geq 0$. $\square$

Wählt man in jedem Schritt ein beliebiges i mit $y_i < 0$ und ein beliebiges j, dann kann es passieren, dass der Algorithmus im Falle von Ecken mit nicht-eindeutiger Basis in zyklische Wiederholungen läuft und nicht terminiert. Durch geeignete Auswahl der Indizes i und j kann jedoch gewährleistet werden, dass eine nicht-optimale Ecke nach endlich vielen Schritten tatsächlich wieder verlassen wird. Die bekannteste solche Auswahlregel („Pivotregel") ist die *Regel von Bland*. Hierbei werden in den Schritten 5 und 9 die Indizes i und j im Falle mehrerer Möglichkeiten jeweils kleinstmöglich gewählt. Algorithmus 4.2 beschreibt das Simplexverfahren mit der Pivotregel von Bland.

---

5   $i \leftarrow$ minimaler Index mit $y_i < 0$

9   $\lambda_s \leftarrow \min\left\{ \frac{b_j - a_j v}{a_j s} : a_j s > 0 \right\}$; $j \leftarrow$ kleinster Zeilenindex, der dieses Minimum annimmt

---

Algorithmus 4.2. Modifikationen für die Vorstufe des Simplex-Algorithmus 4.1 bei Verwendung der Pivotregel von Bland

Satz 4.23

Der Simplex-Algorithmus terminiert nach höchstens $\binom{m}{n}$ Iterationen. Es gelten die Konsequenzen aus Satz 4.22.

Der Beweis ist zwar elementar, aber trickreich.

Beweis. Seien $I^{(k)}$ und $v^{(k)}$ die Indexmenge I bzw. die Ecke v in der k-ten Iteration des Simplexalgorithmus. Entsprechend werden auch die verschiedenen Instanzen der anderen Variablen notiert.

Falls der Algorithmus nicht nach $\binom{m}{n}$ Iterationen terminiert, dann existieren $k < l$ mit $I^{(k)} = I^{(l)}$ und folglich $v^{(k)} = v^{(l)}$. Da das Verfahren entlang steigender

Zielfunktion sucht, wird cv im Laufe der Iterationen niemals kleiner, und für $\lambda >$ 0 sogar echt größer. Folglich gilt in den Iterationen $k, k+1, \ldots, l-1$, dass $\lambda = 0$ und $v^{(k)} = v^{(k+1)} = \ldots = v^{(l)}$. Sei h der maximale Index, der aus I in einer der Iterationen $k, \ldots, l-1$ entfernt wird, etwa in Iteration p. Der Index h muss wegen $I^{(k)} = I^{(l)}$ auch in einer Iteration $q \in \{k, \ldots, l-1\}$ zu I hinzugefügt worden sein. Damit gilt insbesondere also $a_h s^{(q)} > 0$.

Wegen $c = y^{(p)} A$ gilt $y^{(p)} A s^{(q)} = c s^{(q)} > 0$. Sei nun r ein Index, für den $y_r^{(p)} a_r s^{(q)} > 0$ gilt. Da insbesondere also $y_r^{(p)} \neq 0$ ist, gehört der Index r zu $I^{(p)}$; denn alle Komponenten von $y^{(p)}$ außerhalb von $I^{(p)}$ verschwinden. Im Fall $r >$ h würde der Index r auch zu $I^{(q)}$ und zu $I^{(q+1)}$ gehören, was aber $a_r s^{(q)} = 0$ implizieren würde. Also gilt $r \leq h$. Nach Wahl von i in Iteration p gilt jedoch genau dann $y_r^{(p)} < 0$, wenn $r = h$, und nach Wahl von j in Iteration q gilt genau dann $a_r s^{(q)} > 0$, wenn $r = h$. Sowohl im Fall $r = h$ als auch im Fall $r < h$ folgt daher $y_r^{(p)} a_r s^{(q)} \leq 0$, im Widerspruch zur $y_r^{(p)} a_r s^{(q)} > 0$.

Es wurde gezeigt, dass keine Basis mehrfach auftritt, und $\binom{m}{n}$ ist eine obere Schranke für die Anzahl der möglichen Basen. $\square$

Die Identifikation der Basen mit Mengen von Zeilenindizes der Matrix A induziert auf den traversierten Basen eine Ordnung. Die Basen, die der Simplex-Algorithmus mit der Pivotregel von Bland durchläuft, steigen in dieser Ordnung strikt auf.

Es existieren Beispiele mit n Variablen und $2n$ linearen Nebenbedingungen („Klee-Minty-Würfel"), für die der Simplex-Algorithmus (mit der Regel von Bland) exponentiell in n viele Iterationen benötigt. Dies zeigt, dass die Laufzeit des Simplex-Algorithmus mit der Regel von Bland nicht polynomial durch die Dimension beschränkt ist. Es gibt viele andere Pivotregeln, die Indizes i und j zu wählen; doch es ist nicht bekannt (und eine wichtige offene Frage), ob eine Pivotregel existiert, die auf einen Polynomialzeitalgorithmus führt.

4.4 Bestimmen einer Startecke

Bislang haben wir stets angenommen, dass unser lineares Programm zulässig ist, und dass wir sogar eine Ecke als Lösung kennen. Hier soll nun der allgemeine Fall geklärt werden.

Wir betrachten lineare Programme mit Nichtnegativitätsbedingungen:

$$\max \{cx : Ax \leq b, x \geq 0\}. \tag{4.12}$$

Dies stellt keine wesentliche Einschränkung dar, da jedes lineare Programm der bislang betrachteten Gestalt $\max \{cx : Ax \leq b\}$ wie in (4.1) folgendermaßen in die Form (4.12) überführt werden kann. Jeder Vektor $x \in \mathbb{R}^n$ besitzt eine (im Allgemeinen nicht eindeutige) Darstellung der Form $x = x^+ - x^-$ mit $x^+, x^- \in$

$\mathbb{R}^n_{\geq 0}$. Wir ersetzen x durch $x^+ - x^-$ und schreiben das LP in der Form

$$
\begin{array}{rcl}
\max & (c, \quad c)\begin{pmatrix} x^+ \\ x^- \end{pmatrix} & \\[2mm]
& (A, \; -A)\begin{pmatrix} x^+ \\ x^- \end{pmatrix} & \leq \quad b, \\[2mm]
& x^+, x^- & \geq \quad 0.
\end{array}
\tag{4.13}
$$

Dieses lineare Programm ist genau dann zulässig wenn das Ausgangsproblem zulässig ist, und es besitzt die gleichen Optimallösungen. Da jede ursprüngliche Unbestimmte durch eine positive und eine negative Komponente repräsentiert wird, verdoppelt sich allerdings dabei die Dimension des Problems.

Im Folgenden können wir daher von einem LP der Form (4.12) ausgehen. Mit den Bezeichnungen $I = \{i : b_i \geq 0\}$ und $J = \{j : b_j < 0\}$ betrachten wir das Hilfsproblem

$$
\begin{array}{rcl}
\min & (\mathbf{1}A_J)x + \mathbf{1}y & \\[1mm]
& A_I x & \leq \quad b_I, \\[1mm]
& A_J x + y & \geq \quad b_J, \\[1mm]
& x, y & \geq \quad 0,
\end{array}
\tag{4.14}
$$

wobei $\mathbf{1} \in (\mathbb{R}^n)^*$ einen aus lauter Einsen bestehenden Zeilenvektor bezeichnet. In diesem Fall ist die Dimension des Hilfsproblems um die Kardinalität von J größer als die des eigentlichen LPs (4.12). Sei P' der Zulässigkeitsbereich des Hilfsproblems (4.14).

Proposition 4.24
Der Ursprung ist eine Ecke von P'. Der Minimalwert μ des Hilfsproblems ist endlich, und es gilt $\mu \geq \mathbf{1}b_J$. Ist $\mu > \mathbf{1}b_J$, dann ist (4.12) unzulässig. Ist $\mu = \mathbf{1}b_J$, dann ist für jede optimale Ecke $\begin{pmatrix} x \\ y \end{pmatrix}$ des Hilfsproblems der Punkt x eine Ecke des Zulässigkeitsbereiches von (4.12).

Beweis. Nach Konstruktion ist der Ursprung zulässig für (4.14). Da außerdem im Punkt 0 die Nichtnegativitätsbedingungen $x_i \geq 0$ und $y_i \geq 0$ aktiv sind, ist der Ursprung eine Ecke von P'.

Die Zielfunktion des Hilfsproblems ist durch $\mathbf{1}b_J$ nach unten beschränkt, also $\mu \geq \mathbf{1}b_J$. Für jede zulässige Lösung x von (4.12) ist daher

$$
\begin{pmatrix} x \\ b_J - A_J x \end{pmatrix}
$$

eine optimale Lösung von (4.14). Dies zeigt, dass für $\mu > \mathbf{1}b_J$ das LP (4.12) unzulässig ist.

Sei nun $\mu = \mathbf{1}b_J$ und $\begin{pmatrix} x \\ y \end{pmatrix}$ eine optimale Ecke von (4.14). Dann gilt $A_J x + y = b_J$, und x ist folglich zulässig für (4.12). Bezeichnet n die Dimension des Ausgangsproblems und m die Kardinalität der Menge J, dann gibt es eine Menge

S von $n + m$ Ungleichungen von (4.14), die mit Gleichheit erfüllt sind, so dass die zu diesen $n + m$ Ungleichungen korrespondierende Untermatrix regulär ist.

Sei S_I die Menge der Ungleichungen von $A_I x \leq b_I$ und von $x \geq 0$, die zu S gehören, und sei S_J die Menge der Ungleichungen von $A_J x \leq b_J$, für die die korrespondierenden Ungleichungen von $A_J x + y \leq b_J$ und $y \geq 0$ beide zu S gehören. Wegen $A_J x + y = b_J$ gilt $|S_I \cup S_J| \geq |S| - m = n$. Außerdem sind die Ungleichungen von $S_I \cup S_J$ linear unabhängig und an der Stelle x mit Gleichheit erfüllt. Daher erfüllt x mindestens n linear unabhängige Ungleichungen von (4.12) mit Gleichheit; x ist also eine Ecke.   □

Die entscheidende Konsequenz dieser Proposition ist, dass durch Anwendung des Simplex-Algorithmus auf das Hilfsproblem mit der Startecke 0 entschieden werden kann, ob das Ausgangsproblem zulässig ist. Im Falle der Zulässigkeit liefert dieses Vorgehen eine Startecke für die Anwendung des Simplex-Algorithmus auf das eigentliche LP (4.12).

4.5   Untersuchungen mit polymake

Mit polymake können auch lineare Programme gelöst werden (via Schnittstellen zu den Bibliotheken cddlib [41] und lrslib [7]). Exemplarisch wollen wir hier für ein einfaches zweidimensionales LP in der Form (4.12) das zugehörige Hilfsproblem (4.14) untersuchen.

Es seien

$$A = \begin{pmatrix} 1 & 1 \\ -2 & -1 \end{pmatrix}, \quad b = \begin{pmatrix} 2 \\ -1 \end{pmatrix} \quad \text{und} \quad c = (1,0),$$

und wir sind interessiert, das LP

$$\max \{cx : Ax \leq b, x \geq 0\} \tag{4.15}$$

zu lösen. Das gemäß (4.14) zugehörige Hilfsproblem hat die Variablen x_1, x_2 und y, weil der Vektor b genau eine negative Komponente besitzt. Da eine Ungleichung der Form $u_0 + \sum_{i=1}^{n} u_i x_i \geq 0$ in polymake durch den homogenen Vektor $(u_0, \dots, u_n)$ codiert wird, lautet die entsprechende Eingabe:

```
LINEAR_OBJECTIVE
0 -2 -1 1

INEQUALITIES
2 -1 -1 0
1 -2 -1 1
0 1 0 0
0 0 1 0
0 0 0 1
```

Dabei entsprechen die ersten beiden Ungleichungen den beiden Zeilen von A. Die letzten drei Ungleichungen sind die Nichtnegativitätsbedingungen für x_1, x_2, y. Im Folgenden gehen wir davon aus, dass die zugehörige Datei den Namen lp-phase1.poly trägt.

```
> polymake lp-phase1.poly MINIMAL_VALUE MINIMAL_VERTEX
  MINIMAL_VALUE
  -1

  MINIMAL_VERTEX
  1 0 2 1
```

Der Minimalwert ist $-1 = 1b_J$, woraus folgt, dass der Punkt $\binom{0}{2}$ eine zulässige Ecke des Ausgangsproblems ist. Tatsächlich ist $\binom{2}{0}$ die eindeutige Optimallösung von (4.15). Interessiert man sich nur für die Lösung des LPs (4.15), dann ist die explizite Konstruktion des Hilfsproblems nicht nötig. Wenn das Ausgangsproblem in der Datei lp.poly abgelegt ist, dann genügt:

```
> polymake lp.poly MAXIMAL_VALUE MAXIMAL_VERTEX
  MAXIMAL_VALUE
  2

  MAXIMAL_VERTEX
  1 2 0
```

Zur Analyse der geometrischen Situation kann man auch alle Ecken betrachten und diejenigen auflisten, die maximal sind bezüglich der angegebenen Zielfunktion.

```
> polymake lp.poly "numbered(VERTICES)" MAXIMAL_FACE
  numbered(VERTICES)
  0:1 1/2 0
  1:1 0 1
  2:1 0 2
  3:1 2 0

  MAXIMAL_FACE
  {3}
```

Die Ecke mit der Nummer 3 ist hier die einzige Optimallösung; um festzustellen, welchem Punkt dies entspricht, muss man die Ecken nummeriert ausgeben.

4.6 Aufgaben

Aufgabe 4.25 (Lemma von Farkas). Seien A eine $m \times n$-Matrix und $b \in \mathbb{R}^m$. Dann hat *entweder* das Ungleichungssystem

$$Ax = b, \ x \geq 0 \qquad (x \in \mathbb{R}^n)$$

oder das Ungleichungssystem

$$A^T z \geq 0, \; b^T z < 0 \qquad (z \in \mathbb{R}^m)$$

eine Lösung.

Hinweis: Für den Fall, dass das erste System keine Lösung hat, kann die Menge $\{y \in \mathbb{R}^m : Ax = y$ für ein $x \geq 0\}$ vom Vektor b streng getrennt werden.

Aufgabe 4.26. Konstruieren Sie verschiedene duale Paare von linearen Optimierungsproblemen $\max \{cx : Ax \leq b\}$ und $\min \{yb : yA = c, y \geq 0\}$ mit den zusätzlichen Eigenschaften, dass

a. das primale Problem unbeschränkt ist und das duale unzulässig;
b. das primale Problem unzulässig ist und das duale unbeschränkt;
c. beide Probleme unzulässig sind.

Aufgabe 4.27. Gegeben seien zwei $\mathcal{V}$-Polytope

$$P = \mathrm{conv}\{p^{(1)}, \ldots, p^{(m)}\} \quad \text{und} \quad Q = \mathrm{conv}\{q^{(1)}, \ldots, q^{(r)}\}$$

in $\mathbb{R}^n$. Formulieren Sie das Problem, eine P und Q trennende Hyperebene zu bestimmen, bzw. zu entscheiden, ob eine solche Hyperebene existiert, als lineares Programm.

Ein wichtiger Spezialfall der vorstehenden Aufgabe ist der Fall, dass $P = \mathrm{conv}\{p^{(1)}, \ldots, p^{(m)}\}$ beliebig und $Q = \{x\}$ nur ein Punkt ist. Eine trennende Hyperebene existiert in diesem Fall genau dann, wenn x eine Ecke von $\mathrm{conv}(P \cup \{x\})$ ist. Hieraus erhält man eine LP-basierte Methode, die Ecken eines Polytops in $\mathcal{V}$-Beschreibung zu bestimmen.

4.7 Anmerkungen

Wie oben erwähnt ist nicht bekannt, ob der Simplex-Algorithmus mit einer geeigneten Pivot-Regel ein Polynomialzeit-Algorithmus ist. Numerisch-effektive Varianten des hier vorgestellten Grundalgorithmus für das Simplex-Verfahren sind jedoch in der Praxis zum Lösen linearer Programme gut geeignet. Die meisten Implementierungen arbeiten allerdings mit der Darstellung $\max\{cx : Ax = b, x \geq 0\}$ anstelle der hier gewählten Normalform (4.1).

Es gibt Polynomialzeit-Algorithmen zur Lösung linearer Optimierungsprobleme: die Ellipsoid-Methode (Khachiyan, 1979), die aber nicht praktikabel ist, sowie Innere-Punkte-Verfahren (Karmarkar, 1984). Derzeit scheinen vor allem die Innere-Punkte-Verfahren mit dem Simplexalgorithmus zu konkurrieren. Anhaltende Forschungstätigkeit in diesem Bereich sowie fortschreitende Programmiertechniken lassen aus heutiger Sicht kein abschließendes Urteil darüber zu, welcher Algorithmus zur linearen Optimierung vom praktischen Standpunkt der bessere ist.

Im Gegensatz hierzu ist das Problem, einen optimalen ganzzahligen Punkt in einem Polytop zu bestimmen, NP-schwer. In Abschnitt 10.6 werden wir ein algebraisches Verfahren vorstellen, das bestimmte ganzzahlige lineare Programme lösen kann.

Unsere Darstellung der linearen Optimierung basiert auf den Darstellungen von Gritzmann [50] sowie von Korte und Vygen [67]. Weiterführendes Material findet sich zudem in den Standardwerken von Chvátal [24], Schrjiver [80] und Grötschel, Lovász und Schrijver [51].

5 Berechnung konvexer Hüllen

Unter der „Berechnung einer konvexen Hülle" versteht man die Aufgabe, eine $\mathcal{H}$-Darstellung der konvexen Hülle einer gegebenen endlichen Punktmenge $V \subseteq \mathbb{R}^n$ zu berechnen. Je nach Anwendungsszenario möchte man darüber hinaus beispielsweise alle Seiten, eine Beschreibung des Seitenverbandes oder andere geometrische Information bestimmen.

5.1 Vorüberlegungen

Wir beginnen mit zwei Vorbemerkungen. Zum einen können wir unmittelbar einen nahezu trivialen Algorithmus angeben, der allerdings sehr ineffizient ist.

Eingabe : Endliche Punktmenge $V \subseteq \mathbb{R}^n$ mit $\dim \operatorname{aff} V = n$.
Ausgabe : Darstellung von P als Durchschnitt von Halbräumen,
$$P = \bigcap_{i-1}^{m} H_i^+.$$

1   $\mathcal{H} \leftarrow \varnothing$
2   **foreach** n-elementige Teilmenge $W \subseteq V$ mit $\dim \operatorname{aff} W = n - 1$ **do**
3      $H \leftarrow \operatorname{aff} W$
4   **if** $V \subseteq H^+$ **then**
5         $\mathcal{H} \leftarrow \mathcal{H} \cup \{H^+\}$
6   **else**
7   **if** $V \subseteq H^-$ **then**
8            $\mathcal{H} \leftarrow \mathcal{H} \cup \{H^-\}$

9   **return** $\mathcal{H}$

Algorithmus 5.1. Elementares Konvexe-Hülle-Verfahren

Die Korrektheit dieses Algorithmus folgt aus der Tatsache, dass die ermittelten Hyperebenen H Facetten definieren, sowie aus Satz 3.9. Die Annahme, dass die affine Hülle volldimensional ist, ist nicht wesentlich, da sich andernfalls der Algorithmus auf die affine Hülle der Eingabe anwenden lässt.

Zum anderen ist das duale Problem, also eine $\mathcal{V}$-Darstellung eines Polytops aus einer $\mathcal{H}$-Darstellung zu berechnen, durch Polarisierung algorithmisch äquivalent zum Konvexe-Hülle-Problem:

Satz 5.1
Das Problem der Berechnung einer V-Darstellung eines Polytops aus einer H-Darstellung lässt sich auf das Konvexe-Hülle-Problem reduzieren und umgekehrt.

Beweis. Sei $P = \bigcap_{i=1}^{m} H_i^+$ in $\mathcal{H}$-Darstellung gegeben. Mittels der linearen Programme aus Beispiel 4.3 und Aufgabe 4.4 bestimmen wir die affine Hülle $A = \operatorname{aff} P$ und einen relativ inneren Punkt x in $P = P \cap A$. Wir können damit annehmen, dass P volldimensional ist und der Ursprung ein innerer Punkt. Andernfalls rechnet man in A und verschiebt um $-x$.

Wegen $0 \in \operatorname{int} P$ existieren $h_k^{(i)}$, so dass $H_i^+ = [1 : h_1^{(i)} : \cdots : h_n^{(i)}]^+$ ist. Wir betrachten nun das polare Polytop, das nach Satz 3.27 die $\mathcal{V}$-Darstellung $P^\circ = \operatorname{conv}\{h^{(1)}, \ldots, h^{(m)}\}$ besitzt. Mit einem Konvexe-Hülle-Algorithmus können wir dann eine $\mathcal{H}$-Beschreibung $P^\circ = \bigcap_{j=1}^{k}[1 : v_1^{(j)} : \cdots : v_n^{(j)}]^+$ gewinnen. Durch erneute Polarisierung sowie Satz 3.28 ergibt sich

$$P = P^{\circ\circ} = \operatorname{conv}\{v^{(1)}, \ldots, v^{(k)}\}.$$

Die umgekehrte Reduktion ergibt sich analog, kommt aber sogar ohne die oben verwendeten Techniken aus der linearen Optimierung aus. □

In der dualen Darstellung des Konvexe-Hülle-Problems wird deutlich, dass sich das Problem als eine weitreichende Verallgemeinerung des linearen Optimierungsproblems auffassen lässt: Während die lineare Optimierung die Berechnung *einer* (durch eine lineare Zielfunktion) bestimmten Ecke eine $\mathcal{H}$-Polytops zum Ziel hat, berechnet ein dualer Konvexe-Hülle-Algorithmus *sämtliche* Ecken von P.

Die Existenz der zyklischen Polytope in Dimension n mit m Ecken und $\Theta(m^{\lfloor n/2 \rfloor})$ Facetten zeigt, dass es keinen Konvexe-Hülle-Algorithmus gibt, dessen Laufzeit im Allgemeinen polynomial in m und n ist, da ja mindestens die (in diesem Fall) exponentiell vielen Facetten ausgegeben werden müssen. Entsprechend folgt aus Satz 5.1 und der Existenz der zu den zyklischen Polytopen dualen Polytopen, dass auch für das duale Konvexe-Hülle-Problem mit exponentieller Laufzeit zu rechnen ist. Daher stellt sich unmittelbar die Frage, inwieweit sich der naive Algorithmus am Anfang des Kapitels überhaupt verbessern lässt. Wir geben hierauf eine zweifache Antwort: Erstens erlaubt es eine genauere Analyse der geometrischen Situation, viele Hyperebenen von vornherein auszuschließen, die der Algorithmus 5.1 als Kandidaten für Facetten in Betracht zieht. Dies wollen wir im nächsten Abschnitt zeigen. Zweitens stellt sich das Problem neu, wenn man die Dimension n als konstant annimmt: In Abschnitt 5.3 widmen wir uns dem Fall $n = 2$. Weitere Bemerkungen hierzu und zusätzliche Literaturhinweise finden sich am Ende des Kapitels.

5.2 Die Methode der doppelten Beschreibung

Um die Nähe zur linearen Optimierung aus dem vorherigen Kapitel zu betonen, betrachten wir das Konvexe-Hülle-Problem in der dualen Form. Eine einfache Idee besteht darin, die als Eingabe vorliegenden affinen Hyperebenen irgendwie anzuordnen. Ziel ist es, ausgehend von $\mathcal{V}$-Darstellungen von Polytopen, die Schnitte von k Hyperebenen sind, zu $\mathcal{V}$-Darstellungen von Polytopen zu gelangen, die Schnitte von $k + 1$ Hyperebenen sind. Derartige Verfahren nennt man *iterativ*. Beim Lesen dieses Abschnitts ist es lehrreich, sich zu überlegen, wie die einzelnen Schritte in die primale Situation übersetzt werden können.

Es sei P ein $\mathcal{H}$-Polytop, von dem wir bereits eine $\mathcal{V}$-Darstellung $P = \text{conv } V$ haben. Wir wollen nun untersuchen, wie diese $\mathcal{V}$-Darstellung bei Hinzunahme eines weiteren Halbraums H^+ verändert werden muss. Sei hierzu $P' = P \cap H^+$. Die Hyperebene H partitioniert die Punktmenge V in drei Teile, je nachdem ob die Punkte auf der Hyperebene H oder auf einer der beiden Seiten liegen.

Lemma 5.2
Sei V_0, V_+, V_- die Partition der Menge V, die durch

$$V_0 = V \cap H, \quad V_+ = V \cap H^+ \setminus H, \quad V_- = V \cap H^- \setminus H$$

definiert ist. Dann gilt

$$P' = \text{conv}((V_0 \cup V_+) \cup \{[v, w] \cap H : v \in V_+, w \in V_-\}).$$

Beweis. Es ist klar, dass die Punkte in $V_0 \cup V_+$ auch in P' enthalten sind. Außerdem trifft die Strecke $[v, w]$ die affine Hyperebene H in einem Punkt, falls $v \in V_+$ und $w \in V_-$ ist. Dies beweist die Inklusion $P' \supseteq \text{conv } V'$.

Für die umgekehrte Inklusion genügt es, den Fall zu betrachten, dass V die Eckenmenge von P ist. Um die Ecken von P' zu finden, muss man sich überlegen, in welchen Fällen eine Stützhyperebene an P' dieses Polytop in einem einzigen Punkt v trifft. Dies ist offenbar genau dann der Fall, wenn v eine Ecke von P (und in H^+ enthalten) oder der Schnittpunkt einer Kante von P mit H ist. Die Kanten von P sind Strecken zwischen Ecken von P, und nur in den angegebenen Fällen trifft die Strecke $[v, w]$ die Hyperebene H. Hieraus folgt nun die Behauptung. □

Aufbauend auf Lemma 5.2 können wir unmittelbar ein Verfahren angeben, mit dem man aus einer äußeren Beschreibung eines Polytops $P \subseteq \mathbb{R}^n$ iterativ eine innere gewinnen kann. Ohne Einschränkung gelte wieder dim $P = n$.

Das folgende Konzept gibt der ganzen Methode ihren Namen.

Definition 5.3
Es sei $V = \{v^{(1)}, \ldots, v^{(m)}\}$ eine Punktmenge im $\mathbb{R}^n$ und $\mathcal{H} = \{H_1^+, \ldots, H_k^+\}$ eine Menge affiner Halbräume in $\mathbb{R}^n$. Das Paar $(V, \mathcal{H})$ heißt *doppelte Beschreibung* eines Polytops P, falls gilt

$$P = \text{conv } V = H_1^+ \cap \cdots \cap H_k^+.$$

Aufgabe 5.4. Wie sollte man den Begriff der doppelten Beschreibung auf beliebige Polyeder erweitern?

Sei $P = H_1^+ \cap \cdots \cap H_m^+$, und setze $P_k := H_1^+ \cap \cdots \cap H_k^+$. Bis auf eine projektive Transformation (und bis auf eine Umnummerierung) können wir weiter annehmen, dass P_{n+1} ein n-Simplex ist; siehe Aufgabe 3.55. Die $n + 1$ Ecken von P_{n+1} sind genau die Schnitte von je n der Hyperebenen $H_1, \ldots, H_{n+1}$. Induktiv gehen wir nun davon aus, dass wir bereits eine $\mathcal{V}$-Darstellung von $P_k = \mathrm{conv}\{v^{(1)}, \ldots, v^{(k)}\}$ berechnet haben. Mittels Lemma 5.2 ergibt sich hieraus unmittelbar der Algorithmus 5.2.

Eingabe : Menge affiner Halbräume $\mathcal{H} = \{H_1^+, \ldots, H_m^+\}$ in $\mathbb{R}^n$, so dass
$P = H_1^+ \cap \cdots \cap H_m^+$ beschränkt und volldimensional sowie
$P_{n+1} = H_1^+ \cap \cdots \cap H_{n+1}^+$ ein n-Simplex ist.
Ausgabe : Punktmenge V mit $\mathrm{conv}\, V = P$
1 $V_{n+1} \leftarrow$ Eckenmenge von P_{n+1}
2 **for** $k \leftarrow n + 2, \ldots, m$ **do**
3     $\big\lfloor$ Konstruiere V_k mit $\mathrm{conv}\, V_k = P_k = P_{k-1} \cap H_k^+$ wie in Lemma 5.2.
4 **return** V_m

Algorithmus 5.2. Grundalgorithmus der doppelten Beschreibung.

Diese Grundversion des Algorithmus ist zwar bereits geschickter als das elementare Verfahren aus der Einleitung, es lässt sich aber leicht weiter verbessern. Man sieht unmittelbar, dass gilt $|V_k| \leq |V_{k-1}|^2$, das heißt, die Anzahl der Punkte wird möglicherweise in jedem Schritt quadriert. Auch wenn es uns in der unten vorgestellten Verbesserung nicht gelingen wird, diese Datenexplosion grundsätzlich in den Griff zu bekommen, so lohnt es sich vom Standpunkt der Praxis dennoch sehr, offensichtlich redundante Berechnungen zu vermeiden.

Die Punktmengen V_k, die im Grundalgorithmus 5.2 iterativ erzeugt werden, sind deshalb in der Regel zu groß, weil sie viele Punkte enthalten können, die keine Ecken sind, obwohl nur die Ecken für eine $\mathcal{V}$-Beschreibung des Polytops notwendig sind. Eine Möglichkeit, das Verfahren zu verbessern, läge daher darin, wie in Aufgabe 4.27 lineare Programme aufzustellen, die in jedem Schritt die Menge V_k zur Eckenmenge von P_k reduzieren.

Wir wollen aber ohne das Lösen zusätzlicher linearer Programme auskommen. Die erwähnte Verfeinerung beruht auf der Beobachtung, dass die Ecken von P_k, die keine Ecken von P_{k-1} sind, als Schnitte von Kanten von P_{k-1} mit der neuen Hyperebene H_k entstehen. Diese Tatsache spielte bereits im Beweis von Lemma 5.2 eine Rolle. Wenn wir wissen, welche Eckenpaare in V_{k-1} Kanten von P_{k-1} aufspannen, dann braucht man nur noch diese zu testen.

Zu $W \subseteq V$ sei

$$\mathcal{H}(W) = \{H : H = \partial H^+ \text{ für ein } H^+ \in \mathcal{H} \text{ und } W \subseteq H\}.$$

die Menge der Stützhyperebenen aus $\mathcal{H}$, die alle Punkte aus W enthalten. Wir schreiben kurz $\mathcal{H}(v,w) := \mathcal{H}(\{v,w\})$.

Lemma 5.5

Es sei $(V,\mathcal{H})$ eine doppelte Beschreibung des n-Polytops $P \subseteq \mathbb{R}^n$. Für zwei verschiedene Punkte $v, w \in V$ ist $\operatorname{aff}\{v,w\} \cap P$ genau dann eine Kante von P, wenn der affine Unterraum $G := \bigcap \mathcal{H}(v,w)$ eindimensional ist. In diesem Fall ist $\operatorname{aff}\{v,w\} \cap P = G$. Wenn v und w beide Ecken sind, gilt zusätzlich $\operatorname{conv}\{v,w\} = P \cap G$.

Beweis. Es gilt $\operatorname{aff}\{v,w\} \subseteq G = \bigcap \mathcal{H}(v,w)$. Dies ist offensichtlich für $\mathcal{H}(v,w) \neq \emptyset$. Andernfalls vereinbaren wir hier als Konvention $\bigcap \emptyset = \mathbb{R}^n$.

Sei zunächst $e = \operatorname{aff}\{v,w\} \cap P$ eine Kante von P. Die affine Hülle jeder Seite von P ist der Durchschnitt derjenigen Facetten definierenden Hyperebenen, die sie enthalten. Da $(V,\mathcal{H})$ eine doppelte Beschreibung von P ist, enthält $\mathcal{H}$ sämtliche affinen Hyperebenen, die Facetten von P definieren. Außerdem enthält jede affine Hyperebene, die sowohl v als auch w enthält, bereits die Kante e. Hieraus folgt, dass $\operatorname{aff}\{v,w\}$ der Durchschnitt G aller Stützhyperebenen (aus $\mathcal{H}$) ist, die v und w enthalten.

Für die umgekehrte Beweisrichtung sei $\dim G = 1$, also $\operatorname{aff}\{v,w\} = G$. In Satz 3.6 hatten wir bewiesen, dass Seiten von Seiten von P selbst wieder Seiten von P sind. Dies bedeutet, dass jeder Schnitt von Stützhyperebenen mit P eine Seite von P ist. Insbesondere gilt dies für $G \cap P$, und die Dimensionsannahme besagt, dass $\dim(G \cap P) \leq 1$. Weil aber zusätzlich G mit v und w zwei verschiedene Punkte aus P enthält, ist $G \cap P = e$ eine Kante. $\qquad\square$

Um sich die Vorteile, die sich aus dem soeben bewiesenen Lemma ergeben, richtig klar zu machen, sollte man der Frage nachgehen, in welcher Form man eine doppelte Beschreibung $(V,\mathcal{H})$ als Datenstruktur ablegen kann. Gleichzeitig wollen wir das Konvexe-Hülle-Problem dahingehend erweitern, dass wir auch $\mathcal{H}$-Beschreibungen unbeschränkter (volldimensionaler) Polyeder zulassen, die aber spitz sein sollen. Die Behandlung nicht spitzer Polyeder ist Gegenstand von Aufgabe 5.13. Aus Kapitel 3 ist bekannt, dass ein Polyeder genau dann spitz ist, wenn es projektiv äquivalent zu einem Polytop ist. Wie üblich verwenden wir homogene Koordinaten. Dabei lässt sich der Übergang zu homogenen Koordinaten geometrisch auch so deuten, dass wir statt mit spitzen Polyedern $P \subseteq \mathbb{R}^n$ mit den davon erzeugten polyedrischen Kegeln

$$Q = \{(\lambda, \lambda x) : x \in P, \lambda \geq 0\} \subseteq \mathbb{R}^{n+1}$$

arbeiten. Das, was wir eigentlich berechnen wollen, also die Ecken und Strahlen von P, entspricht dabei dem eindeutig bestimmten minimalen Erzeugendensystem von Q als positive Hülle: Seien $V, R \subseteq \mathbb{R}^n$ gegeben mit

$$P = \operatorname{conv} V + \operatorname{pos} R$$

wie in Aufgabe 3.40. Dann gilt

$$Q = \text{pos}(\{(1,v) : v \in V\} \cup \{(0,r) : r \in R\}).$$

Im Folgenden sei $W = \{w^{(1)}, \ldots, w^{(m)}\} := \{(1,v) : v \in V\} \cup \{(0,r) : r \in R\} \subseteq \mathbb{R}^{n+1}$ ein positives Erzeugendensystem des Kegels Q. Um zwischen P und der *Homogenisierung* Q sprachlich zu unterscheiden, nennen wir im Folgenden die Elemente aus W *Vektoren*. Affine Halbräume in $\mathbb{R}^n$ werden durch die Homogenisierung zu *linearen Halbräumen* in $\mathbb{R}^{n+1}$, das heißt zu affinen Halbräumen, die den Ursprung in $\mathbb{R}^{n+1}$ enthalten. Ein Simplex in $\mathbb{R}^n$ erzeugt durch Homogenisierung einen *Simplexkegel* in $\mathbb{R}^{n+1}$. Die Polytop-Kanten, die in Lemma 5.5 die Schlüsselrolle gespielt haben, entsprechen genau den zweidimensionalen Seiten der Homogenisierung.

Eine günstige Variante zur Darstellung der Daten sieht folgendermaßen aus: Die Koordinaten der Vektoren aus $W = \{w^{(1)}, \ldots, w^{(m)}\}$ bilden die Spalten einer $(n+1) \times m$-Matrix, die wir wiederum mit W bezeichnen. Die linearen Halbräume $\mathcal{H} = \{H_1^+, \ldots, H_k^+\}$ werden entsprechend durch ihre Koordinatenvektoren $h^{(1)}, \ldots, h^{(k)} \in (\mathbb{R}^{n+1})^*$ dargestellt, wobei $H_i^+ = \{x : h^{(i)}x \geq 0\}$ gilt. Wie für die Vektoren verwenden wir $\mathcal{H}$ auch als Symbol für die $k \times (n+1)$-Matrix, die aus den Zeilenvektoren $h^{(1)}, \ldots, h^{(k)}$ gebildet wird. Wir verwenden die folgende homogene Version der Inzidenzmatrix aus Abschnitt 3.6 und Aufgabe 3.53.

Definition 5.6
Sei $(W, \mathcal{H})$ doppelte Beschreibung eines spitzen Kegels $Q \subseteq \mathbb{R}^{n+1}$ mit $W \in \mathbb{R}^{(n+1)\times m}$ und $\mathcal{H} \in \mathbb{R}^{k\times(n+1)}$. Die Matrix $I(W, \mathcal{H}) \in \{0,1\}^{k\times m}$ mit $I(W, \mathcal{H}) = (I_{ij})$ definiert durch

$$I_{ij} = \begin{cases} 1 & \text{falls } w^{(j)} \in H_i = \partial H_i^+, \text{ das heißt } h^{(i)}w^{(j)} = 0, \\ 0 & \text{sonst} \end{cases}$$

heißt *Inzidenzmatrix* von $(W, \mathcal{H})$.

Die Zeilen der Inzidenzmatrix $I := I(W, \mathcal{H})$ des Kegels Q lassen sich als charakteristische Funktionen der Mengen von Vektoren aus W lesen, die auf der entsprechenden Hyperebene liegen. Analog entsprechen die Spalten von I Mengen von Stützhyperebenen, die einen festen Vektor aus W enthalten. Auf diese Weise lässt sich die Menge $\mathcal{H}(w^{(r)}, w^{(s)})$ aus Lemma 5.5 einfach als Schnitt zweier Mengen gewinnen, die als charakteristische Funktionen gegeben sind; in vielen Programmiersprachen kann man dies sehr effizient als ein bitweises logisches „und" realisieren. Die Menge $\mathcal{H}(w^{(r)}, w^{(s)})$ können wir dann identifizieren mit der Untermatrix derjenigen Zeilen der Matrix $\mathcal{H}$, in der sowohl in der r-ten als auch in der s-ten Spalte eine 1 steht. Damit ist die Dimension des Schnitts aller Stützhyperebenen, die $w^{(r)}$ und $w^{(s)}$ enthalten, genau $n+1$ minus der Rang der Untermatrix $\mathcal{H}(w^{(r)}, w^{(s)})$.

Eingabe : Matrix $\mathcal{H} \in \mathbb{R}^{k \times (n+1)}$ mit Zeilenvektoren $h^{(1)}, \ldots, h^{(k)}$, so dass
$Q = \{x \in \mathbb{R}^{n+1} : \mathcal{H}x \geq 0\}$ volldimensionaler und spitzer Kegel
und $Q_{n+1} := \{x \in \mathbb{R}^{n+1} : h^{(1)}x \geq 0, \ldots, h^{(n+1)}x \geq 0\}$
Simplexkegel.

Ausgabe : Menge W von Vektoren mit pos $W = Q$

1   Sei $W_{n+1} \in \mathbb{R}^{(n+1) \times (n+1)}$ eine Matrix, deren Spalten Q_{n+1} positiv erzeugen.
2   **for** $i \leftarrow n+2, \ldots, k$ **do**
3   Bilde W_{i-1}^{+} aus denjenigen Spalten von W_{i-1}, die auf der positiven Seite
      von $h^{(i)}$ liegen, und bilde W_{i-1}^{-} aus denen auf der negativen Seite.
4   **if** $W_{i-1}^{-} = \varnothing$ **then**
5       $W_i \leftarrow W_{i-1}$
6   **else**
7       $X \leftarrow \varnothing$
8   **foreach** Paar (w, w') von Spalten von W_{i-1}^{+} bzw. W_{i-1}^{-} **do**
9   **if** rang $\mathcal{H}_{i-1}(w, w') = n-1$ **then**
10   Wähle x als Erzeuger des Kerns der Matrix $\mathcal{H}'_{i-1}(w, w')$, die
          aus den Zeilen von $\mathcal{H}_{i-1}(w, w')$ und zusätzlich $h^{(i)}$ besteht.
11          $X \leftarrow X \cup \{x\}$
12   Sei W_i die Matrix aus den Spalten von W_{i-1} ohne die Spalten in
      W_{i-1}^{-} erweitert um die Spaltenvektoren in X.
13 **return** W_k

Algorithmus 5.3. Algorithmus der doppelten Beschreibung in homogener Form.

Daran, wie sich die Inzidenzmatrix aus der Matrixdarstellung der doppelten Beschreibung in homogenen Koordinaten direkt gewinnen lässt, sieht man bereits, dass die natürliche Version des Verfahrens der doppelten Beschreibung ein minimales positives Erzeugendensystem eines durch lineare Ungleichungen definierten polyedrischen Kegels in $\mathbb{R}^{n+1}$ berechnet. Dies ist im Algorithmus 5.3 ausgeführt.

Wir beschließen diesen Abschnitt mit der ausführlichen Beschreibung eines Beispiels für die Funktionsweise der Schleife in den Schritten 8 bis 11 in Algorithmus 5.3.

Beispiel 5.7

Sei $n = 3$ und

$$\mathcal{H} = \begin{pmatrix} 1 & -1 & -1 & 0 \\ 1 & -1 & 2 & 0 \\ 1 & 2 & -1 & 0 \\ 1 & 0 & 0 & 1 \\ 2 & -1 & -1 & -1 \end{pmatrix} \in \mathbb{R}^{5 \times 4}.$$

Man verifiziert leicht, dass der Kegel $Q = \{x \in \mathbb{R}^4 : \mathcal{H}x \geq 0\}$ volldimensional ist, da der Strahl $\mathbb{R}_{\geq 0}(1,0,0,0)^T$ durch das Innere geht. Außerdem ist $Q_4 = \{x \in \mathbb{R}^4 : h^{(1)}x \geq 0, \ldots, h^{(4)}x \geq 0\}$ ein Simplexkegel, dessen Strahlen den Spalten der Matrix

$$W_4 = \begin{pmatrix} 1 & 1 & 1 & 0 \\ 1 & 0 & -1 & 0 \\ 0 & 1 & -1 & 0 \\ -1 & -1 & -1 & 1 \end{pmatrix} \in \mathbb{R}^{4 \times 4}$$

entsprechen. Die fünfte und letzte Zeile der Matrix $\mathcal{H}$ definiert nun die Teilmengen W_4^+ (bestehend aus den ersten drei Spalten von W_4) und W_4^- (letzte Spalte von W_4). Die Inzidenzmatrix der doppelten Beschreibung $(W_4, \mathcal{H}_4)$ sieht wie folgt aus:

$$I(W_4, \mathcal{H}_4) = \begin{pmatrix} 1 & 1 & 0 & 1 \\ 1 & 0 & 1 & 1 \\ 0 & 1 & 1 & 1 \\ 1 & 1 & 1 & 0 \end{pmatrix}.$$

Exemplarisch betrachten wir das Paar von Strahlen $(w^{(1)}, w^{(4)}) \in W_4^+ \times W_4^-$. An der Inzidenzmatrix $I(W_4, \mathcal{H}_4)$ lässt sich unmittelbar ablesen, dass die linearen Ungleichungen, die sowohl von $w^{(1)}$ als auch $w^{(4)}$ mit Gleichheit erfüllt werden, genau die ersten beiden sind, das heißt, es gilt

$$\mathcal{H}_4(w^{(1)}, w^{(4)}) = \begin{pmatrix} 1 & -1 & -1 & 0 \\ 1 & -1 & 2 & 0 \end{pmatrix}$$

und

$$\mathcal{H}_4'(w^{(1)}, w^{(4)}) = \begin{pmatrix} 1 & -1 & -1 & 0 \\ 1 & -1 & 2 & 0 \\ 2 & -1 & -1 & -1 \end{pmatrix}.$$

Die Matrix $\mathcal{H}_4(w^{(1)}, w^{(4)})$ hat offensichtlich Rang 2, was bedeutet, dass $\mathrm{pos}\{w^{(1)}, w^{(4)}\}$ eine Seite des Kegels Q_4 der Dimension $4 - 2 = 2 = n - 1$ ist. Der Kern von $\mathcal{H}_4'(w^{(1)}, w^{(4)})$ wird aufgespannt von dem Vektor $(1,1,0,1)^T$. Analoge Rechnungen für die Paare $(w^{(2)}, w^{(4)})$ und $(w^{(3)}, w^{(4)})$ ergeben insgesamt

$$W = W_5 = \begin{pmatrix} 1 & 1 & 1 & 1 & 1 & 1 \\ 1 & 0 & -1 & 1 & 0 & -1 \\ 0 & 1 & -1 & 0 & 1 & -1 \\ -1 & -1 & -1 & 1 & 1 & 4 \end{pmatrix}.$$

Wenn wir nun *dehomogenisieren*, dass heißt $Q = \mathrm{pos}\, W = \{(x_0, x_1, x_2, x_3)^T \in \mathbb{R}^4 : \mathcal{H}x \geq 0\}$ mit der durch $x_0 = 1$ definierten affinen Hyperebene von $\mathbb{R}^4$ schneiden, erhalten wir ein einfaches 3-Polytop P mit fünf Facetten, das kombinatorisch äquivalent ist zum Prisma über einem Dreieck. Die Zeilen von $\mathcal{H}$ und die

Spalten von W beschreiben homogene Koordinaten der Facetten beziehungsweise Ecken von P. Die durch die Ecken und Facetten definierte Inzidenzmatrix von P fällt mit der Inzidenzmatrix der doppelten Beschreibung $(W, \mathcal{H})$ des Kegels Q zusammen:

$$I(W, \mathcal{H}) = \begin{pmatrix} 1 & 1 & 0 & 1 & 1 & 0 \\ 1 & 0 & 1 & 1 & 0 & 1 \\ 0 & 1 & 1 & 0 & 1 & 1 \\ 1 & 1 & 1 & 0 & 0 & 0 \\ 0 & 0 & 0 & 1 & 1 & 1 \end{pmatrix}.$$

5.3 Ebene konvexe Hüllen

Die zweidimensionalen Polytope sind genau die konvexen Polygone. Die Kanten eines konvexen Polygons bilden gleichzeitig die Facetten, und die Ecken lassen sich zyklisch anordnen (im oder gegen den Uhrzeigersinn). Ist eine endliche Punktmenge in der Ebene als Spalten einer Matrix $M \in \mathbb{R}^{2 \times m}$ gegeben, so besteht das ebene Konvexe-Hülle-Problem darin, eine Liste von Spaltenindizes zu finden, die einer solchen zyklischen Ordnung entspricht. Je nach Kontext kann es dabei erforderlich sein, eine der beiden Orientierungen oder einen bestimmten Punkt als Anfang auszuzeichnen.

Es ist zu beachten, dass sich auch die Ausartungsfälle nicht volldimensionaler Polytope in $\mathbb{R}^2$ durch eine solche Liste codieren lassen, die dann eben nur aus einem Index (im Fall von Dimension 0) oder aus zwei Indizes (im Fall von Dimension 1) besteht. Zum Zweck schlanker Formulierungen sollen im Weiteren auch diese Ausartungen als *Polygone* bezeichnet werden.

Wir wollen einen Algorithmus von Preparata und Hong [77] vorstellen, der auf einem in der Informatik oft verwendeten Konzept beruht, nämlich dem Divide-and-Conquer („teile und herrsche"). Die Idee besteht ganz allgemein darin, das Problem in kleinere Teilprobleme zu zerlegen und diese zu rekursiv zu lösen, um anschließend die Teillösungen zu einer Lösung für das Gesamtproblem zusammen zu fügen. Ein klassisches Beispiel ist der Sortieralgorithmus MergeSort C.1 („Sortieren durch Mischen").

Um den Algorithmus von Preparata und Hong unkompliziert darstellen zu können, treffen wir für das Folgende eine vereinfachende Annahme. In den Übungen am Ende das Abschnitts geht es darum, wie man den Algorithmus auf den allgemeinen Fall erweitern kann. Abweichend von Konventionen in anderen Teilen dieses Buches, nennen wir hier eine Punktmenge $V \subseteq \mathbb{R}^2$ in *allgemeiner Lage*, falls keine drei Punkte kollinear sind und zusätzlich jede *Vertikale* $[a, -1, 0]$, für $a \in \mathbb{R}$, höchstens einen Punkt aus P enthält.

Eingabe : endliche Punktmenge $V = \{v^{(1)}, \dots, v^{(m)}\} \subseteq \mathbb{R}^2$
Ausgabe : Ecken von conv V in zyklischer Reihenfolge
1 **if** $m \leq 2$ **then**
2 | **return** V
3 **else**
4 | Sortiere V nach der ersten Koordinate.
5 | Teile V in zwei disjunkte Mengen L und R, wobei L die linken $\lfloor m/2 \rfloor$ Punkte aus V enthält und R die rechten $\lceil m/2 \rceil$.
6 | Berechne rekursiv conv L und conv R.
7 | Berechne conv$(L \cup R)$ aus conv L und conv R.

Algorithmus 5.4. Verfahren `Divide-and-Conquer` für ebene konvexe Hüllen

Das eigentliche algorithmische Problem verbirgt sich natürlich im letzten Schritt, in dem die gemeinsame konvexe Hülle von zwei ebenen Polygonen zu berechnen ist, die als zyklische Listen ihrer Ecken repräsentiert sind. Allerdings wird die Situation vereinfacht durch unsere Annahme, dass keine zwei der gegebenen Punkte auf derselben Vertikalen liegen. Dies impliziert nämlich, dass conv L und conv R disjunkt sind und dass sogar eine trennende Vertikale existiert. Die entscheidende Beobachtung ist, dass in dieser Situation diejenigen Ecken von conv$(L \cup R)$, die Ecken von L (oder R) sind, in der zyklischen Reihenfolge hintereinander kommen.

Eine Konsequenz aus der vertikal getrennten Lage von L und R ist, dass L und R vier gemeinsame Stützgeraden besitzen; siehe Abbildung 5.1. In Anlehnung an die Situation bei glatten konvexen Mengen nennen wir diese gemeinsamen Stützgeraden *Doppeltangenten*. Genau zwei dieser vier Doppeltangenten definieren Facetten der gemeinsamen konvexen Hülle von L und R. Da L und R vertikal getrennt sind, ist es sinnvoll, von der *oberen* und der *unteren* Doppeltangente zu sprechen. Die gemeinsame konvexe Hülle von L und R zu berechnen ist also gleichbedeutend damit, die obere und die untere Doppeltangente zweier

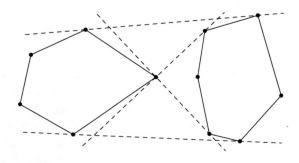

Abbildung 5.1. Die vier Doppeltangenten an zwei disjunkte Polygone

vertikal getrennter Polygone zu bestimmen. Zusätzlich sind das Problem für die obere und das für die untere Doppeltangente auch noch identisch, da man beispielsweise die obere Doppeltangente von L und R erhält, indem man die untere Doppeltangente von $(-R, -L)$ berechnet. Damit liefert der unten angegebene Algorithmus zusammen mit dem Divide-and-Conquer-Schema insgesamt einen Algorithmus zur Berechnung der konvexen Hülle in der Ebene.

Eingabe : zwei endliche Polygone $L = (v^{(0)}, \ldots, v^{(l-1)})$ und
$R = (w^{(0)}, \ldots, w^{(r-1)})$, gegeben als Listen ihrer Ecken in zyklischer Reihenfolge gegen den Uhrzeigersinn mit der Eigenschaft, dass es eine trennende Vertikale gibt, bezüglich der L links und R rechts liegt

Ausgabe : untere Doppeltangente T

1 $v^{(i)} \leftarrow$ am weitesten rechts liegende Ecke von L

2 $w^{(k)} \leftarrow$ am weitesten links liegende Ecke von R

3 **while** $T \leftarrow \text{aff}\{v^{(i)}, w^{(k)}\}$ nicht untere Doppeltangente **do**

4 $\quad$ **while** T nicht untere Stützgerade an L **do**

5 $\quad\quad$ $i \leftarrow i - 1 \bmod l$

6 $\quad$ **while** T nicht untere Stützgerade an R **do**

7 $\quad\quad$ $k \leftarrow k + 1 \bmod r$

8 **return** T

Algorithmus 5.5. Untere-Doppeltangente(L,R).

Es ist allerdings noch zu prüfen, ob der Algorithmus Untere-Doppeltangente auch liefert, was er verspricht. Dies ist keineswegs offensichtlich, da die Terminierung der äußeren Schleife geklärt werden muss. Hierzu gibt es eine weitere Definition und ein vorbereitendes Lemma.

In einem Polygon definiert jedes Paar von Ecken v und w zwei Polygonzüge aus Kanten, einen, in dem v in der zyklischen Ordnung gegen den Uhrzeigersinn vor w kommt und einen, in dem w gegen den Uhrzeigersinn nach v kommt. In einem Polygon mit Ecken in allgemeiner Lage definieren die am weitesten links und die am weitesten rechts liegende Ecke auf diese Weise die *obere* und die *untere Hälfte*.

Lemma 5.8
Die untere Doppeltangente an zwei vertikal getrennte Polygone L und R trifft sowohl L als auch R jeweils in der unteren Hälfte.

Beweis. Die untere Hälfte wird genau aus denjenigen Facetten gebildet, deren äußere Normalen nach unten zeigen. Die äußere Normale einer Stützgerade an

L (oder R), die nach unten zeigt, liegt im Kegel der Normalen der Facetten der unteren Hälfte.   □

Da der Algorithmus auf beiden Polygonen zyklisch in jeweils einer festen Richtung vorangeht, ist die Terminierung nun eine Konsequenz der folgenden Aussage. Gewissermaßen „blockiert" das Innere von L und R den Algorithmus nach endlich vielen Schritten.

Lemma 5.9
Zu keinem Zeitpunkt im Algorithmus Untere-Doppeltangente *trifft die Strecke $[v^{(i)}, w^{(k)}]$ das Innere von L oder R.*

Beweis. Zu Anfang ist die Bedingung nach Konstruktion erfüllt, und im Weiteren gehen wir induktiv vor. Wir nehmen also an, dass $[v^{(i)}, w^{(k)}]$ das Innere von L und R nicht trifft. Aus Gründen der Symmetrie können wir außerdem davon ausgehen, dass im nächsten Schritt i dekrementiert werden soll. Das heißt, dass $[v^{(i)}, w^{(k)}]$ keine untere Stützgerade an L ist. Damit liegt $v^{(i-1)}$ unterhalb der Geraden $\mathrm{aff}\{v^{(i)}, w^{(k)}\}$, und $[v^{(i-1)}, w^{(k)}]$ trifft nicht das Innere von L.   □

Wir wollen die Komplexität des Divide-and-Conquer-Algorithmus im ungünstigsten Fall bestimmen. Dies erfolgt wiederum nach einem Schema, das für Algorithmen dieser Art typisch ist. Dabei vernachlässigen wir bei der Eingabegröße die Punktkoordinaten, so dass für sämtliche geometrischen Primitive Einheitskosten anfallen. Die Komplexität des Algorithmus Untere-Doppeltangente beträgt dann offenbar $O(l + r)$. Wenn wir die Komplexität von Divide-andConquer mit $C(m)$ bezeichnen, erhalten wir die Rekursion $C(2m) = 2C(m) + O(m)$. Zunächst gehen wir davon aus, dass die Zahl der Eingabepunkte $m = 2^b$ eine Zweierpotenz ist. Dann wird in jedem Aufteilungsschritt genau in zwei gleich große Hälften geteilt. Wir erhalten

$$\begin{aligned}
C(m) &= C(2^b) \\
&= 2C(2^{b-1}) + O(2^b) \\
&= 2(C(2^{b-2}) + O(2^{b-1})) + O(2^b) \ = \ 2C(2^{b-2}) + 2O(2^b) \\
&= 2C(2^{b-3}) + 3O(2^b) \ = \ \cdots \ = \ bO(2^b) \ = O(m \log m)\,.
\end{aligned}$$

Auch wenn m keine Zweierpotenz ist, so ist die nächstgrößere Zweierpotenz höchstens doppelt so groß wie m selbst. Das heißt, die soeben durchgeführte Aufwandsabschätzung ändert sich nur um eine Konstante, die in der O-Notation aber unterdrückt wird. Insgesamt erhalten wir den folgenden Satz.

Satz 5.10
Der Algorithmus Divide-and-Conquer *berechnet die konvexe Hülle von m Punkten in $\mathbb{R}^2$ mit Aufwand $O(m \log m)$.*

5.4 Untersuchungen mit polymake

In polymake stehen mehrere Konvexe-Hülle-Algorithmen zur Verfügung. Die Methode der doppelten Beschreibung ist dabei das Standardverfahren. polymake verwendet hierfür intern die Implementierung aus cddlib [41].

Wir wollen mit der V-Beschreibung eines Polytops beginnen. Anstatt jedoch, wie im vorherigen Kapitel, die Koordinaten selbst einzugeben, wollen wir polymakes Standardfunktionen zur Konstruktion benutzen. Das Programm cube mit dem zweiten Argument „3" erzeugt einen Standardwürfel $[-1, 1]^3$. Das erste Argument gibt den Dateinamen an, unter dem das Polytop(-objekt) abgelegt wird.

```
> cube c3.poly 3
```

Das nächste Programm edge_middle berechnet vom Eingabepolytop c3.poly sämtliche Kantenmittelpunkte und definiert ein neues Polytop co.poly als deren konvexe Hülle. In Aufgabe 5.16 ist zu zeigen, dass die Kantenmittelpunkte genau die Ecken des neuen Polytops sind.

```
> edge_middle co.poly c3.poly
```

Die hierdurch erstellte Datei sieht dann folgermaßen aus:

```
_application polytope
_version 2.3
_type RationalPolytope

VERTICES
1 0 -1 -1
1 -1 0 -1
1 1 0 -1
1 0 1 -1
1 -1 -1 0
1 1 -1 0
1 0 -1 1
1 -1 1 0
1 -1 0 1
1 1 1 0
1 1 0 1
1 0 1 1

BOUNDED
1
```

Im ersten Abschnitt VERTICES sind die Ecken des Polytops in homogenen Koordinaten aufgelistet, im zweiten Abschnitt BOUNDED ist vermerkt, dass es sich um ein beschränktes Polyeder, also ein Polytop handelt. Das folgende Kommando listet dann die homogenen Koordinaten der Facetten zeilenweise.

```
> polymake co.poly FACETS
  FACETS
  1 0 0 -1
  2 -1 1 -1
  1 0 1 0
  2 1 -1 1
  1 1 0 0
  2 1 1 1
  2 1 1 -1
  2 1 -1 -1
  2 -1 1 1
  1 0 0 1
  2 -1 -1 1
  2 -1 -1 -1
  1 0 -1 0
  1 -1 0 0
```

Bei dem Polytop co.poly handelt es sich um ein *Kuboktaeder*, einen der *archimedischen Körper*; siehe Abbildung 5.2.

5.5   Aufgaben

Aufgabe 5.11.   Es sei

$$P = \operatorname{conv}\{v^{(1)}, \ldots, v^{(m)}\} = H_1^+ \cap \cdots \cap H_l^+ \subseteq \mathbb{R}^n$$

ein n-Polytop in doppelter Beschreibung mit paarweise verschiedenen Halbräumen $H_1^+, \ldots, H_l^+$. Ferner sei $V_i := \left\{v^{(j)} \in H_i : 1 \leq j \leq m\right\}$. Zeigen Sie, dass H_i^+ genau dann redundant ist, wenn ein $k \in \{1, \ldots, l\}$ existiert mit $V_i \subsetneq V_k$.

Aufgabe 5.12.   Sei $(V, \mathcal{H})$ doppelte Beschreibung eines $(n + 1)$-Polytops P, und sei $\pi : \mathbb{R}^{n+1} \to \mathbb{R}^n$ die lineare Projektion auf die ersten n Koordinaten. Aus Aufgabe 3.56 ist bekannt, dass das Bild $\pi(P)$ wieder ein Polytop ist. Geben Sie eine doppelte Beschreibung von $\pi(P)$ an.

Abbildung 5.2. Kuboktaeder

Unter Polarität werden die schrittweisen Schnitte mit Hyperebenen im Verfahren der doppelten Beschreibung zu iterierten Projektionen auf Koordinatenunterräume. In dualisierter Form gleicht daher dieses Verfahren der *Fourier-Motzkin-Elimination*. Die Aufgabe 5.12 beschreibt einen Eliminationsschritt.

Aufgabe 5.13. Wie muss man den Algorithmus 5.2 verändern, so dass er auch für nicht spitze Polyeder funktioniert?

Aufgabe 5.14. Wie kann der in Abschnitt 5.3 vorgestellte Algorithmus Divide-and-Conquer modifiziert werden, um die Fläche eines durch seine Ecken gegebenen konvexen Polygons zu berechnen?

Aufgabe 5.15. Wie kann der Algorithmus Divide-and-Conquer modifiziert werden, um auch die konvexe Hülle von Punkten zu berechnen, die nicht in allgemeiner Lage sind?

Aufgabe 5.16. Es sei P ein beliebiges Polytop mit Eckenmenge $\{v^{(1)}, \ldots, v^{(m)}\} \subseteq \mathbb{R}^n$ und Kantenmenge

$$\left\{ [v^{(i)}, v^{(j)}] : (i,j) \in I \right\}$$

für eine geeignete Menge $I \subseteq \{1, \ldots, m\} \times \{1, \ldots, m\}$. Zeigen Sie, dass die Menge der *Kantenmittelpunkte*

$$W := \left\{ \frac{1}{2}(v^{(i)} + v^{(j)}) : (i,j) \in I \right\}$$

genau die Eckenmenge des Polytops conv W ist.

5.6   Anmerkungen

Der hier in seinen Grundzügen vorgestellte Algorithmus der doppelten Beschreibung ist tatsächlich praktikabel und kommt insbesondere bei verhältnismäßig hochdimensionalen Polytopen zum Einsatz, die nicht einfach sind. Eine detailliertere Beschreibung findet sich bei Fukuda und Prodon [42].

Die m Ecken eines durch l affine Halbräume definierten einfachen d-Polytops können mit dem Verfahren „reverse search" von Avis und Fukuda [9] in $O(lmd)$ Zeit berechnet werden; reverse search funktioniert prinzipiell auch für nicht einfache Polytope, ist im nicht einfachen Fall oft der Methode der doppelten Beschreibung aber unterlegen; siehe Avis, Bremner und Seidel [8].

Eine weitere Klasse von Konvexe-Hülle-Algorithmen berechnet aus gegebenen Punkten zusätzlich zu den Facetten der konvexen Hülle auch noch eine Triangulierung. Ein Vertreter dieser Klasse ist „beneath-and-beyond;" siehe Edelsbrunner [37, §8.4] und Joswig [60].

Die Idee des Divide-and-Conquer lässt sich weiter verfolgen und ergibt für kleine Dimensionen teilweise asymptotisch optimale Verfahren. In Dimension 2 und 3 erhält man so $O(m \log l)$-Algorithmen; siehe Clarkson und Shor [25] und Chan [21]. Chan, Snoeyink und Yap [22] beschreiben ein $O((m + l) \log^2 l)$-Verfahren für die Berechnung der l Facetten eines 4-Polytops aus gegebenen m Punkten.

Durch das Upper-Bound-Theorem ist die Anzahl der Facetten eines n-Polytops mit m Ecken durch $\binom{m}{\lfloor n/2 \rfloor}$ beschränkt. Sieht man die Dimension n nun als eine Konstante an, dann ist $\binom{m}{\lfloor n/2 \rfloor} \in O(m^{\lfloor n/2 \rfloor})$ polynomial beschränkt. Chazelle [23] hat einen in konstanter Dimension und im ungünstigsten Fall asymptotisch optimalen Algorithmus mit der Laufzeit $O(m \log m + m^{\lfloor n/2 \rfloor})$ angegeben.

Ein interessantes Qualitätsmaß von Konvexe-Hülle-Verfahren beliebiger Dimension erhält man, wenn man die Laufzeit in Abhängigkeit von der kombinierten Größe von Ein- und Ausgabe misst. Dies ist die *kombinierte Laufzeit* eines Konvexe-Hülle-Algorithmus. Ob es in kombinierter Laufzeit ein polynomial beschränktes Verfahren zur Berechnung der konvexen Hülle gibt oder nicht, ist derzeit noch offen. Khachiyan et al. [62] haben kürzlich bewiesen, dass (in kombinierter Laufzeit) zu gegebener Ungleichungsbeschreibung eines unbeschränkten Polyeders sämtliche Ecken zu enumerieren #P-schwer ist. Jedoch trifft dieses Ergebnis keine Aussage darüber, ob es #P-schwer ist (in kombinierter Laufzeit) die Ecken und zusätzlich alle Strahlen zu enumerieren. Damit ist auch der Komplexitätsstatus des Problems alle Ecken eines Polytops aufzuzählen bislang offen.

6 Voronoi-Diagramme

Gegeben sei eine endliche Punktmenge S in $\mathbb{R}^n$. Da S kompakt ist, gibt es zu jedem Punkt $x \in \mathbb{R}^n$ einen bezüglich der euklidischen Norm $\| \cdot \|$ nächsten Punkt aus S, der aber im Allgemeinen nicht eindeutig bestimmt ist. Die Menge aller Punkte, die einen festen Punkt $s \in S$ als nächsten „Nachbarn" hat, ist ein Polyeder. Diese Zuordnung induziert eine Zerlegung von $\mathbb{R}^n$ in polyedrische „Regionen", das Voronoi-Diagramm von S. Für zahlreiche Anwendungen der algorithmischen Geometrie ist dieses Konzept der Ausgangspunkt aller Überlegungen.

Zunächst untersuchen wir die Geometrie einer einzelnen Voronoi-Region. Um über das Gesamtgefüge aller Voronoi-Regionen sprechen zu können, werden anschließend allgemeine polyedrische Komplexe eingeführt. Das Hauptergebnis dieses Kapitels ist der Zusammenhang zwischen Voronoi-Diagrammen und dem Konvexe-Hülle-Problem aus dem vorherigen Kapitel. Wir schließen unsere Überlegungen mit einem Algorithmus zur Berechnung von ebenen Voronoi-Diagrammen und deren Anwendung auf das Postamt-Problem aus der Einleitung.

6.1 Voronoi-Regionen

In diesem Kapitel ist $S \subseteq \mathbb{R}^n$ stets eine endliche Punktmenge in $\mathbb{R}^n$ und $\| \cdot \|$ die euklidische Norm. Der euklidische Abstand zweier Punkte $x, y \in \mathbb{R}^n$ sei mit

$$\text{dist}(x, y) := \|x - y\| = \sqrt{\langle x - y, x - y \rangle}$$

bezeichnet. Für jeden Punkt $s \in S$ sei die *Voronoi-Region*

$$\text{VR}_S(s) := \{x \in \mathbb{R}^n : \text{dist}(x, s) \leq \text{dist}(x, q) \text{ für alle } q \in S\}$$

die Menge derjenigen Punkte in $\mathbb{R}^n$, für die s ein nächster Punkt aus S ist. In diesem Fall heißt s ein (bezüglich S) *nächster Nachbar*.

Beispiel 6.1
Wir betrachten den Fall, dass $S = \{s, t\} \subseteq \mathbb{R}^n$ aus genau zwei verschiedenen Punkten besteht. Die Menge

$$h(s, t) := \{x \in \mathbb{R}^n : \text{dist}(x, s) = \text{dist}(x, t)\} = \text{VR}_{\{s,t\}}(s) \cap \text{VR}_{\{s,t\}}(t)$$

derjenigen Punkte, die sowohl s als auch t als nächsten Nachbarn haben, ist eine affine Hyperebene: Es gilt nämlich

$$\langle x - s, x - s \rangle - \langle x - t, x - t \rangle = \sum_{i=1}^{n}(x_i - s_i)^2 - \sum_{i=1}^{n}(x_i - t_i)^2$$

$$= \sum_{i=1}^{n} 2(t_i - s_i)x_i + \sum_{i=1}^{n}(s_i^2 - t_i^2),$$

woraus folgt, dass x genau dann in $h(s,t)$ liegt, wenn gilt

$$\left(\sum_{i=1}^{n}(s_i^2 - t_i^2), 2(t_1 - s_1), \ldots, 2(t_n - s_n) \right) (1, x_1, \ldots, x_n)^T = 0. \qquad (6.1)$$

Noch einmal anders ausgedrückt: Die Menge $h(s,t) = \mathrm{VR}_{\{s,t\}}(s) \cap \mathrm{VR}_{\{s,t\}}(t)$ ist genau die affine Hyperebene in $\mathbb{R}^n$ mit den homogenen Koordinaten

$$\left[\sum_{i=1}^{n}(s_i^2 - t_i^2) : 2(t_1 - s_1) : \cdots : 2(t_n - s_n) \right]. \qquad (6.2)$$

Die Voronoi-Regionen von s und t sind die beiden hierdurch definierten affinen Halbräume. Wir wählen die Orientierung von $h(s,t)$ stets wie in (6.2). Also gilt $\mathrm{VR}_{\{s,t\}}(s) = h(s,t)^-$ und $\mathrm{VR}_{\{s,t\}}(t) = h(s,t)^+$. Die Vektoren $s - t$ und $t - s$ sind Normalenvektoren auf der die beiden Voronoi-Regionen (schwach) trennenden Hyperebene $h(s,t)$.

Diese Vorüberlegungen zu den Voronoi-Regionen einer zweielementigen Punktmenge münden unmittelbar in die folgende Beobachtung.

Proposition 6.2
Sei $S \subseteq \mathbb{R}^n$ endlich. Für $s \in S$ ist dann

$$\mathrm{VR}_S(s) = \bigcap_{t \in S \setminus \{s\}} \mathrm{VR}_{\{s,t\}}(s) = \bigcap_{t \in S \setminus \{s\}} h(s,t)^-.$$

Insbesondere ist jede Voronoi-Region ein (nicht notwendig beschränktes) Polyeder mit höchstens $|S| - 1$ Facetten.

Aufgabe 6.3. Unter welcher Bedingung sind alle Voronoi-Regionen spitze Polyeder?

Aufgabe 6.4. Zeigen Sie, dass ein Punkt $s \in S$ genau dann auf dem Rand der konvexen Hülle conv S liegt, wenn seine Voronoi-Region $\mathrm{VR}_S(s)$ unbeschränkt ist.

6.2 Polyedrische Komplexe

Aus dem vorherigen Abschnitt wissen wir, dass die Voronoi-Regionen zu einer endlichen Punktmenge in $\mathbb{R}^n$ Polyeder sind. Nach Konstruktion ist es offensichtlich, dass diese Polyeder gemeinsam den $\mathbb{R}^n$ überdecken. Das allein macht aber noch nicht die entscheidenden strukturellen Eigenschaften aus.

Definition 6.5

Ein *polyedrischer Komplex* C ist eine endliche Menge von Polyedern in $\mathbb{R}^n$, die die folgenden Eigenschaften erfüllt.

a. $\emptyset \in C$;

b. Falls $P \in C$, dann sind alle Seiten von P ebenfalls in C;

c. Der Durchschnitt $P \cap Q$ zweier Polyeder $P, Q \in C$ ist sowohl eine (möglicherweise leere) Seite von P als auch von Q.

Die dritte Bedingung wird gelegentlich *Schnittbedingung* genannt. Die Elemente von C heißen *Seiten*, und die *Dimension* von C ist die größte Dimension einer Seite von C. Ein polyedrischer Komplex, dessen sämtliche Seiten Polytope sind, heißt *polytopaler Komplex*. Ein *simplizialer Komplex* ist ein polytopaler Komplex, dessen Seiten Simplexe sind.

Zu einem polyedrischen Komplex C in $\mathbb{R}^n$ sei

$$|C| := \bigcup_{F \in C} F \subseteq \mathbb{R}^n$$

die von C *überdeckte Menge*. Eine *polyedrische* (bzw. *polytopale* oder *simpliziale*) *Zerlegung* einer Menge $M \subseteq \mathbb{R}^n$ ist ein polyedrischer (bzw. polytopaler oder simplizialer) Komplex C mit $|C| = M$. Eine simpliziale Zerlegung heißt auch *Triangulierung*.

Beispiel 6.6

Sei $P \subseteq \mathbb{R}^n$ ein n-Polyeder. Dann ist der Seitenverband $\mathcal{F}(P)$ ein n-dimensionaler polyedrischer Komplex. Die Menge aller nichtleeren Seiten bilden einen $(n-1)$-dimensionalen polyedrischen Komplex, der den Rand ∂P überdeckt. Dieser zweite Komplex heißt *Randkomplex* von P.

Es sei $\mathcal{V}(S)$ die Menge aller Voronoi-Regionen zu einer endlichen Menge $S \subseteq \mathbb{R}^n$.

Satz 6.7

Die Menge $\mathcal{V}(S)$ erfüllt die Schnittbedingung.

Beweis. Seien $s, t \in S$ zwei verschiedene Punkte. Wir können voraussetzen, dass der Schnitt

$$F := \mathrm{VR}_S(s) \cap \mathrm{VR}_S(t)$$

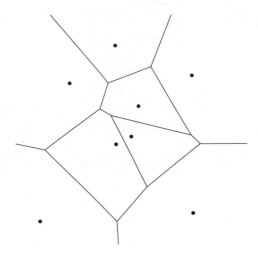

Abbildung 6.1. Voronoi-Diagramm einer Punktmenge in der Ebene

nicht leer ist. Die Proposition 6.2 besagt, dass $\mathrm{VR}_S(s) \subseteq h(s,t)^-$ und $\mathrm{VR}_S(t) \subseteq h(s,t)^+$ gilt. Damit ergibt sich $F \subseteq h(s,t)^- \cap h(s,t)^+ = h(s,t)$. Da wir $F \neq \emptyset$ angenommen haben, ist $h(s,t)$ eine Stützhyperebene sowohl an $\mathrm{VR}_S(s)$ als auch an $\mathrm{VR}_S(t)$. Es folgt, dass $F = \mathrm{VR}_S(s) \cap \mathrm{VR}_S(t) = \mathrm{VR}_S(s) \cap \mathrm{VR}_S(t) \cap h(s,t)$ eine nichtleere Seite beider Voronoi-Regionen ist.   □

Jede nichtleere, endliche Menge $\mathcal{C}$ von Polyedern in $\mathbb{R}^n$, die die Schnittbedingung erfüllt, *erzeugt* einen polyedrischen Komplex

$$[\mathcal{C}] := \{F : F \text{ ist Seite eines Polyeders in } \mathcal{C}\} .$$

Der soeben gewonnene Satz macht dann die folgende Definition sinnvoll.

Definition 6.8
Der polyedrische Komplex

$$\mathrm{VD}(S) := \big[\{\mathrm{VR}_S(s) : s \in S\}\big]$$

heißt *Voronoi-Diagramm* einer endlichen Menge $S \subseteq \mathbb{R}^n$.

Die Seiten eines Voronoi-Diagramms heißen *Voronoi-Zellen*. Die Voronoi-Regionen sind also genau die (bezüglich der Inklusion oder der Dimension) maximalen Voronoi-Zellen. Abbildung 6.1 zeigt ein Beispiel für das Voronoi-Diagramm einer Punktmenge in der Ebene.

Bemerkung 6.9
Der Begriff des f-Vektors lässt sich auf beliebige polyedrische Komplexe übertragen.

6.3 Voronoi-Diagramme und konvexe Hüllen

Wie im späteren Buchverlauf zu sehen sein wird, spielen Voronoi-Diagramme
in manchen Anwendungen eine entscheidende Rolle. Viele interessante Algorithmen, wie beispielsweise das Kurvenrekonstruktionsverfahren NN-Crust aus
Kapitel 11, beginnen mit der Berechnung eines Voronoi-Diagramms als erstem
Schritt. Dies wirft die Frage auf, wie ein Voronoi-Diagramm zu berechnen ist,
oder wie überhaupt ein Datentyp für Voronoi-Diagramme aussehen kann.

Hierbei ist es offensichtlich, dass Konvexe-Hülle-Algorithmen nützlich sind
für Voronoi-Diagramme: Jede Region ist als Polyeder in einer $\mathcal{H}$-Beschreibung gegeben. Für m gegebene Punkte in $\mathbb{R}^n$ erhält man dann durch Berechnungen von m
dualen konvexen Hüllen in $\mathbb{R}^n$ eine $\mathcal{V}$-Beschreibung aller Voronoi-Regionen. Ab-
gesehen von der Frage nach der Effizienz dieser Vorgehensweise liegt der Haupt-
nachteil darin, dass hierdurch nicht unmittelbar klar wird, wie es um die relative
Lage der verschiedenen Voronoi-Regionen zueinander bestellt ist. Das Hauptergebnis dieses Kapitels ist die Aussage, dass man sich ein Voronoi-Diagramm in
$\mathbb{R}^n$ als Projektion eines unbeschränkten Polyeders in $\mathbb{R}^{n+1}$ vorstellen kann. Insbesondere wird die explizite Konstruktion auf ein Konvexe-Hülle-Problem in $\mathbb{R}^{n+1}$
zurückgeführt.

Die Notation betreffend sei festgehalten, dass wir im Folgenden die Einbet-
tung von $\mathbb{R}^n$ in $\mathbb{R}^{n+1}$ durch Hinzufügen einer Koordinate x_{n+1} wählen. Insbesondere schreiben wir einen Punkt in $\mathbb{R}^{n+1}$ auch als (x, x_{n+1}) für $x \in \mathbb{R}^n$ und
$x_{n+1} \in \mathbb{R}$.

Sei

$$U := \left\{ x \in \mathbb{R}^{n+1} : x_{n+1} = x_1^2 + x_2^2 + \cdots + x_n^2 \right\} \tag{6.3}$$

das *Standard-Paraboloid* in $\mathbb{R}^{n+1}$. Für einen Punkt $p \in \mathbb{R}^n$ bezeichne $T(p)$ die Tan-
gentialhyperebene an das Paraboloid U im Punkt $p_U := (p, \|p\|^2)$.

Lemma 6.10
Für jeden Punkt $p \in \mathbb{R}^n$ gilt

$$T(p) = [-\|p\|^2 : 2p_1 : \cdots : 2p_n : -1].$$

Beweis. Aus der Analysis ist bekannt, dass die Tangentialhyperebene an den Graphen einer differenzierbaren Funktion $u : \mathbb{R}^n \to \mathbb{R}$ in einem Punkt $(p, u(p))$
durch die lineare Gleichung

$$x_{n+1} = u(p) + \langle u'(p), x - p \rangle$$

beschrieben wird (siehe etwa [66]). In unserem Fall haben wir $u(p) = p_1^2 + p_2^2 + \cdots + p_n^2 = \|p\|^2$, also ist der Gradient $u'(p) = (2p_1, \ldots, 2p_n) = 2p$. Einsetzen
ergibt

$$x_{n+1} = \|p\|^2 + \langle 2p, x - p \rangle = -\|p\|^2 + 2\langle p, x \rangle$$

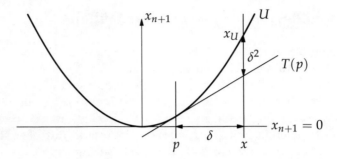

Abbildung 6.2. Abstandsberechnung für $n = 1$. Wegen der Rotationsinvarianz von U gibt die Abbildung für beliebige Dimension den richtigen Eindruck. Hier ist $\delta = \|x - p\|$.

und damit die behauptete Darstellung der Tangentialhyperebene in homogenen Koordinaten. □

Im Folgenden stellen wir uns vor, dass die x_{n+1}-Richtung des Koordinatensystems vertikal nach oben zeigt.

Lemma 6.11

Seien $p, x \in \mathbb{R}^n$ und $x_U = (x, \|x\|^2)$ der oberhalb von x liegende Punkt auf U. Dann liegt x_U oberhalb von $T(p)$, bezogen auf die homogenen Koordinaten aus Lemma 6.10 also im affinen Halbraum $T(p)^+$. Der vertikale Abstand von x_U zu $T(p)$ beträgt $\|x - p\|^2$.

Beweis. Die x_{n+1}-Koordinate von x_U ist $\sum_{i=1}^{n} x_i^2$, und die x_{n+1}-Koordinate des Punktes auf der Hyperebene $T(p)$ oberhalb von x ist nach Lemma 6.10

$$2p_1x_1 + \cdots + 2p_nx_n - p_1^2 - \cdots - p_n^2 \,.$$

Die Differenz ist $(x_1 - p_1)^2 + \cdots + (x_n - p_n)^2 = \|x - p\|^2$. Abbildung 6.2 illustriert diese Rechnung. □

Sei nun eine m-elementige Punktmenge $S \subseteq \mathbb{R}^n$ gegeben. Für einen Punkt $s \in S$ ist $T(s)^+$ der affine Halbraum oberhalb der Tangentialhyperebene an U.

Aufgrund der Monotonie der Funktion $\delta \mapsto \delta^2$ auf der positiven Halbgeraden lässt sich Proposition 6.2 in Zusammenhang mit Lemma 6.11 nun wie folgt lesen: Ein Punkt $x \in \mathbb{R}^n$ liegt genau dann in der Voronoi-Region $\mathrm{VR}_S(s)$, wenn $T(s)$ unter allen Hyperebenen $T(t)$, für $t \in S$, den kleinsten vertikalen Abstand zum Punkt x_U hat. Zusammengefasst ergibt dies das folgende Resultat, siehe auch Abbildung 6.3.

Satz 6.12

Das Voronoi-Diagramm von S ist die orthogonale Projektion des Randkomplexes des Polyeders $\mathcal{P}(S) := \bigcap_{s \in S} T(s)^+$ auf die Hyperebene $x_{n+1} = 0$.

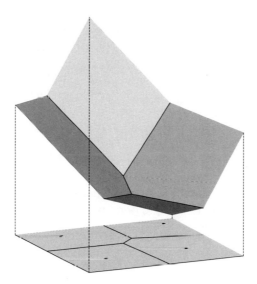

Abbildung 6.3. Durch orthogonale Projektion gewonnenes Voronoi-Diagramm

Korollar 6.13
Die Gesamtzahl aller Zellen des Voronoi-Diagramms einer m-elementigen Punktmenge in $\mathbb{R}^n$ liegt in $O(m^{\lceil n/2 \rceil})$.

Beweis. Die Gesamtzahl der Seiten aller Zellen des Voronoi-Diagramms kann durch die maximale Anzahl der Seiten eines $\mathcal{H}$-Polyeders mit m Facetten in $\mathbb{R}^{n+1}$ abgeschätzt werden. Die duale Version des asymptotischen Upper-Bound-Theorems 3.44 impliziert daher, dass die Gesamtanzahl der Seiten $O(m^{\lceil n/2 \rceil})$ ist, denn es gilt $\lfloor (n+1)/2 \rfloor = \lceil n/2 \rceil$. □

Der Satz 6.12 besagt insbesondere, dass der gesamte Raum in das relativ Innere der Zellen von VD(S) partitioniert ist. Für einen beliebigen Punkt $x \in \mathbb{R}^n$ sei

$$\mathbb{B}_S(x) := \{y \in \mathbb{R}^n : \text{dist}(x,y) < \text{dist}(x,s) \text{ für alle } s \in S\} \qquad (6.4)$$

die größte offene Kugel mit Mittelpunkt x, die keine Punkte aus S enthält. Außerdem setzen wir

$$S(x) := \partial \mathbb{B}_S(x) \cap S.$$

Satz 6.14
Die eindeutig bestimmte relativ offene Zelle von VD(S), die einen gegebenen Punkt $x \in \mathbb{R}^n$ enthält, hat die Dimension $n - \dim \text{aff } S(x)$.

Beweis. Der Punkt x ist genau dann in einer relativ offenen k-Zelle C von VD(S), wenn es eine Folge von Facetten $F_1, \ldots, F_{n-k+1}$ des Polyeders $\bigcap_{s \in S} T(s)^+$ gibt, für die gilt

$$G_1 \supsetneq G_2 \supsetneq \cdots \supsetneq G_{n-k+1} =: G, \qquad (6.5)$$

wobei $G_i := F_1 \cap \cdots \cap F_i$ und C die senkrechte Projektion von G auf $\mathbb{R}^n$ ist; vergleiche Aufgabe 3.57. Die absteigende Kettenbedingung in (6.5) ist genau dann für die Facetten $F_1, \ldots, F_{n-k+1}$ erfüllt, wenn $G = F_1 \cap \cdots \cap F_{n-k+1}$ nicht leer ist und die Normalen der Facetten linear unabhängig sind.

Nach Lemma 6.10 ist $(2s_1, \ldots, 2s_n, -1)^T$ ein Normalenvektor der Facette $T(s)$ für $s \in S$. Damit sind die Normalenvektoren der Facetten zu einer Teilmenge $S' \subseteq S$ genau dann linear unabhängig, wenn die Punkte aus S' affin unabhängig sind.

Insgesamt ergibt sich hieraus die Behauptung. $\square$

Im nächsten Teilabschnitt werden wir uns besonders mit dem ebenen Fall $n = 2$ befassen. Daher sind wir an den folgenden Spezialisierungen aus dem Satz 6.14 interessiert.

Korollar 6.15
Sei $S \subseteq \mathbb{R}^2$.
a. *Ein Punkt $x \in \mathbb{R}^2$ ist genau dann eine Ecke des Voronoi-Diagramms $\mathrm{VD}(S)$, wenn $S(x)$ mindestens drei Punkte enthält.*
b. *Ein Punkt $x \in \mathbb{R}^2$ liegt genau dann im relativ Inneren einer Kante von $\mathrm{VD}(S)$, wenn $S(x)$ genau zwei Punkte enthält.*

Für eine Ecke x des Voronoi-Diagramms $\mathrm{VD}(S)$ heißt $\mathbb{B}_S(x)$ in (6.4) die *Voronoi-Kreisscheibe* um x. Der Rand $\partial\mathbb{B}_S(x)$ heißt auch *Voronoi-Kreis*.

Aufgabe 6.16. Zeigen Sie: Falls jede $(n+2)$-elementige Teilmenge von $S \subseteq \mathbb{R}^n$ nicht auf einer gemeinsamen $(n-1)$-Sphäre liegt, dann ist das geliftete Polyeder einfach, und damit ist auch jede Voronoi-Region einfach.

Falls diese Bedingung erfüllt ist, sagen wir, dass die Punkte aus S in *allgemeiner Lage* liegen. Beachten Sie, dass wir allgemeine Lage in Kapitel 3 und Abschnitt 5.3 anders definiert haben: Es handelt sich eben um einen kontextabhängigen Begriff.

6.4   Der Wellenfront-Algorithmus

Wie bei der Berechnung der konvexen Hülle in Abschnitt 5.3 gibt es auch für die Berechnung von Voronoi-Diagrammen spezialisierte Algorithmen, die den ebenen Fall behandeln. Wir wollen hier einen Algorithmus von Fortune [40] vorstellen. Zunächst behandeln wir die geometrische Idee, um uns anschließend der Frage nach der Komplexität zu widmen. Dabei kommt es wesentlich auch auf die eingesetzten Datenstrukturen an. Dies stellt eine Ausnahme innerhalb unseres Buches dar.

Fortunes Wellenfront-Algorithmus gehört zu den sogenannten *Sichtlinien-Verfahren* (engl. „sweepline methods"). Der Grundgedanke ist hierbei, das Voronoi-Diagramm zu einer endlichen Punktmenge $S \subseteq \mathbb{R}^2$ schrittweise aufzubauen. Dazu kann man sich die vertikale Achse wie eine Zeitskala vorstellen, die von oben nach unten durchlaufen wird. In diesem Sinn ist dem Algorithmus zu einem beliebigen Zeitpunkt τ nur ein gewisser Teil des Voronoi-Diagramms *bekannt*. Für einen Punkt s der Eingabemenge S gilt dann: s ist zum Zeitpunkt τ bekannt, falls $s_2 \geq \tau$ ist. Die horizontale Gerade $H_\tau = [-\tau : 0 : 1]$ ist die Sichtlinie zum Zeitpunkt τ, und der affine Halbraum $[-\tau : 0 : 1]^+$ enthält die bereits bekannten Punkte aus S. Es stellt sich dann die Frage, welcher Teil des Voronoi-Diagramms zum Zeitpunkt τ bereits bekannt ist.

Die Menge aller Punkte in $\mathbb{R}^2$, die gleich weit entfernt liegen von einem Punkt p und einer (nicht inzidenten) Geraden G ist eine Parabel, die wir hier $\text{Par}(p, G)$ nennen wollen, vergleiche Aufgabe 6.18. Für jeden zum Zeitpunkt τ bekannten Punkt $s \in S$ mit $s_2 > \tau$ liegen diejenigen Punkte, die näher an s sind als an jedem möglichen noch unbekannten, oberhalb der Parabel $\text{Par}(s, H_t)$. Der Begriff „oberhalb" ergibt hier Sinn, weil die Symmetrieachse von $\text{Par}(s, H_\tau)$ parallel zur vertikalen Achse verläuft. Der Zeitpunkt τ heißt *generisch*, falls $H_\tau \cap S = \emptyset$. Bezeichnen wir die Menge der Punkte oberhalb oder auf der Parabel mit $\text{Par}(s, H_\tau)^+$, in Anlehnung an die Notation für affine Halbräume, so ergibt sich das folgende Lemma.

Lemma 6.17
Derjenige Teil des Voronoi-Diagramms $\text{VD}(S)$, *der zum Zeitpunkt τ bekannt ist, liegt in der Menge*

$$\bigcup_{s \in S} \text{Par}(s, H_\tau)^+,$$

für jeden generischen Zeitpunkt $\tau \in \mathbb{R}$.

Die Menge $\bigcup_{s \in S} \text{Par}(s, H_\tau)^+$ ist homöomorph zu einem affinen Halbraum, falls τ generisch ist. Ihr Rand B_τ ist eine Vereinigung von Parabelbögen, die aussieht wie Wellen, die an einen Strand schwappen; vergleiche Abbildung 6.4. Daher wird die Randkurve im Englischen „beach line" genannt, und dies gibt dem Verfahren seinen Namen. Beachten Sie, dass jede vertikale Gerade die *Wellenfront* B_τ genau einmal trifft; diese Eigenschaft überträgt sich von den einzelnen Parabeln.

Aufgabe 6.18. Bestimmen Sie eine Parametrisierung der Parabel $\text{Par}(s, H_\tau)$ für gegebene $s \in S$ und $\tau \in \mathbb{R}$. Gesucht sind also $a, b, c \in \mathbb{R}$, so dass gilt

$$\text{Par}(s, H_\tau) = \left\{ \begin{pmatrix} x \\ ax^2 + bx + c \end{pmatrix} : x \in \mathbb{R} \right\},$$

unter der Voraussetzung $s_2 > \tau$.

Ein Punkt $s \in S$ mit der Eigenschaft, dass $\text{Par}(s, H_\tau)$ zur Wellenfront beiträgt, heißt *aktiv* zum Zeitpunkt τ.

Wir wollen uns kurz überlegen, was zu einem nicht generischen Zeitpunkt τ passiert. Für genügend kleines $\varepsilon > 0$ ist $\tau - \varepsilon$ ein generischer Zeitpunkt. Je kleiner ε dabei ist, desto steiler wird die Parabel. Dies wird durch die folgende Aufgabe präzisiert.

Aufgabe 6.19. Sei $s = (s_1, s_2)^T \in S$ ein Punkt mit $\tau = s_2$. Zeigen Sie, dass gilt

$$\lim_{\varepsilon \to 0^+} \text{Par}(s, H_{\tau-\varepsilon}) = \left\{ \begin{pmatrix} s_1 \\ \sigma \end{pmatrix} \in \mathbb{R}^2 : \sigma \geq s_2 \right\}.$$

Hierbei ist Konvergenz in der Hausdorff-Metrik gemeint. Wie kann man damit die Wellenfront auch für nichtgenerische Zeiten definieren? Hinweis: Sehen Sie sich den Schnappschuss 2 in Abbildung 6.4 an.

Lemma 6.20
Falls τ generisch ist, ist jeder Parabelbogen in $\text{Par}(s, H_\tau) \cap B_\tau$, für $s \in S$, in der zugehörigen Voronoi-Region $\text{VR}_S(s)$ enthalten.

Die Menge $\text{Par}(s, H_\tau) \cap B_\tau$ kann aus mehreren Parabelbögen bestehen, siehe zum Beispiel Schnappschuss 2 in Abbildung 6.4: Dort wird der Parabelbogen zu b geteilt, wenn der Punkt d bekannt wird, also zum Zeitpunkt d_2.

Beweis. Zu $x \in \text{Par}(s, H_\tau) \cap B_\tau$ sei $\delta := \text{dist}(x, s) = \text{dist}(x, H_\tau)$. Nehmen wir an $x \notin \text{VR}_S(s)$. Nach Korollar 6.15 enthält die offene Kreisscheibe B um x mit Radius δ dann einen Punkt $r \in S$. Wegen $B \subseteq H_\tau^+$ ist r zum Zeitpunkt τ bekannt. Nun ist aber x oberhalb der Parabel $\text{Par}(r, H_\tau)$, im Widerspruch dazu, dass x auf der Wellenfront B_τ liegt. $\square$

Die nächste Frage ist, wie sich die Wellenfront verändert, wenn die Zeit τ (in Richtung kleinerer Werte) voranschreitet. Relevant ist natürlich, wenn ein Punkt $s = (s_1, s_2)^T \in S$ erstmals bekannt wird; siehe Schnappschuss 2 in Abbildung 6.4. Diesen Zeitpunkt s_2 wollen wir als *Punktereignis* bezeichnen. Eine Konsequenz aus Lemma 6.20 und der Konvexität der Voronoi-Regionen ist es, dass neue Parabelbögen auf der Wellenfront ausschließlich durch Punktereignisse entstehen können: Es ist nicht möglich, dass die Wellenfront von hinten von einer Parabel durchstoßen wird. Für generisches τ hat die Wellenfront B_τ konstruktionsbedingt, als Vereinigung endlich vieler Parabelbögen, nur endlich viele Stellen, an denen sie nicht differenzierbar ist; diese nennen wir *Knicke*.

Lemma 6.21
Falls τ generisch ist, liegt jeder Knick von B_τ auf einer Kante des Voronoi-Diagramms.

Beweis. Sei x ein Knick in der Wellenfront B_τ zum Zeitpunkt τ. Dann existieren zwei aktive Punkte $r, s \in S$ mit $x \in \text{Par}(r, H_\tau) \cap \text{Par}(s, H_\tau)$, und die Behauptung folgt aus Lemma 6.20. $\square$

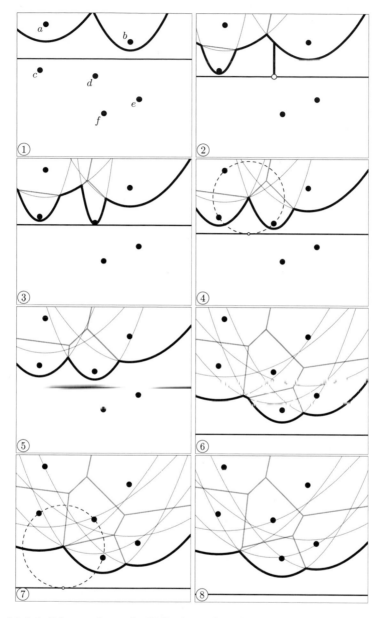

Abbildung 6.4. Acht Schnappschüsse des Wellenfront-Algorithmus

Wir wollen annehmen, dass die Vertikale $[-s_1 : 1 : 0]$ durch s die Wellenfront B_{s_2} im Punkt x trifft, der auf einem eindeutigen Parabelbogen $\mathrm{Par}(r, H_{s_2})$ liegt; dabei ist $r \in S$ ein aktiver Punkt. Nach Konstruktion ist $x \in \mathrm{VR}_S(r) \cap \mathrm{VR}_S(s)$, und $\mathrm{VR}_S(r) \cap \mathrm{VR}_S(s)$ ist eine Kante des Voronoi-Diagramms; diese Kante wird zum Zeitpunkt s_2 erstmals (teilweise) bekannt. Für genügend kleines $\varepsilon > 0$ liegt ein Teil der Parabel Par$(s, H_{s_2-\varepsilon})$ auf der Wellenfront, sagen wir mit den Knicken x und y. Dann ist die Strecke $[x, y]$ der Schnitt der Voronoi-Kante $\text{VR}_S(r) \cap \text{VR}_S(s)$ mit der Menge oberhalb der Wellenfront. Durch Punktereignisse werden also neue Kanten entdeckt.

Jede Ecke v von $\text{VR}(S)$ liegt nach Korollar 6.15 auf einem Kreis durch mindestens drei Punkte aus S. Wir nennen den Zeitpunkt, zu dem ein Kreis durch mindestens drei Punkte aus S vollständig bekannt ist, ein *Kreisereignis*. Anders gesagt: Zum Zeitpunkt τ findet ein Kreisereignis statt, falls die Sichtline H_τ untere Tangente an einem Kreis durch drei Punkte aus S ist. Jedoch erzeugen wegen Korollar 6.15 nur diejenigen Kreisereignisse auch Voronoi-Ecken, die zu Kreisscheiben gehören, deren Inneres keine Punkte aus S enthält.

Damit können wir nun das Verschwinden eines Parabelbogens γ aus der Wellenfront untersuchen. Seien γ' und γ'' der linke bzw. rechte Nachbar von γ in der Wellenfront. Zu diesen drei Parabelbögen gehören drei Punkte $s, s', s'' \in S$. Wir nehmen nun an, dass der Parabelbogen γ zum Zeitpunkt τ verschwindet. Zum etwas späteren generischen Zeitpunkt $\tau - \varepsilon$ sind dann γ' und γ'' in der Wellenfront benachbart. Also sind wegen Lemma 6.21 auch die Voronoi-Regionen $\text{VR}_S(s')$ und $\text{VR}_S(s'')$ in $\text{VD}(S)$ benachbart. Zum Zeitpunkt τ schrumpft γ zu einem Punkt v. Nach Konstruktion gilt $\delta := \text{dist}(v, s) = \text{dist}(v, s') = \text{dist}(v, s'')$, und v ist eine Voronoi-Ecke. Außerdem ist der Abstand der Sichtlinie von v zum Zeitpunkt τ ebenfalls gleich δ. Das heißt aber, dass τ Kreisereignis zum Punktetripel (s, s', s'') ist. Diese Situation ist dargestellt in den Schnappschüssen 4 und 7 der Abbildung 6.4.

Aufgabe 6.22.   Zeigen Sie, dass zu jedem generischen Zeitpunkt τ höchstens $2|S| - 2$ Knicke in der Wellenfront B_τ existieren.

Datenstrukturen

Für die Laufzeitanalyse des Wellenfront-Algorithmus spielt es eine gewichtige Rolle, wie genau die geometrischen Daten abgelegt werden. Wir skizzieren hier nur die wesentlichen Ideen und verweisen den Leser für weitere Details zur Implementierung außer auf die Originalarbeit [40] auch die Bücher [32] und [64].

Wir müssen uns darüber Gedanken machen, auf welche Art wir die Ausgabe, also das Voronoi-Diagramm einer Punktmenge in der Ebene, abspeichern wollen. Die Besonderheit in der Ebene ist die, dass man sich dabei ganz auf die Voronoi-Kanten konzentrieren kann. Jede Voronoi-Region ist ein (möglicherweise unbeschränktes) Polygon, und dessen Kanten lassen sich zyklisch anordnen. Jede Kante ist in genau zwei Regionen enthalten. Wenn man daher jede Kante doppelt speichert mit ihren Endpunkten und ihren beiden verschiedenen Orientierungen, dann sind die Regionen implizit dargestellt durch die Abfolge ihrer Kanten. Jede orientierte Kante steht somit für ein inzidentes Paar von Voronoi-Kante und

Voronoi-Region. Die Voronoi-Ecken sind ebenfalls implizit dargestellt, und zwar als Endpunkte der Kanten.

Je nach konkreter Ausgestaltung der Datenstruktur könnte es problematisch sein, dass manche Regionen unbeschränkt sind, die Abfolge der Kanten in zyklischer Reihenfolge sich also nicht zu einem Kreis schließt. Das ist aber leicht zu beheben, indem man als künstliche Voronoi-Ecken die enstprechenden Fernpunkte der Geraden nimmt, auf denen die Kanten liegen. Diese Fernpunkte lassen sich wiederum durch künstliche Voronoi-Kanten auf der Ferngerade so verbinden, dass dann jede Voronoi-Region als geschlossener Kreis von (echten oder künstlichen) Voronoi-Kanten dargestellt werden kann. In der Praxis ist es oft üblich, statt künstlicher Voronoi-Ecken auf der Ferngerade Punkte auf dem Rand eines Rechtecks zu wählen, das groß genug ist, alle Punkte aus S und alle Ecken von $VD(S)$ zu enthalten (engl. „bounding box").

Die Datenstruktur selbst ist dann eine *doppelt verkettete Liste* von orientierten Kanten, die auch *Halbkanten* genannt werden, von denen jede ihre beiden Endpunkte kennt und auf die zyklisch nächste Halbkante verweist. Zusätzlich gibt es einen Verweis auf die parallele Halbkante, also dieselbe Kante mit der jeweils anderen Orientierung. Diese Datenstruktur ist auch unter dem Namen *Halbkanten-Modell* (engl. „half-edge data structure") bekannt. Zur Implementierung doppelt verketteter Listen sei auf [29, §10.2] verwiesen.

Abschließend sei erwähnt, dass das Halbkanten-Modell zur Speicherung beliebiger planarer Graphen und sogar beliebiger Zellzerlegungen von orientierten Flächen geeignet ist.

Bevor wir nun in die detaillierte Beschreibung des Wellenfront-Algorithmus einsteigen, fehlt uns noch eine geeignete Codierung der Wellenfront selbst. Dabei ist der exakte Verlauf der einzelnen Parabelbögen unwesentlich. Wichtig ist nur die kombinatorische Information, wie viele Parabelbögen in der Wellenfront sind, zu welchen Punkten aus S sie gehören, und in welcher Reihenfolge die Parabelbögen auftreten.

Beispiel 6.23
Die Wellenfront aus Abbildung 6.5 lässt sich in diesem Sinn beispielsweise durch die geordnete Punktfolge $(s^{(1)}, s^{(2)}, s^{(3)}, s^{(4)}, s^{(5)})$ codieren, und die Knicke entsprechen aufeinander folgenden Paaren von Punkten.

Es können aber auch Punkte mehrfach auftreten: Zum Beispiel lässt sich die Wellenfront kurz nach dem Punktereignis in Schnappschuss 2 der Abbildung 6.4 als (a, c, a, b, d, b) schreiben.

Aus Komplexitätsgründen ist die Codierung der Wellenfront als geordnete Liste allerdings ungünstig. Besser ist es, einen *binären Suchbaum* zu verwenden. Die Blätter des Suchbaums enthalten Punkte aus s, die für jeweils einen Parabelbogen stehen. Ein innerer Knoten steht für einen Knick (r, s), falls r das größte Blatt

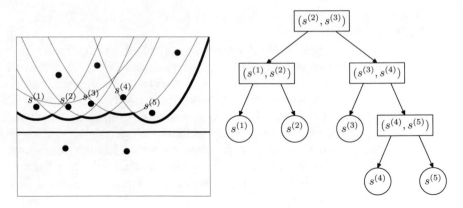

Abbildung 6.5. Wellenfront aus fünf Parabelbögen und eine Realisierung als Suchbaum

im linken Teilbaum ist und s das kleinste im rechten Teilbaum; vergleiche Abbildung 6.5. Insbesondere werden, im Gegensatz zu der Listenschreibweise, hier die Knicke explizit dargestellt.

Für weitere Details zur Implementierung der Suchbaumdarstellung der Wellenfront sei auf das Buch [32] verwiesen. Allgemeine binäre Suchbäume werden in [29, §12] behandelt.

Die Suchbaumstruktur für die Wellenfront allein genügt nicht, um eine günstige Laufzeit des Verfahrens zu gewährleisten. Es muss garantiert werden, dass die Höhe des Suchbaums zu jedem Zeitpunkt von der Größenordnung $O(\log m)$ ist, wobei $m = |S|$ gilt. Einen Suchbaum mit dieser Eigenschaft nennt man *balanciert*. Hierbei ist zu beachten, dass die Codierungslänge der Wellenfront selbst, also die Anzahl von Parabelbögen und Knicken, linear in m ist; vergleiche Aufgabe 6.22. Damit ist es möglich, in $O(\log m)$ Zeit Parabelbögen einzufügen oder zu löschen.

Für die Balance von Suchbäumen gibt es zahlreiche Konzepte, beispielsweise die sogenannten „Rot-Schwarz-Bäume" [29, §13].

Schließlich muss noch eine Datenstruktur für die Punkt- und Kreisereignisse festgelegt werden. Auch hier kommt es auf die (zeitliche) Reihenfolge an, und somit wäre prinzipiell eine Liste oder ein Suchbaum geeignet zur Darstellung. Jedoch ist es hier entscheidend, das jeweils nächste Ereignis unmittelbar zu sehen, ohne suchen zu müssen. Daher ist ein Suchbaum ungeeignet. Andererseits ist wiederum das schnelle Einfügen von Ereignissen an der richtigen Stelle in der Sortierreihenfolge wichtig. Daher kommt auch eine Liste nicht infrage. Die Lösung ist ein *Heap*, der es erlaubt, das nächste Ereignis unmittelbar (das heißt in konstanter Zeit) zu sehen und dieses Ereignis nach Bearbeitung in logarithmischer zu löschen. Zusätzlich muss garantiert sein, dass sich beliebige neue Ereignisse ebenfalls in $O(\log m)$ Zeit einfügen lassen. Geeignet ist etwa ein *binomialer Heap* [29, §19].

6.4.1 Der Algorithmus

Unter Verwendung der zuvor diskutierten Datenstrukturen beschreiben wir nun den eigentlichen Algorithmus. Hierbei ist B ein balancierter Suchbaum, der die Wellenfront repräsentiert. Die Warteschlange Q nimmt anstehende Ereignisse auf, die in der Reihenfolge ihres Auftretens geordnet sind. Jedes Ereignis in der Warteschlange Q ist durch Punktkoordinaten dargestellt. Die Sichtlinie wird nur implizit dargestellt durch das jeweils nächste Ereignis.

Die durch die Warteschlangen- bzw. Heapstruktur aufgeprägte Reihenfolge enstpricht genau der Sortierung nach der y-Koordinate der Ereignisse. Weil die Sichtlinie von oben nach unten fährt, stehen Punkte mit großer y-Koordinate für frühe Ereignisse. Dabei wird ein Punktereignis zu $s \in S$ durch den Punkt s selbst codiert. Ein Kreisereignis wird durch den untersten Punkt des Kreises dargestellt: Wenn die Sichtlinie den untersten Punkt erreicht, ist die gesamte Kreisscheibe sichtbar.

Für eine korrekte Implementierung ist es wichtig, dass die Ereignisse in Q jedoch nicht isoliert abgelegt sind. Notwendig ist, dass man Punkt- von Kreisereignissen unterscheiden kann. Sinnvoll ist außerdem, dass ein Punkt, der für ein Kreisereignis steht, auch Verweise auf die Punkte aus S bei sich trägt, die den Kreis definieren. Dazu kommen noch eine Reihe ähnlicher Verweise zwischen den Datenstrukturen B und Q. Aber auch hierbei belassen wir es bei der Schilderung der wesentlichen Ideen. Die Bearbeitung des eigentlichen Voronoi-Diagramms im Halbkanten-Modell unterdrücken wir in unserem Pseudocode weitgehend. Dies hat zur Folge, dass im Algorithmus 6.1 zwar $VD(S)$ als Ausgabe versprochen wird, aber trotzdem kein Rückgabewert aufgeführt ist.

Für die Analyse wollen wir zunächst annehmen, dass die Punkte aus S in allgemeiner Lage liegen, also höchstens je drei auf einem Kreis. Den Fall, dass diese Bedingung nicht erfüllt ist, betrachten wir am Ende dieses Abschnitts.

Bevor wir die beiden Unterprogramme zur Behandlung von Punkt- und Kreisereignissen auf Seite 99 genauer ansehen, schätzen wir die Komplexität der Schritte des Hauptprogramms ab. Die Initialisierung des Heaps Q hat die Zeitkomplexität $O(m \log m)$ (bei geeigneter Implementierung sogar nur $O(m)$), denn es gibt genau m Punktereignisse. Die Anzahl der auftretenden Kreisereignisse abzuschätzen ist etwas subtiler, weil es Kreisereignisse geben kann, die nicht zu Voronoi-Ecken führen. Die Analyse der Schritte 10 bis 12 des Unterprogramms Behandele-Punktereignis zeigt jedoch, dass jede Voronoi-Kante höchstens zwei (potenzielle) Kreisereignisse auslöst. Aus Korollar 6.13 folgt dann, dass es insgesamt nur $O(m)$ Ereignisse gibt; die Schritte 3 bis 8 in Algorithmus 6.1 werden also höchstens $O(m)$ oft durchlaufen. Ein Ereignis aus Q zu löschen benötigt $O(\log m)$ Zeit, wenn Q etwa als binomialer Heap realisiert ist. Wir werden unten zeigen, dass jedes einzelne Punkt- oder Kreisereignis auch nur logarithmische Zeit benötigt. Damit folgt dann, dass der Gesamtaufwand für den Wellenfront-Algorithmus $O(m \log m)$ beträgt.

Eingabe : endliche Punktmenge $S \subseteq \mathbb{R}^2$
Ausgabe : VD(S) im Halbkanten-Modell
1 $\mathcal{B} \leftarrow \emptyset$
2 Initialisiere Q mit allen Punktereignissen aus S.
3 **while** $Q \neq \emptyset$ **do**
4      $e \leftarrow$ nächstes Ereignis in Q; entferne e aus Q
5   **if** e Punktereignis zu $s \in S$ **then**
6   `Behandele-Punktereignis`$(s, Q, \mathcal{B})$
7   **else**
8   `Behandele-Kreisereignis`$(e, Q, \mathcal{B})$

Algorithmus 6.1. Wellenfront-Algorithmus

In der Suchbaumstruktur $\mathcal{B}$ für die Wellenfront wie in Abbildung 6.5 wird jeder Parabelbogen γ implizit als ein Tripel $[(r, s), s, (s, t)]$ codiert, wobei $r, s, t \in S$ sind. Die Punktepaare (r, s) und (s, t) stehen für die Knicke, die den Parabelbogen begrenzen. Insbesondere gehört der Parabelbogen links neben γ zum Punkt r und der rechts zum Punkt t.

Für die Korrektheit ist zu beachten, dass die Kreisereignisse dem jeweils tiefsten Punkt eines Voronoi-Kreises zugeordnet sind. Daher werden die Punktereignisse zu Punkten, die auf einem Voronoi-Kreis liegen, also ein Kreisereignis auslösen, stets rechtzeitig behandelt, bevor das Kreisereignis anfällt. Dies gilt auch im Sonderfall, dass der dritte Punkt aus S auf einem Voronoi-Kreis gleichzeitig der tiefste ist, dass also das Kreisereignis mit einem zugehörigen Punktereignis zeitlich zusammenfällt. Dann wird der Parabelbogen zum tiefsten Punkt erzeugt und unmittelbar danach wieder durch das soeben erst bekannt gewordene Kreisereignis wieder gelöscht. Insbesondere beginnt der Algorithmus 6.1 stets mit mindestens drei Punktereignissen, bevor das erste Kreisereignis auftritt.

Zeitgleich auftretende Punktereignisse können in beliebiger Reihenfolge bearbeitet werden. Das gleiche gilt für zeitgleich auftretende Kreisereignisse, da wir allgemeine Lage vorausgesetzt hatten: Je zwei Kreisereignisse treten möglicherweise zur selben Zeit, aber dann an verschiedenem Ort auf. Zeitgleiche Punkt- und Kreisereignisse, die nichts mit einander zu tun haben, sind unproblematisch. Und den einzigen kritischen Fall, in dem ein Kreisereignis durch ein zeitgleiches Punktereignis ausgelöst wird, haben wir bereits diskutiert.

Der Schritt 3 in `Behandele-Kreisereignis` ist gewissermaßen die Umkehrung des Schrittes 8 in `Behandele-Punktereignis`: Dort werden nur Parabelbögen gelöscht, die zuvor durch ein Punktereignis erzeugt wurden. In Schritt 11 von `Behandele-Punktereignis` werden auch redundante Kreisereignisse erzeugt, die aber in Schritt 4 von `Behandele-Kreisereignis` erkannt und gelöscht werden.

---

1 **Prozedur:** Behandele-Punktereignis $(s, Q, \mathcal{B})$

2 **if** $\mathcal{B} = \emptyset$ **then**

3 $\quad$ Füge s in $\mathcal{B}$ ein.

4 **else**

5 $\quad$ Sei $\gamma = ((p,q), q, (q,r))$ Parabelbogen in $\mathcal{B}$ oberhalb von s.

6 $\quad$ **if** γ verweist auf ein Kreisereignis in Q **then**

7 $\quad\quad$ lösche dieses

8 $\quad$ Ersetze γ in $\mathcal{B}$ durch die drei Parabelbögen

$$[(p,q), q, (q,s)], \ [(q,s), s, (s,q)], \ [(s,q), q, (q,r)].$$

9 $\quad$ Erzeuge ein Paar neuer Halbkanten für die Voronoi-Kante $\mathrm{VR}(q) \cap \mathrm{VR}(s)$.

10 $\quad$ Berechne Schnittpunkt $v = (v_1, v_2)^T$ der Voronoi-Kante zum Parabelbogen $\gamma := ((q,s), s, (s,q))$ und der Voronoi-Kante zum links daneben liegenden Parabelbogen.

11 $\quad$ Füge $(v_1, v_2 - \mathrm{dist}(v,s))$ als potenzielles Kreisereignis e in Q ein.

12 $\quad$ Der Parabelbogen γ erhält einen Verweis auf e und umgekehrt.

13 $\quad$ Verfahre analog zu den Schritten 10 bis 12 mit dem Parabelbogen rechts neben γ.

---

1 **Prozedur:** Behandele-Kreisereignis $(e, Q, \mathcal{B})$

2 Sei γ Parabelbogen, der durch das Kreisereignis e verschwindet.

3 Lösche γ aus $\mathcal{B}$ und aktualisiere dabei die benachbarten inneren Knoten.

4 Lösche sämtliche Kreisereignisse aus Q, auf die γ oder einer seiner beiden Nachbarn zeigen.

5 Erzeuge Mittelpunkt z des Kreises zu e als neue Voronoi-Ecke.

6 Erzeuge ein Paar neuer Halbkanten zu dem neuen Knick, der durch Löschen von γ entsteht.

7 Trage z als Endpunkt der beteiligten Kanten ein.

8 Verlinke die Kanten im Sinne des Halbkantenmodells untereinander.

Beispiel 6.24

Wir wollen zeigen, wie sich das in Schnappschuss 2 von Abbildung 6.4 darge-stellte Punktereignis auf die Ereigniswarteschlange Q auswirkt. Bevor das Punkt-ereignis zum Punkt d abgearbeitet wird, enthält die Warteschlange drei Punktereignisse und ein Kreisereignis:

$$Q = (d, (a, b, c), e, f).$$

Das Punktereignis d erzeugt zwei neue Kreisereignisse. Danach, also zur generischen Zeit $\tau = d_2 - \varepsilon$, gilt:

$$Q = ((a, b, d), (a, c, d), e, f).$$

Die beiden Kreisereignisse führen (a, b, d) und (a, c, d) später zu Voronoi-Ecken. Das Kreisereignis (a, b, c) verschwindet zum Zeitpunkt d_2 (in Schritt 7 von `Behandele-Punktereignis`), weil damit erkannt wird, dass d im Umkreis von a, b und c liegt.

Es bleibt zu klären, was passiert, wenn die Punkte aus S nicht in allgemeiner Lage liegen. Das vielleicht Überraschende ist, dass unser Verfahren auch dann fast ohne Änderung funktioniert. Tatsächlich würde der Wellenfront-Algorithmus in diesem Fall auch ein gültiges Voronoi-Diagramm produzieren, in dem allerdings einige Kanten die Länge 0 hätten. Diese lassen sich in einem Nachbearbeitungsschritt aber in linearer Zeit aufspüren und löschen.

6.5   Bestimmung des nächsten Nachbarn

Wir betrachten nun das bereits in der Einleitung beschriebene algorithmische Problem der Bestimmung des nächsten Nachbarn bzw. des nächsten Postamtes: Zu einer gegebenen endlichen Punktmenge $S \subseteq \mathbb{R}^2$ und $p \in \mathbb{R}^2$ soll derjenige Punkt $s \in S$ bestimmt werden, der dist(p, s) minimiert. Dieses Problem ist natürlich ganz elementar zu lösen, indem man die Abstände von p zu allen Punkten aus S der Reihe nach vergleicht. Besteht S aus m Punkten, dann benötigt man für dieses Vorgehen $O(m)$ Schritte.

Wenn man aber die Situation betrachtet, in der die Konfiguration der Punktmenge S stets gleich bleibt und sich in einer neuen Anfrage lediglich der Punkt p ändert, dann stellt sich das ganze anders dar. Für den Fall, dass man sehr viele Anfragen erwartet, lohnt es sich, einmal am Anfang mehr Zeit zu investieren, um dann später schneller die einzelnen Anfragen bearbeiten zu können. Im Folgenden ist m wiederum die Kardinalität von S.

Das Ziel ist es, eine Datenstruktur zu beschreiben, die es erlaubt, jede einzelne Abfrage in logarithmischer Zeit zu beantworten. Dazu berechnen wir zuerst das Voronoi-Diagramm von S mittels Fortunes Wellenfront-Algorithmus in $O(m \log m)$ Schritten.

Durch jede Voronoi-Ecke ziehen wir dann wie in Abbildung 6.6 eine vertikale Gerade. Diese zusätzlichen Geraden zerlegen das Voronoi-Diagramm in Dreiecke, Trapeze bzw. in den äußeren Regionen in entsprechende unbeschränkte Polygone. Diese vertikalen Schichten sind von links nach rechts geordnet.

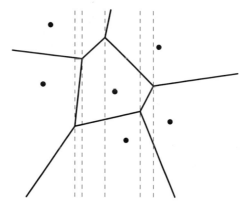

Abbildung 6.6. Vertikale Schichten im Voronoi-Diagramm zur Beantwortung von Anfragen nach dem nächsten Nachbarn

Wenn man sie in einem balancierten Suchbaum ablegt, lässt sich die Schicht jedes Punkts $p \in \mathbb{R}^2$ über seine erste Koordinate p_1 in $O(\log m)$ Zeit lokalisieren.

Nach Konstruktion enthält keine vertikale Schicht einen Knoten im Inneren, so dass alle Voronoi-Kanten innerhalb einer Schicht vertikal geordnet sind. Organisiert man die Kanten in jeder Schicht wiederum als balancierte Suchbäume, so lässt sich mittels der zweiten Koordinate p_2 mit nochmaligem Aufwand von $O(\log m)$ Schritten das Paar von Kanten bestimmen, das direkt oberhalb und unterhalb von p liegt.

Satz 6.25
Für eine m-elementige Punktmenge $S \subseteq \mathbb{R}^2$ kann in $O(m^2 \log m)$ Zeit eine Datenstruktur bereitgestellt werden, mit der Anfragen nach dem nächsten Nachbarn in S mit Aufwand $O(\log m)$ beantwortet werden können.

Beweis. Das Voronoi-Diagramm VD(S) kann man in $O(m \log m)$ Zeit berechnen. Da es linear viele Voronoi-Ecken gibt, gibt es auch linear viele vertikale Schichten. In jeder liegen höchstens linear viele Kanten. Insgesamt müssen also $O(m)$ balancierte Suchbäume mit je $O(m)$ Knoten initialisiert werden. □

6.6 Aufgaben

Aufgabe 6.26. Sei S die Eckenmenge des n-dimensionalen Kreuzpolytops. Bestimmen Sie den f-Vektor des Voronoi-Diagramms VD(S).

Aufgabe 6.27.   Wiederum bezeichnen wir mit $e^{(1)}, \ldots, e^{(n)}$ die Standardbasisvektoren von $\mathbb{R}^n$. Die Ecken des Standardwürfels $[0,1]^n$ sind genau die Summen paarweise verschiedener Standardbasisvektoren. Zeigen Sie, dass die $n!$ Simplexe

$$\Delta(\sigma) := \operatorname{conv}\{0, e^{(\sigma(1))}, e^{(\sigma(1))} + e^{(\sigma(2))}, \ldots, e^{(\sigma(1))} + e^{(\sigma(2))} + \cdots + e^{(\sigma(n))}\}$$

eine Triangulierung von $[0,1]^n$ erzeugen, wobei σ alle Elemente der symmetrischen Gruppe $\operatorname{Sym}\{1, \ldots, n\}$ durchläuft. Zeigen Sie zusätzlich, dass jedes Simplex $\Delta(\sigma)$ dasselbe Volumen (also $1/n!$) hat.

Aufgabe 6.28.   Geben Sie für beliebiges $m \in \mathbb{N}$ eine m-elementige Punktmenge in $\mathbb{R}^2$ (in allgemeiner Lage) an, für die der Wellenfront-Algorithmus alle Punktereignisse abarbeitet, bevor danach alle Kreisereignisse behandelt werden.

6.7   Anmerkungen

Voronoi-Diagramme sind in den vergangenen Jahrhunderten unabhängig voneinander in verschiedenen Wissenschaftsdisziplinen aufgetreten. Ihr methodischer Einsatz innerhalb der Mathematik geht auf Dirichlet (1850) und Voronoi (1908) zurück, die die Diagramme zur Untersuchung quadratischer Formen heranzogen. Die Darstellung eines Voronoi-Diagramms findet sich aber beispielsweise bereits bei Descartes (1644) zur Visualisierung der Massenverteilung in unserem Sonnensystem.

Ausführlichere Darstellungen zum Thema finden sich in den Büchern von Edelsbrunner [37], Boissonat und Yvinec [16] oder de Berg et al. [32].

7 Delone-Triangulierungen

Die Nützlichkeit von Voronoi-Diagrammen hatten wir uns ja bereits anhand der Anwendung in Abschnitt 6.5 vor Augen geführt. Tatsache ist aber, dass die in Voronoi-Diagrammen ausgedrückten Nachbarschaftsbeziehungen von Punkten untereinander für viele Anwendungen in dualer Form benötigt werden. Dies führt zum Konzept der Delone-Zerlegung (der konvexen Hülle) einer Punktmenge. Eine beispielhafte Anwendung wird in Kapitel 11 diskutiert.

Als Nebenergebnis unserer Untersuchungen kommen wir auf die Beziehung von Konvexe-Hülle-Algorithmen zu Triangulierungsverfahren und zur Volumenberechnung zu sprechen.

7.1 Dualisierung von Voronoi-Diagrammen

Es sei $S \subseteq \mathbb{R}^n$ endlich mit der Eigenschaft, dass die Menge S den gesamten Raum $\mathbb{R}^n$ affin aufspannt. Nach Satz 6.12 entsteht das Voronoi-Diagramm $VD(S)$ durch vertikale Projektion des Polyeders $\mathcal{P}(S) = \bigcap_{s \in S} T(s)^+ \subseteq \mathbb{R}^{n+1}$ auf die ersten n Koordinaten. Hierbei ist $T(s)$ die Tangentialhyperebene an das Standard-Paraboloid U im Punkt $s_U := (s, \|s\|^2)^T$ und $T(s)^+$ der obere Halbraum. Eine Konsequenz aus aff $S = \mathbb{R}^n$ ist, angesichts Satz 6.14, dass $\mathcal{P}(S)$ eine Ecke hat, also spitz ist. Aufgrund des Satzes 3.35 ist damit $\mathcal{P}(S)$ projektiv äquivalent zu einem Polytop. Im Weiteren geht es darum, explizit ein zu $\mathcal{P}(S)$ projektiv äquivalentes Polytop zu konstruieren.

Dazu betrachten wir die projektive Transformation π von $\mathbb{P}_{\mathbb{R}}^{n+1}$, die durch die $(n+2) \times (n+2)$-Matrix

$$\begin{pmatrix} 1 & 0 & \cdots & \cdots & 0 & 1 \\ 0 & 2 & 0 & \cdots & 0 & 0 \\ \vdots & 0 & \ddots & \ddots & \vdots & \vdots \\ \vdots & \vdots & \ddots & \ddots & 0 & \vdots \\ 0 & 0 & \cdots & 0 & 2 & 0 \\ -1 & 0 & \cdots & \cdots & 0 & 1 \end{pmatrix}$$

gegeben ist. Wie üblich fassen wir $\mathbb{R}^{n+1}$ via der in Abschnitt 2.1 eingeführten Einbettung ι als Teilmenge von $\mathbb{P}_{\mathbb{R}}^{n+1}$ auf.

Lemma 7.1

Die projektive Transformation π bildet das Standard-Paraboloid $U \subseteq \mathbb{R}^{n+1}$ in die Einheitssphäre $S^n \subseteq \mathbb{R}^{n+1}$ ab. Der einzige Punkt auf S^n, der nicht im Bild von U unter π liegt, ist der Nordpol $(1 : 0 : \cdots : 0 : 1)^T$. Die Tangentialhyperebene $[1 : 0 : \cdots : 0 : 1]$ im Nordpol ist das Bild der Fernhyperebene unter π.

Beweis. Für einen Punkt $s \in \mathbb{R}^n$ gilt

$$\pi(1 : s_1 : \cdots : s_n : \|s\|)^T = (1 + \|s\|^2 : 2s_1 : \cdots : 2s_n : \|s\|^2 - 1)^T,$$

und es ist $1 + \|s\|^2 > 0$. Wir berechnen das Quadrat der Norm des (affinen) Bildpunktes zu

$$\left\|(1 + \|s\|^2 : 2s_1 : \cdots : 2s_n : \|s\|^2 - 1)^T\right\|^2 = \frac{4s_1^2 + \cdots + 4s_n^2 + (\|s\|^2 - 1)^2}{(1 + \|s\|^2)^2} = 1.$$

Dies bedeutet aber genau, dass $\pi(s)$ auf der Einheitssphäre liegt.

Dass $(1 : 0 : \cdots : 0 : 1)^T$ tatsächlich der einzige Punkt auf S^n ist, der nicht im Bild von π ist, folgt daraus, dass π eine stereographische Projektion von $\mathbb{R}^n$ auf $S^n \setminus \{(1 : 0 : \cdots : 0 : 1)^T\}$ induziert. Hierzu genügt es, den Fall $n = 1$ zu betrachten: Der affine Punkt

$$\pi(s_U) = \left(\frac{2s}{1 + s^2}, \frac{s^2 - 1}{1 + s^2}\right)^T$$

ist genau der Schnittpunkt des Einheitskreises mit der Verbindungsgeraden von $(s, 0)^T$ und dem Nordpol $(0, 1)^T$; siehe Abbildung 7.1.

Beispielsweise durch eine direkte Rechnung ergibt sich die letzte Behauptung, dass die Fernhyperebene $[1 : 0 : \cdots : 0]$ auf die Tangentialhyperebene durch den Nordpol abgebildet wird. $\qquad\square$

Aufgabe 7.2. Zeigen Sie, dass der Abschluss $\overline{\pi(\mathcal{P}(S))}$ des Bildes ein Polytop ist. Hinweis: Verwenden Sie Lemma 6.11, um eine Kugel anzugeben, die $\pi(\mathcal{P}(S))$ enthält.

Für das Weitere bezeichnen wir das Polytop $\overline{\pi(\mathcal{P}(S))}$ mit P_S. Aufgrund unserer Konstruktion ist $P_S \subseteq \mathbb{R}^{n+1}$ ein volldimensionales Polytop, das den Ursprung 0 im Inneren hat. Durch Polarisieren erhalten wir ein zweites Polytop $Q_S := P_S^\circ$, das ebenfalls volldimensional ist mit 0 im Inneren. Da π differenzierbar ist, folgt aus Lemma 7.1, dass sämtliche Facetten von P_S tangential an S^n liegen: Dies gilt sowohl für die Bilder der Facetten von $\mathcal{P}(S)$ unter π als auch für das Bild der Fernhyperebene $[1 : 0 : \cdots : 0]$. Hieraus erhalten wir unmittelbar die folgende $\mathcal{V}$-Beschreibung von Q_S:

$$Q_S = \mathrm{conv}\left(\left\{(1 + \|s\|^2 : 2s_1 : \cdots : 2s_n : \|s\|^2 - 1)^T : s \in S\right\}\right.$$
$$\left.\cup \left\{(1 : 0 : \cdots : 0 : 1)^T\right\}\right) \quad (7.1)$$

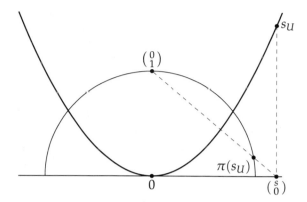

Abbildung 7.1. Standard-Parabel und stereographische Projektion: Illustration zur Abbildung π

Überdies handelt es sich bei den in (7.1) angegebenen Punkten genau um die Ecken von Q_S. Wenn wir Q_S mit π^{-1} zurücktransformieren, erhalten wir wegen $\pi^{-1}\big((1:0:\cdots:0:1)^T\big) - (0:\cdots:0:1)^T$ ein unbeschränktes Polyeder

$$R_S = \text{conv}\,\{s_U : s \in S\} + \text{pos}\{(0,\ldots,0,1)^T\} \subseteq \mathbb{R}^{n+1}\,.$$

Definition 7.3
Das *Delone-Polytop von S,*

$$\mathcal{P}^*(S) := \text{conv}\,\{s_U : s \in S\}\,,$$

ist die konvexe Hülle der auf das Standard-Paraboloid gelifteten Punkte aus S.

Nach Konstruktion ist $\mathcal{P}^*(S)$ genau die konvexe Hülle der Ecken des unbeschränkten Polyeders R_S. In Abschnitt 5.3 hatten wir „untere" und „obere Hälften" konvexer Polygone definiert. Dies soll hier entsprechend auf beliebige Polytope verallgemeinert werden.

Definition 7.4
Es sei h ein äußerer Normalenvektor auf einer Facette F eines $(n+1)$-Polyeders $P \subseteq \mathbb{R}^{n+1}$. Bezüglich der letzten Koordinatenrichtung heißt F

$\left.\begin{array}{l} \textit{obere} \\ \textit{vertikale} \\ \textit{untere} \end{array}\right\}$ Facette von P, falls das Skalarprodukt $\langle h, e^{(n+1)}\rangle$ $\left\{\begin{array}{l} > 0 \\ = 0 \\ < 0 \end{array}\right.$ ist.

Definition 7.5
Eine *polytopale Zerlegung* einer endlichen Punktmenge $S \subseteq \mathbb{R}^n$ ist eine polytopale Zerlegung der konvexen Hülle conv S, die als Eckenmenge genau die Punkte aus S hat.

Satz 7.6
Es sei $P \subseteq \mathbb{R}^{n+1}$ ein Polytop mit Eckenmenge V, und es sei

$$S = \left\{ (v_1, \ldots, v_n)^T : v \in V \right\} \subseteq \mathbb{R}^n$$

die Projektion von V auf die ersten n Koordinaten. Dann induzieren die unteren (oder die oberen) Facetten von P eine polytopale Zerlegung von S. Zusätzlich ist das Bild jeder Seite F, die in einer unteren (bzw. oberen) Facette enthalten ist, affin isomorph zu F.

Beweis. Da die unteren (und die oberen) Facetten im Randkomplex von P liegen (vergleiche Beispiel 6.6), ist die Schnittbedingung automatisch erfüllt. Es ist noch zu zeigen, dass die Projektionen der unteren Facetten von P die Menge $Q :=$ conv S überdecken.

Sei h äußerer Normalenvektor einer unteren Facette F von P. Ohne Einschränkung gelte $\langle h, F \rangle = 0$, das heißt, aff $F = \lim F$ ist eine lineare Hyperebene. Wir wählen eine Basis $(v^{(1)}, \ldots, v^{(n)})$ von $\lim F$. Da h senkrecht steht auf $\lim\{v^{(1)}, \ldots, v^{(n)}\}$, ist $(v^{(1)}, \ldots, v^{(n)}, h)$ eine Basis von $\mathbb{R}^{n+1}$. Weil zusätzlich $\langle h, e^{(n+1)} \rangle \neq 0$ gilt, ist auch $(v^{(1)} - v_{n+1}^{(1)} e^{(n+1)}, \ldots, v^{(n)} - v_{n+1}^{(n)} e^{(n+1)}, -e^{(n+1)})$ eine Basis. Deswegen ist die senkrechte Projektion von F linear (oder im allgemeinen Fall: affin) isomorph zu F selbst. Dieselbe Argumentation gilt auch für obere Facetten.

Da Q ein Polytop ist, bleibt zu zeigen, dass jede Ecke v von Q in der senkrechten Projektion einer unteren und einer oberen Facette liegt. Das Urbild von v unter der senkrechten Projektion ist eine Ecke v' von P oder eine vertikale Kante. Wir betrachten zunächst den ersten Fall. Da v' in der Projektion „sichtbar" ist, existiert ein Vektor h im Normalenkegel von v' mit $\langle h, e^{(n+1)} \rangle = 0$. Weil nun v' einziges Urbild von v ist, liegt h im relativ Inneren des Normalenkegels von v'. Daher existieren auch Vektoren h_+, h_- im Normalenkegel von v' mit $\langle h_+, e^{(n+1)} \rangle > 0$ und $\langle h_-, e^{(n+1)} \rangle < 0$. Wegen $\langle h_+, e^{(n+1)} \rangle > 0$ gibt es mindestens eine obere Facette, die v' enthält. Ebenso gibt es wegen $\langle h_-, e^{(n+1)} \rangle < 0$ mindestens eine untere Facette, die v' enthält.

Es bleibt der Fall, in dem das Urbild von v eine vertikale Kante $[v', w']$ von P ist. Nehmen wir ohne Einschränkung an, dass v' oberhalb von w' liegt. Dann existiert ein Vektor h_+ im Normalenkegel von v' mit $\langle h_+, e^{(n+1)} \rangle > 0$, und es existiert ein Vektor h_- im Normalenkegel von w' mit $\langle h_-, e^{(n+1)} \rangle < 0$. Damit ist v' in mindestens einer oberen Facette und w' in mindestens einer unteren Facette von P enthalten. $\square$

Dieser Beweis zeigt auch, dass jedes Polytop in $\mathbb{R}^{n+1}$ mindestens eine obere *und* mindestens eine untere Facette besitzt. Für unbeschränkte Polyeder braucht das nicht der Fall zu sein.

7.2 Die Delone-Zerlegung

Wir betrachten nun die unteren Facetten des Delone-Polytops

$$\mathcal{P}^*(S) := \operatorname{conv}\{s_U : s \in S\}$$

der endlichen Punktmenge S.

Satz 7.7
Die unteren Facetten von $\mathcal{P}^*(S)$ induzieren durch vertikale Projektion eine polytopale Zerlegung $DZ(S)$ von S, deren Seitenhalbordnung anti-isomorph zur Seitenhalbordnung des Voronoi-Diagramms $VD(S)$ ist.

Beweis. Die Eckenmenge des Polytops $\mathcal{P}^*(S)$ ist genau die Menge $\{s_U : s \in S\}$. Da zusätzlich die Facetten des Polyeders $\mathcal{P}(S)$ sämtlich untere Facetten sind, folgt aus Satz 7.6, dass $DZ(S)$ eine polytopale Zerlegung von S ist.

Jede Voronoi-Zelle $F \in VD(S)$ lässt sich als Schnitt von Voronoi-Regionen schreiben: Das heißt, es existiert eine Menge von Punkten $F(S) \subseteq S$ mit $F = \bigcap_{s \in F(S)} VR_S(s)$. Die Abbildung

$$\kappa : VD(S) \to DZ(S), \quad F = \bigcap_{s \in F(S)} VR_S(s) \mapsto \operatorname{conv} F(S) \tag{7.2}$$

ist bijektiv und invertiert wegen Satz 3.31 die Inklusionsbeziehung zwischen den Seiten. Insgesamt stiftet κ einen Anti-Isomorphismus der Seitenhalbordnung von $VD(S)$ auf die Seitenhalbordnung von $DZ(S)$. $\qquad\square$

Definition 7.8
Die polytopale Unterteilung $DZ(S)$ der Menge S aus Satz 7.7 heißt *Delone-Zerlegung* von S.

Speziell besagt Satz 7.7: Für $s, s' \in S$ ist die Strecke $[s, s']$ genau dann eine Kante der Delone-Zerlegung $DZ(S)$, wenn die Voronoi-Regionen $VR_S(s)$ und $VR_S(s')$ eine gemeinsame Facette haben.

Wie in Kapitel 6 sagen wir, dass die Punkte aus S in *allgemeiner Lage* liegen, falls keine $(n+2)$-elementige Teilmenge von S auf einer gemeinsamen Sphäre liegt.

Korollar 7.9
Falls die Punkte aus S in allgemeiner Lage liegen, so ist $DZ(S)$ eine Triangulierung.

Beweis. Dies folgt aus Aufgabe 6.16 und Korollar 3.32. $\qquad\square$

Die Punkte in Abbildung 7.2 sind in allgemeiner Lage, und ihre Delone-Zerlegung ist eine Triangulierung.

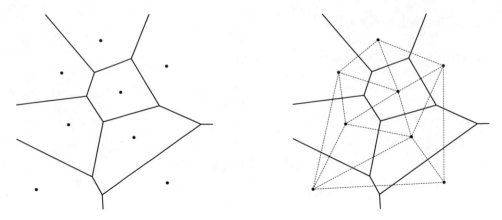

Abbildung 7.2. Ein Voronoi-Diagramm und die zugehörige Delone-Zerlegung

Definition 7.10

Eine *Delone-Triangulierung* von S ist eine Triangulierung von S, die die Delone-Zerlegung verfeinert.

Falls S in allgemeiner Lage ist, so ist $DZ(S)$ die einzige Delone-Triangulierung von S. Wir diskutieren nun eine wichtige Charakterisierung der Delone-Zerlegung, die sich aus der Dualität zum Voronoi-Diagramm ergibt. Nach wie vor sei $S \subseteq \mathbb{R}^n$ endlich.

Satz 7.11

Es sei $T \subseteq S$ eine beliebige Teilmenge. Das Polytop conv T *ist genau dann eine Seite der Delone-Zerlegung* $DZ(S)$, *wenn es eine offene n-dimensionale Kugel B gibt mit $B \cap S = \emptyset$ und $\partial B \cap S = T$.*

Beweis. Sei zunächst $F := \text{conv}\, T$ eine k-Seite von $DZ(S)$. Laut Satz 7.7 ist dann F dual zu einer $(n-k)$-Seite F^* des Voronoi-Diagramms $VD(S)$. Sei x ein relativ innerer Punkt von F^*. Die größte offene Kugel $B_S(x)$ um x, die keine Punkte aus S enthält, erfüllt nach Satz 6.14 nun die Bedingung $\partial B_S(x) \cap S = T$.

Umgekehrt sei B eine offene Kugel mit $B \cap S = \emptyset$ und $\partial B \cap S = T$. Der Mittelpunkt von B liegt im Schnitt der den Punkten in T entsprechenden Voronoi-Regionen. Wiederum aus den Sätzen 6.14 und 7.7 folgt, dass conv T dann eine Seite von $DZ(S)$ ist.   □

Aufgabe 7.12. Zeigen Sie: Die unteren Facetten von $\mathcal{P}^*(S)$ sind genau die beschränkten Seiten von R_S. [Hinweis: In Aufgabe 6.4 war zu zeigen, dass ein Punkt $s \in S$ genau dann auf dem Rand der konvexen Hülle conv S liegt, wenn seine Voronoi-Region $VR_S(s)$ unbeschränkt ist.]

Aufgabe 7.13. Es sei κ die in (7.2) definierte Bijektion von $VD(S)$ auf $DZ(S)$. Zeigen Sie, dass jede Seite $F \in VD(S)$ senkrecht steht auf ihrem Bild $\kappa(F) \in DZ(S)$.

7.3 Volumenberechnung

Anhand der Anwendung auf Voronoi-Diagramme (und per Dualisierung auch auf Delone-Zerlegungen) haben wir bereits die Vielseitigkeit von Algorithmen zur Berechnung der konvexen Hülle gesehen. Um anzudeuten, wie zentral Konvexe-Hülle-Verfahren für die lineare algorithmische Geometrie sind, begeben wir uns auf einen kurzen Exkurs zur Volumenberechnung.

Aus Korollar 7.9 wissen wir, dass die Delone-Zerlegung einer Punktmenge S in allgemeiner Lage eine Triangulierung ist. In diesem Fall können wir durch Summation der Volumina der maximalen Simplexe in DZ(S) das Volumen der konvexen Hülle conv S bestimmen, siehe den folgenden Algorithmus 7.1.

Eingabe : $S \subseteq \mathbb{R}^n$ endlich, in allgemeiner Lage, aff $S = \mathbb{R}^n$
Ausgabe : Volumen von conv S
1 berechne Delone-Triangulierung $\mathcal{D} = \text{DZ}(S)$
2 $v \leftarrow 0$
3 **for** Δ maximale Seite in $\mathcal{D}$ **do**
4 $\quad \lfloor \quad v \leftarrow v + \text{vol}\,\Delta$
5 **return** v

Algorithmus 7.1. Volumen der konvexen Hülle von Punkten in allgemeiner Lage

Um die Beschreibung des Verfahrens zu vervollständigen, rekapitulieren wir die Volumenberechnung eines Simplex. Seien $s^{(1)}, \ldots, s^{(n+1)} \in \mathbb{R}^n$ Punkte in allgemeiner Lage, das heißt, dass $\Delta := \text{conv}\{s^{(1)}, \ldots, s^{(n+1)}\}$ ein n-Simplex ist. Dann ist

$$\text{vol}\,\Delta \;=\; \frac{1}{n!} \cdot \det \begin{pmatrix} 1 & 1 & \cdots & 1 \\ s_1^{(1)} & s_1^{(2)} & \cdots & s_1^{(n+1)} \\ \vdots & \vdots & \ddots & \vdots \\ s_n^{(1)} & s_n^{(2)} & \cdots & s_n^{(n+1)} \end{pmatrix} \tag{7.3}$$

das Volumen von Δ: Hierzu gibt es einen hübschen geometrischen Beweis. Aus der linearen Algebra ist bekannt, dass die Determinante in (7.3) (ohne den Faktor $1/n!$) das Volumen des von den Vektoren $s^{(1)}, \ldots, s^{(n+1)} \in \mathbb{R}^n$ aufgespannten Parallelotops ist. Jedes Parallelotop kann man durch Scherung in einen Quader überführen. Scherungen sind volumentreue affine Transformationen, und die Aussage über das Volumen von Δ folgt damit aus den Überlegungen zur Triangulierung des Standardwürfels $[0,1]^n$ in Aufgabe 6.27. Alternativ lässt sich das Simplexvolumen aber auch induktiv durch direkte Rechnung gewinnen.

Natürlich kann man nicht stets davon ausgehen, dass sich die Punktmenge S in allgemeiner Lage befindet. Allerdings lässt sich S, wie im Beweis zu Lemma 3.46, um beliebig wenig in allgemeine Lage *perturbieren*. Dann lässt sich das oben skizzierte Vorgehen durchführen, und wir erhalten so eine beliebig genaue Näherung des tatsächlichen Volumens von conv S. Es sei allerdings festgehalten, dass diese Art der Volumenberechnung via Delone-Triangulierungen eher von theoretischer Bedeutung ist. In den Anmerkungen am Ende dieses Kapitels finden sich einige Hinweise auf in der Praxis realistischere Herangehensweisen.

Bemerkung 7.14
In der Praxis möchte man auch Volumina nichtkonvexer geometrischer Objekte berechnen. Unter Verwendung der Formel zur Inklusion-Exklusion, siehe Aigner [2, §2.4], lassen sich (exakte oder approximative) Methoden zur Volumenberechnung konvexer Polytope auf beliebige endliche Vereinigungen von Polytopen erweitern.

7.4 Optimalität von Delone-Triangulierungen

Für Delone-Triangulierungen (insbesondere in der Ebene) ist bekannt, dass sie eine Vielzahl von Optimalitätseigenschaften unter allen Triangulierungen einer gegebenen Punktmenge erfüllen. Beispielsweise wird (wie in Korollar 7.27 zu zeigen sein wird) in $\mathbb{R}^2$ der minimale in den Dreiecken auftretende Winkel maximiert. Die Situation in beliebiger Dimension ist deutlich diffiziler. Wir zeigen hier, dass der maximale Umkugelradius minimiert wird.

Es sei $\mathcal{T}$ eine beliebige Triangulierung einer gegebenen endlichen Punktmenge $S \subseteq \mathbb{R}^n$ mit $\dim \operatorname{aff} S = n$. Für jeden Punkt $x \in \operatorname{conv} S$ existiert ein (nicht notwendig eindeutiges) n-Simplex $\Delta \in \mathcal{T}$, das x enthält. Nun sei

$$\mathcal{S}(c, \rho) := \{y \in \mathbb{R}^n : \|y - c\| = \rho\}$$

die eindeutig bestimmte Sphäre mit Mittelpunkt c und Radius ρ durch die Ecken von Δ. Wir nennen $\mathcal{S}(c, \rho)$ die von Δ *aufgespannte Sphäre*. Damit ist dann die Zahl $\psi_{\mathcal{T}}(x, \Delta)$ definiert als

$$\psi_{\mathcal{T}}(x, \Delta) := \rho^2 - \|x - c\|^2.$$

Offensichtlich nimmt $\psi_{\mathcal{T}}$ nur nicht-negative Werte an. Außerdem gilt genau dann $\psi_{\mathcal{T}}(x, \Delta) = 0$, wenn x auf der Sphäre $\mathcal{S}(c, \rho)$ liegt, das heißt, wenn x eine Ecke von $\mathcal{T}$ ist.

Für Delone-Triangulierungen hängt der Wert der Funktion nicht vom Simplex Δ ab. Dies ist Gegenstand der folgenden Aufgabe.

Aufgabe 7.15. Zeigen Sie, dass für eine Delone-Triangulierung $\mathcal{D}$ von S und für je zwei Simplexe Δ, Δ' aus $\mathcal{D}$, die x enthalten, gilt:

$$\psi_{\mathcal{D}}(x, \Delta) = \psi_{\mathcal{D}}(x, \Delta').$$

Daher kann für Delone-Triangulierungen $\mathcal{D}$ kurz $\psi_{\mathcal{D}}(x)$ anstelle $\psi_{\mathcal{D}}(x, \Delta)$ geschrieben werden.

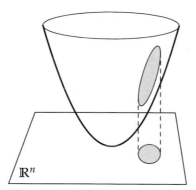

Abbildung 7.3. Der Schnitt einer Hyperebene mit dem Standard-Paraboloid in $\mathbb{R}^{n+1}$ projiziert auf eine Sphäre in $\mathbb{R}^n$.

Bevor wir nun die Abbildung ψ für verschiedene Triangulierungen von S untersuchen, benötigen wir eine allgemeine Aussage zu Schnitten des Standard-Paraboloids U aus (6.3) mit affinen Hyperebenen.

Proposition 7.16
Sei $p \in \mathbb{R}^{n+1}$ mit $p_{n+1} < \sum_{i=1}^{n} p_i^2$. Dann wird der Durchschnitt des Standard-Paraboloids U mit der affinen Hyperebene

$$H = \left\{ x \in \mathbb{R}^{n+1} : x_{n+1} = 2 \sum_{i=1}^{n} p_i x_i - p_{n+1} \right\} \qquad (7.4)$$

bei der vertikalen Projektion auf die Sphäre

$$\left\{ x \in \mathbb{R}^n : \sum_{i=1}^{n} (x_i - p_i)^2 = \sum_{i=1}^{n} p_i^2 - p_{n+1} \right\} \subseteq \mathbb{R}^n \qquad (7.5)$$

abgebildet. Umgekehrt liftet die Abbildung $x \mapsto x_U = (x, \|x\|^2)$ jede Sphäre in $\mathbb{R}^n$ auf den Durchschnitt einer affinen Hyperebene mit U.

Abbildung 7.3 illustriert die Situation.

Beweis. Für jeden Punkt $x \in H \cap U$ erhält man durch Gleichsetzen der Hyperebenen- und der Paraboloidgleichung

$$2p_1 x_1 + \cdots + 2p_n x_n - p_{n+1} = x_1^2 + \cdots + x_n^2 .$$

Hieraus ergibt sich unmittelbar

$$\sum_{i=1}^{n}(x_i - p_i)^2 = \sum_{i=1}^{n} x_i^2 - 2\sum_{i=1}^{n} x_i p_i + \sum_{i=1}^{n} p_i^2 = \sum_{i=1}^{n} p_i^2 - p_{n+1},$$

also die behauptete Sphärengleichung.

Umgekehrt lässt sich jede Sphäre $S \subseteq \mathbb{R}^n$ in der Form (7.5) darstellen, so dass das Bild von S unter dem Lifting $x \mapsto x_U$ gerade der Durchschnitt der durch (7.4) definierten Hyperebenen mit U ist. $\qquad\square$

Zum Verständnis mag es hilfreich sein, die Aussage von Proposition 7.16 mit Lemma 6.11 zu vergleichen.

Lemma 7.17

Sei $\mathcal{D}$ eine Delone-Triangulierung von S, und es sei $\mathcal{T}$ eine beliebige andere Triangulierung von S. Dann gilt für alle $x \in \operatorname{conv} S$, dass stets

$$\psi_{\mathcal{D}}(x) \leq \psi_{\mathcal{T}}(x, \Delta)$$

ist, wobei Δ ein n-Simplex aus $\mathcal{T}$ ist, das x enthält.

Beweis. Es sei S die von Δ aufgespannte Sphäre. Wir können S in der Form

$$S = \left\{ x \in \mathbb{R}^n : \sum_{i=1}^{n}(x_i - c_i)^2 = \sum_{i=1}^{n} c_i^2 - c_{n+1} \right\}$$

schreiben für einen Vektor $c \in \mathbb{R}^{n+1}$, wobei $c_{n+1} < \sum_{i=1}^{n} c_i^2$ gilt. Hieraus ergibt sich dann

$$\begin{aligned}
\psi_{\mathcal{T}}(x, \Delta) &= \sum_{i=1}^{n} c_i^2 - c_{n+1} - \sum_{i=1}^{n}(x_i - c_i)^2 \\
&= 2\sum_{i=1}^{n} c_i x_i - c_{n+1} - \sum_{i=1}^{n} x_i^2.
\end{aligned} \tag{7.6}$$

Der letzte Ausdruck ist der gerichtete vertikale Abstand von $x_U = (x_1, \dots, x_n, \|x\|^2)^T \in U$ zu der durch $x_{n+1} = 2\sum_{i=1}^{n} c_i x_i - c_{n+1}$ definierten Hyperebene H. Wegen $\psi_{\mathcal{T}}(x, \Delta) \geq 0$ verläuft H oberhalb von x_U, oder x_U ist eine Ecke des Delone-Polytops $\mathcal{P}^*(S)$. Da S durch $n+1$ affin unabhängige Punkte aus S verläuft, gilt wegen Proposition 7.16

$$\operatorname{aff}\{x_U : x \in \Delta \cap S\} = H.$$

Daher wird der Abstand (7.6) genau dann minimiert, wenn H eine untere Stützhyperebene an $\mathcal{P}^*(S)$ ist. Dies ist aber gleichbedeutend damit, dass Δ ein Simplex einer Delone-Triangulierung von S ist. $\qquad\square$

Außer der Sphäre durch die Ecken eines n-Simplex Δ spielt im Folgenden auch die eindeutig bestimmte *kleinste einschließende Sphäre* von Δ eine Rolle. Die nachstehende Aufgabe klärt, wann diese beiden Sphären zusammenfallen.

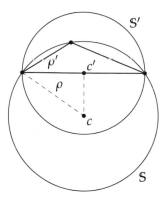

Abbildung 7.4. Dreieck mit aufgespanntem Kreis S und kleinstem einschließendem Kreis S'

Aufgabe 7.18. Die von Δ aufgespannte Sphäre S ist genau dann auch die kleinste einschließende Sphäre von Δ, wenn der Mittelpunkt von S in Δ liegt.

Wir zeigen nun, dass innerhalb eines n-Simplex von $\mathcal{T}$ der Mittelpunkt der kleinsten einschließenden Sphäre die Funktion $\psi_{\mathcal{T}}$ maximiert.

Lemma 7.19
Es sei $\Delta \in \mathcal{T}$ ein n-Simplex mit kleinster einschließender Sphäre $S' = S(c', \rho')$. Dann gilt

$$\max_{x \in \Delta} \psi_{\mathcal{T}}(x, \Delta) = \psi_{\mathcal{T}}(c', \Delta) = \rho'^2.$$

Beweis. Sei $S = S(c, \rho)$ die von Δ aufgespannte Sphäre. Falls der Mittelpunkt c von S in Δ liegt, fallen laut Aufgabe 7.18 die beiden Sphären S und S' zusammen, und die Behauptung ist offensichtlich. Andernfalls liegt c' im Rand von Δ. Daher gibt es eine eindeutig bestimmte k-Seite F von Δ, für $k \in \{0, \dots, n-1\}$, die c im relativ Inneren enthält. Die k-dimensionale von F (in aff F) aufgespannte Sphäre S'' ist der Schnitt der kleinsten einschließenden Sphäre S' mit aff F. Dabei haben S' und S'' denselben Mittelpunkt c' (und denselben Radius ρ'). Der Punkt c' minimiert den Abstand zu c und maximiert daher die Funktion $\psi_{\mathcal{T}}$ auf Δ. Die Abbildung 7.4 skizziert die Situation. Wir erhalten

$$\psi_{\mathcal{T}}(c', \Delta) = \rho^2 - \|c' - c\|^2 = \rho'^2.$$

Dies hatten wir behauptet. $\qquad\qquad\qquad\qquad\qquad\qquad\qquad\qquad\quad \square$

Zu einem Simplex Δ einer Triangulierung $\mathcal{T}$ der Punktmenge S sei $\rho(\Delta)$ der *Umkugelradius*, das heißt der Radius der kleinsten einschließenden Sphäre von Δ. Damit ist dann

$$\rho(\mathcal{T}) := \max_{\Delta \in \mathcal{T}} \rho(\Delta)$$

der *maximale Umkugelradius* von $\mathcal{T}$.

Wie angekündigt beweisen wir, dass die Delone-Triangulierungen unter allen Triangulierungen von S den maximalen Umkugelradius minimieren.

Satz 7.20
Sei $\mathcal{D}$ eine Delone-Triangulierung von S, und es sei $\mathcal{T}$ eine beliebige andere Triangulierung von S. Dann gilt $\rho(\mathcal{D}) \leq \rho(\mathcal{T})$.

Beweis. Wir bezeichnen mit $x_{\mathcal{T}}$ einen Punkt in conv S, der die Funktion $\psi_{\mathcal{T}}$ maximiert und mit $x_{\mathcal{D}}$ einen Punkt, der $\psi_{\mathcal{D}}$ maximiert. Nach Lemma 7.19 ist $x_{\mathcal{T}}$ der Mittelpunkt der kleinsten einschließenden Sphäre $\mathsf{S}(x_{\mathcal{T}}, \rho(\mathcal{T}))$ eines n-Simplexes Δ in $\mathcal{T}$, welches $x_{\mathcal{T}}$ enthält. Analog sei $\mathsf{S}(x_{\mathcal{D}}, \rho(\mathcal{D}))$ die entsprechende kleinste einschließende Sphäre eines n-Simplexes in $\mathcal{D}$, welches $x_{\mathcal{D}}$ enthält. Mithilfe von Lemma 7.17 ergibt sich nun

$$\rho(\mathcal{D})^2 = \psi_{\mathcal{D}}(x_{\mathcal{D}}) \leq \psi_{\mathcal{T}}(x_{\mathcal{D}}, \Delta') \leq \psi_{\mathcal{T}}(x_{\mathcal{T}}, \Delta) = \rho(\mathcal{T})^2,$$

wobei Δ' ein n-Simplex aus $\mathcal{T}$ ist, dass $x_{\mathcal{D}}$ enthält. $\square$

Bemerkung 7.21
Es kommt vor, dass eine Nicht-Delone-Triangulierung den gleichen maximalen Umkugelradius wie eine Delone-Triangulierung hat.

7.5 Planare Delone-Triangulierungen

Wir folgen weiter unserer bisherigen Strategie, indem wir uns nach dem Studium der allgemeinen Situation noch einmal extra dem planaren Fall widmen. Das Hauptergebnis dieses Abschnitts ist ein Algorithmus, der von einer beliebigen Triangulierung einer Punktmenge $S \subseteq \mathbb{R}^2$ ausgeht und durch schrittweise Modifikation daraus eine Delone-Triangulierung macht. Dieser Algorithmus ist zwar nicht so schnell wie der Wellenfront-Algorithmus aus Abschnitt 6.4, er ist aus verschiedenen Gründen dennoch interessant; vergleiche die entsprechenden Bemerkungen am Ende dieses Abschnitts.

Zunächst betrachten wir einfach ein beliebiges ebenes konvexes Viereck mit den Ecken a, b, c, d (in zyklischer Reihenfolge). Dieses Viereck hat dann die beiden Diagonalen $[a, c]$ und $[b, d]$. Die vier Kreise durch je drei der Ecken fallen entweder alle zusammen, oder sie sind paarweise verschieden. Letzteres ist genau dann der Fall, wenn a, b, c, d in allgemeiner Lage sind; vergleiche Abbildung 7.5.

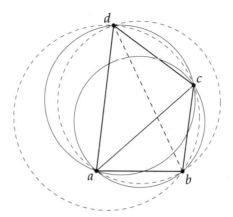

Abbildung 7.5. Konvexes Viereck mit seinen Diagonalen und den vier Kreisen durch je drei seiner Ecken

Die Delone-Zerlegung von vier Punkten in allgemeiner Lage ist eine Triangulierung. Genau eine der beiden Diagonalen ist also eine Delone-Kante. Diese ist nach Satz 7.11 dadurch charakterisiert, dass es einen Kreis durch drei Punkte aus $\{a, b, c, d\}$ gibt, der den vierten Punkt nicht im Inneren enthält. Es folgt, dass unter den vier Kreisen durch je drei der Punkte genau die beiden, die die Ecken der Delone-Kante als Sehne enthalten, diese Eigenschaft haben. In der Abbildung 7.5 ist dies die Kante $[a, c]$ mit den beiden *Delone-Kreisen* durch a, b, c und a, c, d. Die andere Diagonale und die zugehörigen *Nicht-Delone-Kreise* sind gestrichelt gezeichnet.

Es wird sich zeigen, dass alles weitere auf dem folgenden klassischen Resultat der Elementargeometrie beruht.

Proposition 7.22 (Euklid: *Die Elemente*, Buch III, Proposition 21)
Es seien $a, b, c, d \in \mathbb{R}^2$ die Ecken eines konvexen Vierecks in zyklischer Reihenfolge. Durch die beiden Diagonalen entstehen acht Winkel $\alpha_1, \alpha_2, \beta_1, \beta_2, \gamma_1, \gamma_2, \delta_1, \delta_2$ wie in Abbildung 7.6. Der Kreis durch a, b, c sei mit C bezeichnet. Dann liegt der Punkt d genau dann

$$
\left\{ \begin{array}{l} \text{außerhalb} \\ \text{auf} \\ \text{innerhalb} \end{array} \right\} C, \text{ wenn } \left\{ \begin{array}{l} \alpha_2 > \delta_1 \text{ und } \gamma_1 > \delta_2 \\ \alpha_2 = \delta_1 \text{ und } \gamma_1 = \delta_2 \\ \alpha_2 < \delta_1 \text{ und } \gamma_1 < \delta_2 \end{array} \right\} \text{ gilt}.
$$

Aufgabe 7.23. Zeigen Sie in der Situation von Proposition 7.22, dass die Winkel $\alpha_2, \beta_1, \beta_2$ und γ_2 durch $\alpha_1, \gamma_1, \delta_1$ und δ_2 bestimmt sind.

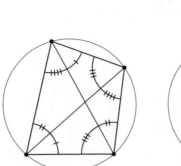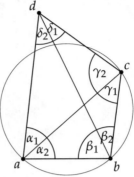

Abbildung 7.6. Vier Punkte auf einem Kreis (links; gemäß Proposition 7.22 gleiche Winkel sind gleich markiert) und Viereck mit Delone-Kreis (rechts)

Eine für uns wichtige Konsequenz ist nun, dass der kleinste der sechs Innenwinkel der Nicht-Delone-Triangulierung eines Vierecks stets kleiner ist als der kleinste der sechs Innenwinkel der Delone-Triangulierung.

Korollar 7.24
Es seien $a, b, c, d \in \mathbb{R}^2$ die Ecken eines konvexen Vierecks in zyklischer Reihenfolge, die nicht sämtlich auf einem Kreis liegen. Die eindeutige Delone-Kante sei $[a, c]$ wie in Abbildung 7.5. Mit den Winkelbezeichnungen aus Proposition 7.22 bzw. Abbildung 7.6 gilt dann

$$\min\{\alpha_1 + \alpha_2, \beta_1, \beta_2, \gamma_1 + \gamma_2, \delta_1, \delta_2\} \;<\; \min\{\alpha_1, \alpha_2, \beta_1 + \beta_2, \gamma_1, \gamma_2, \delta_1 + \delta_2\}. \quad (7.7)$$

Beweis. Unser Beweis beruht darauf, dass wir zu jedem Element der zweiten Menge eines aus der ersten angeben, das kleiner ist: Aus Proposition 7.22 folgt nämlich $\beta_2 < \alpha_1$, $\delta_1 < \alpha_2$, $\delta_2 < \gamma_1$ und $\beta_1 < \gamma_2$. Aus der Positivität von β_2 und δ_2 folgt außerdem $\beta_1 < \beta_1 + \beta_2$ und $\delta_1 < \delta_1 + \delta_2$. $\qquad\square$

Nach unseren Vorüberlegungen zur Elementargeometrie konvexer Vierecke fixieren wir jetzt für den Rest des Abschnitts eine endliche Punktmenge $S \subseteq \mathbb{R}^2$. Wiederum setzen wir voraus, dass S die Ebene affin aufspannt.

Seien a, b, c, d Punkte aus S, so dass $\{a, b, c\}$ und $\{a, c, d\}$ (benachbarte) Dreiecke einer Triangulierung $\mathcal{T}$ sind. Falls nun a, b, c, d die Ecken eines konvexen Vierecks bilden, so ist

$$\mathrm{Flip}(\mathcal{T}, [a, c]) := (\mathcal{T} \setminus \{\mathrm{conv}\{a, b, c\}, \mathrm{conv}\{a, c, d\}, [a, c]\})$$
$$\cup \{\mathrm{conv}\{a, b, d\}, \mathrm{conv}\{b, c, d\}, [b, d]\}$$

wiederum eine Triangulierung von S. Wir sagen $\mathrm{Flip}(\mathcal{T}, [a, c])$ geht durch den *Flip* der Kante $[a, c]$ aus $\mathcal{T}$ hervor. Kanten-Flips sind reversibel: Denn es gilt

$$\mathrm{Flip}(\mathrm{Flip}(\mathcal{T}, [a, c]), [b, d]) = \mathcal{T}.$$

Eine *Diagonalkante* einer Triangulierung $\mathcal{T}$ ist eine Kante in $\mathcal{T}$, die Diagonale in einem konvexen Viereck aus zwei benachbarten Dreiecken in $\mathcal{T}$ ist. Wir sagen, dass das zugehörige konvexe Viereck von einer Diagonalkante *aufgespannt* wird. Eine Diagonalkante hat die *lokale Delone-Eigenschaft*, falls sie Delone-Kante des von ihr aufgespannten Vierecks ist. Damit gelten für das von einer Diagonalkante mit lokaler Delone-Eigenschaft aufgespannte Viereck die Winkelbeziehungen aus Korollar 7.24, oder seine Ecken liegen auf einem Kreis (was dann bedeutet, dass die zweite Diagonale ebenfalls eine Delone-Kante ist).

Der Nutzen von Kanten-Flips für Delone-Triangulierungen beruht auf dem Algorithmus 7.2. Es wird sich in Satz 7.26 herausstellen, dass das Resultat stets eine Delone-Triangulierung von S ist.

Eingabe : beliebige Triangulierung $\mathcal{T}$ von $S \subseteq \mathbb{R}^2$ endlich

Ausgabe : eine Triangulierung $\mathcal{D}$ von S, in der jede Diagonalkante die lokale Delone-Eigenschaft besitzt

1 **while** existiert Diagonalkante $e \in \mathcal{T}$, die nicht lokal Delone ist **do**
2 $\quad\lfloor\ \mathcal{T} \leftarrow \text{Flip}(\mathcal{T},e)$
3 **return** $\mathcal{T}$

Algorithmus 7.2. Flip-Algorithmus zur Berechnung ebener Delone-Triangulierungen.

Zunächst einmal stellt sich jedoch die Frage nach der Terminierung von Algorithmus 7.2. Hierzu benötigen wir eine Art Gütekriterium für Triangulierungen von S, das im Laufe des Flip-Algorithmus schrittweise gesteigert wird.

Jede Triangulierung $\mathcal{T}$ von S hat dieselbe Anzahl Dreiecke, sagen wir k; dies ist Gegenstand der Aufgabe 7.28 unten. Wir können also einer Triangulierung $\mathcal{T}$ den Vektor $W(\mathcal{T})$ aller $3k$ Innenwinkel der Dreiecke von $\mathcal{T}$ zuweisen, aufsteigend geordnet. Die lexikographische Ordnung auf diesen Winkelvektoren induziert eine Halbordnung auf der Menge aller Triangulierungen von S. Wir schreiben $\mathcal{T} > \mathcal{T}'$, falls der Vektor $W(\mathcal{T})$ lexikographisch größer ist als $W(\mathcal{T}')$. Das Verfahren terminiert, weil bei jedem Flip einer Diagonalkante, die nicht lokal Delone ist, die Triangulierung echt größer wird, und weil es nur endlich viele Triangulierungen von S gibt.

Korollar 7.25

Es sei e Diagonalkante einer Triangulierung $\mathcal{T}$ von S, die nicht die lokale Delone-Eigenschaft erfüllt. Dann ist $\text{Flip}(\mathcal{T},e) > \mathcal{T}$.

Beweis. Unter den Voraussetzungen von Korollar 7.24 ist $[b,d]$ Nicht-Delone-Kante des Vierecks $\text{conv}\{a,b,c,d\}$. Die Ungleichung (7.7) besagt nun, dass die Nicht-Delone-Triangulierung $\langle\text{conv}\{a,b,d\},\text{conv}\{b,c,d\}\rangle$ kleiner ist als die Delone-Triangulierung

$$\langle\text{conv}\{a,b,c\},\text{conv}\{a,c,d\}\rangle = \text{Flip}(\langle\text{conv}\{a,b,d\},\text{conv}\{b,c,d\}\rangle,[b,d]).$$

Diese Eigenschaft gilt entsprechend für das von e aufgespannte Viereck und vererbt sich auf $\mathcal{T}$. Alle übrigen Winkel bleiben gleich.   □

Wir können nun das Hauptergebnis dieses Abschnitts beweisen, das besagt, dass der Flip-Algorithmus 7.2 tatsächlich eine Delone-Triangulierung ausgibt.

Satz 7.26

Eine Triangulierung $\mathcal{D}$ von S, deren Diagonalkanten sämtlich die lokale Delone-Eigenschaft erfüllen, ist eine Delone-Triangulierung von S.

Beweis. Angenommen die Triangulierung $\mathcal{D}$ ist keine Delone-Triangulierung. Dann existiert nach Satz 7.11 ein Dreieck $\Delta = \mathrm{conv}\{a, b, c\} \in \mathcal{D}$, dessen offene Umkreisscheibe B mindestens einen Punkt $d \in S$ enthält. Ohne Einschränkung sei $[a, c]$ diejenige Kante von Δ, die d von Δ trennt. Unter allen solchen Paaren (Δ, d) wählen wir eines, das den Winkel (a, d, c) maximiert. Wir skizzieren die Situation in Abbildung 7.7.

Wegen $[a, c] \subseteq \mathrm{conv}\{a, b, c, d\}$ ist $[a, c]$ eine Diagonalkante von $\mathcal{D}$, die also nach Voraussetzung die lokale Delone-Eigenschaft erfüllt. Deswegen gibt es einen Punkt $d' \in S$ mit $\Delta' := \mathrm{conv}\{a, c, d'\} \in \mathcal{D}$, der außerhalb von B liegt. Nach Konstruktion enthält die Umkreisscheibe B' von Δ' den Punkt d. Gleichzeitig ist aber $d \notin \Delta'$, da $\mathcal{D}$ eine Triangulierung von S ist. Ohne Einschränkung sei $[a, d']$ diejenige Kante, die d von Δ' trennt.

Aus der Proposition 7.22 folgt dann, dass der Winkel (a, d, d') größer ist als der Winkel (a, d, c), woraus ein Widerspruch entsteht zur Maximalität des Paares (Δ, d).   □

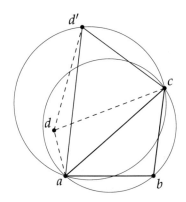

Abbildung 7.7. Illustration zum Beweis von Satz 7.26

Der soeben bewiesene Satz besagt also, dass eine Delone-Triangulierung maximales Element in der durch die Winkel-Vektoren induzierten Halbordnung ist.

Korollar 7.27
Jede Delone-Triangulierung von S maximiert den kleinsten Innenwinkel unter allen Triangulierungen von S.

In vielen Anwendungen, beispielsweise Finite-Elemente-Verfahren zur Lösung partieller Differenzialgleichungen, ist es wünschenswert, Triangulierungen zu haben, bei der die auftretenden Dreiecke so wenig schmal wie möglich sind. Angesichts des Korollars 7.27 führt dies in der Ebene daher in natürlicher Weise auf die Delone-Triangulierungen.

Man kann zeigen, dass der Flip-Algorithmus 7.2 im ungünstigsten Fall quadratische Laufzeit hat. In diesem Sinn ist er dem Wellenfront-Algorithmus aus Abschnitt 6.4 unterlegen. Allerdings hat der Flip-Algorithmus eine erwartete lineare Laufzeit (in einem geeigneten Wahrscheinlichkeitsmodell). Von einem höheren Standpunkt aus besagt die Korrektheit des Algorithmus zusätzlich, dass der *Konfigurationsraum* aller Triangulierungen mit vorgegebener endlicher Punktmenge bezüglich der Flip-Operation *zusammenhängend* ist.

Ein weiterer Grund, warum der Flip-Algorithmus 7.2 populär ist, liegt darin, dass sich hieraus leicht ein *dynamischer* Algorithmus zur Berechnung von Delone-Triangulierungen gewinnen lässt. Damit ist das Folgende gemeint. Es sei $S \subseteq \mathbb{R}^2$ und $x \in \mathbb{R}^2 \setminus S$, so dass $S \cup \{x\}$ in allgemeiner Lage ist. Wenn wir bereits die eindeutige Delone-Triangulierung $\mathcal{D}$ von S ausgerechnet haben, dann liegt x wegen der Annahme zur allgemeinen Lage im Inneren eines Dreiecks $\Delta \in \mathcal{D}$ oder außerhalb von conv S. In beiden Fällen lässt sich $\mathcal{D}$ leicht zu einer Triangulierung von $S \cup \{x\}$ modifizieren. Anwenden des Flip-Algorithmus liefert oft in wenigen Schritten die Delone-Triangulierung von $S \cup \{x\}$.

In ähnlicher Weise kann man auch die Delone-Triangulierung von $S \setminus \{s\}$ für $s \in S$ berechnen.

7.6 Untersuchungen mit `polymake`

`polymake` beherrscht die Konstruktion von Voronoi-Diagrammen und Delone-Zerlegungen in beliebiger Dimension. Wir beschränken uns hier auf die Visualisierungsaspekte.

Als erstes Beispiel wählen wir als unsere Menge S zehn Punkte in der Ebene, deren Koordinaten die Lage der Berliner Postämter aus der Einleitung bezeichnen, vergleiche Abbildung 1.2. Dazu legen wir eine Datei `postaemter.vor` an, die im Kopf die Typbezeichnung `VoronoiDiagram` trägt. Die Punktmenge S wird in der Sektion `SITES` in homogenen Koordinaten angegeben. Die zweite hier angegebene Sektion `SITE_LABELS` ist optional.

```
_application polytope
_version 2.3
_type VoronoiDiagram

SITES
1  640 -406
1  554 -252
1  619  -81
1  618 -698
1  628 -311
1  136 -330
1  961 -466
1  148 -848
1  392  200
1 1049 -308

SITE_LABELS
A B C D E F G H I J
```

Über das Kommando

```
> polymake postaemter.vor VISUAL_VORONOI
```

wird die Visualisierung des Voronoi-Diagramms und gleichzeitig der Delone-Zerlegung ausgelöst. Standardmäßig erfolgt die Anzeige in JavaView. Jedoch sind auch andere Ausgabeformen möglich. Das Ergebnis ist der Abbildung 7.8 zu entnehmen. Da wir oben SITE_LABELS mit angegeben hatten, werden die Punkte aus S in der Ausgabe entsprechend bezeichnet.

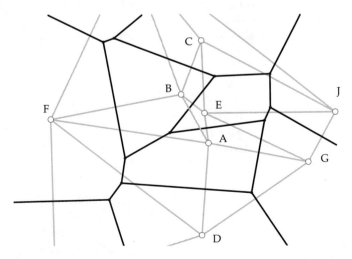

Abbildung 7.8. Voronoi-Diagramm und Delone-Zerlegung zu zehn Punkten in der Ebene (die mit H und I bezeichneten Punkte liegen außerhalb des gezeigten Ausschnitts von $\mathbb{R}^2$)

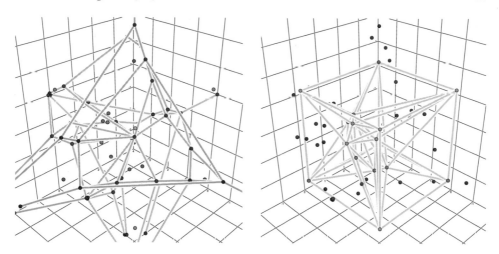

Abbildung 7.9. 16 Punkte im $\mathbb{R}^3$ und ihr Voronoi-Diagramm (links). Zugehörige Delone-Zerlegung und Voronoi-Ecken (rechts). Beide Bilder zeigen nur den Ausschnitt innerhalb des Würfels $[-4, 4]^3$.

In all unseren Beispielen wählt polymake automatisch einen endlichen Ausschnitt, der die Menge S und alle Ecken des Voronoi-Diagramms enthält. Den gezeigten Ausschnitt erhält man durch:

```
VORONOI_BOUNDING_BOX
0 1 0 0
1053 -1 0 0
0 0 -1 0
752 0 1 0
```

Jede Zeile bezeichnet eine Ungleichung in orientierten homogenen Koordinaten. Hierdurch wird das Rechteck $[0, 1053] \times [-752, 0]$ beschrieben.

Unser zweites Beispiel ist dreidimensional. Als Punktmenge wählen wir die acht Ecken des zufälligen Polytops aus R_3,8.poly aus Abschnitt 3.6.2, visualisiert in Abbildung 3.10, und zusätzlich die acht Ecken des Würfels mit Koordinaten $\pm 3/2$. Da die Ecken des zufälligen Polytops (fast) auf der Einheitssphäre liegen, sind sie in der konvexen Hülle der Würfelecken enthalten. Insgesamt ist $|S| = 16$.

Die Visualisierung lässt sich wiederum wie oben auslösen. Es ist jedoch schwierig, das Voronoi-Diagramm in gedruckter Form darzustellen. Die interaktiven Fähigkeiten von JavaView sind für die Untersuchung hilfreich. In Abbildung 7.9 zeigen wir zwei Bilder, aus denen gemeinsam vielleicht ein korrekter Eindruck entsteht.

7.7 Aufgaben

Aufgabe 7.28. Es sei S eine m-elementige Punktmenge in der Ebene $\mathbb{R}^2$, wovon h Punkte im Rand der konvexen Hülle conv S liegen. Zeigen Sie, dass jede Triangulierung von S genau $2m - 2 - h$ Dreiecke und $3m - 3 - h$ Kanten besitzt.

Aufgabe 7.29. Zeigen Sie, dass eine Triangulierung einer endlichen Punktmenge in der Ebene genau dann eine Delone-Triangulierung ist, wenn für jede innere Kante e und die beiden Dreiecke mit Kante e die Summe der e gegenüberliegenden Winkel kleiner als π ist.

7.8 Anmerkungen

Euklid von Alexandria (ca. 365–300 v. Chr.) begründete in seinem wegweisenden Werk „Die Elemente" die Axiomatisierung der Mathematik. Viele dort aufgeführte Sätze sind jedoch deutlich älter. So wird gelegentlich unsere Proposition 7.22 Thales von Milet (ca. 624–546 v. Chr.) zugeschrieben. Der Satz könnte aber auch sogar auf die babylonische Mathematik zurück gehen. Dem Leser sei die interaktive Version [61] der „Elemente" empfohlen.

Weiterführende Information zu Delone-Triangulierungen finden sich in [16, 32]. Diese Triangulierungen sind nach dem russischen Mathematiker Boris Nikolajewitsch Delone benannt. In der Literatur findet sich auch oft die Bezeichnung „Delaunay", die ihren Ursprung in einer französischen Transkription des Namens hat.

Dyer und Frieze konnten zeigen, dass die Berechnung des Volumens aus einer äußeren Beschreibung eines Polytops #P-schwer ist [36]. In der Praxis verwendet man meist Approximationsverfahren, die auf zufälligen Irrfahrten („random walks") beruhen, siehe Vempala für eine Übersicht [86].

Teil II
Nichtlineare algorithmische Geometrie

8 Algebraische und geometrische Grundlagen

Im ersten Teil des Buches haben wir uns fast ausschließlich mit polyedrischen, also linearen Strukturen beschäftigt. An vielen Stellen waren dabei explizit oder implizit Durchschnitte von endlich vielen affinen Hyperebenen im n-dimensionalen euklidischen Raum $\mathbb{R}^n$ zu berechnen, die mit Methoden der *linearen* Algebra behandelt werden können. Obwohl lineare geometrische Strukturen sich oft als angemessen erweisen, sind viele andere Probleme in natürlicher Weise nichtlinear zu modellieren. Wir beschränken uns auf nichtlineare Strukturen, die sich mit algebraischen Methoden behandeln lassen. Dieses Kapitel ist Systemen polynomialer Gleichungen mit bis zu zwei Unbestimmten gewidmet.

8.1 Motivation

Im ersten Teil des Buches haben wir stets mit den reellen Zahlen als Koordinatenkörper gearbeitet. Es erschiene also logisch, dies beim Übergang zur nichtlinearen Geometrie beizubehalten. Dabei stellt sich aber sehr schnell heraus, dass die algebraische Geometrie über dem Körper $\mathbb{R}$ deutlich schwieriger ist als über seinem algebraischen Abschluss $\mathbb{C}$. Manche unserer Überlegungen lassen sich für beliebige Körper durchführen, anderes betrachten wir nur über den komplexen Zahlen, und gelegentlich werden wir dann vom Komplexen auf das Reelle schließen können.

Wir studieren zunächst Polynome in einer Unbestimmten. Die Nullstellen eines quadratischen Polynoms $f(x) = x^2 + bx + c$ mit rationalen Koeffizienten b, c sind nicht immer reell, sondern können auch komplex sein. Unabhängig davon jedoch können wir sie als *Radikalausdrücke* beschreiben:

$$x_{1,2} = -\frac{b}{2} \pm \sqrt{\frac{b^2}{4} - c}.$$

Ebenso gibt es für Polynome dritten und vierten Grades jeweils die sogenannten *Cardanischen Formeln*[1], die explizite Ausdrücke für die Nullstellen liefern. Für Polynome vom Grad ≥ 5 sieht die Situation allerdings ganz anders aus. In der Galois-Theorie wird gezeigt, dass die Nullstellen eines Polynoms $f(x)$ vom

---

1 Diese Formeln sind in den meisten Computeralgebra-Systemen, wie etwa `Maple`, implementiert.

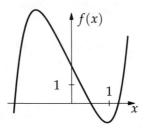

Abbildung 8.1. Graph der Funktion $f(x) = x^5 - 4x + 2$

Grad ≥ 5 im Allgemeinen nicht durch Radikale dargestellt werden können. Ein Beispiel für ein solches Polynom (mit der symmetrischen Gruppe vom Grad 5 als Galois-Gruppe) ist

$$x^5 - 4x + 2\,.$$

Wir müssen uns daher beispielsweise damit zufriedengeben, das Polynom selbst als eine „Codierung" seiner Nullstellen aufzufassen, oder aber die Lösungen numerisch anzugeben. In diesem Fall lauten Näherungswerte der fünf komplexen Nullstellen

$$-1.518512,\ 0.508499,\ 1.243596,\ -0.116792 \pm 1.438448i\,.$$

Die zugehörige reelle Funktion ist in Abbildung 8.1 skizziert.

Aufgrund der reichhaltigen Modellierungsmöglichkeiten, die Polynomsysteme bieten, ist es ein zentrales Anliegen der Geometrie, die Nullstellengebilde beliebiger Polynome sowie die Durchschnitte dieser Nullstellenmengen zu untersuchen. Vom algorithmischen Standpunkt möchten wir diese Nullstellenmengen in geeigneter Form berechnen und manipulieren.

Beispiel 8.1
Die Nullstellenmenge eines quadratischen Polynoms $f \in \mathbb{R}[x,y]$ definiert einen Kegelschnitt (oder sie ist leer). Die Polynome

$$\begin{aligned}
f(x,y) &= x^2 + y^2 - xy - x - y - 1\,, \\
g(x,y) &= 2x^2 - 4y^2 - xy - 2x - 2y - 1
\end{aligned}$$

beschreiben eine Ellipse bzw. eine Hyperbel (siehe Abbildung 8.2). Es ist ein wichtiges Problem, die Schnittpunkte solcher Kegelschnitte zu charakterisieren. Wir interessieren uns hier vor allem für die zugehörige algorithmische Variante: Auf welche Weise(n) können diese Schnittpunkte systematisch und effizient berechnet werden?

Definition 8.2
Für $f \in \mathbb{C}[x_1, \ldots, x_n]$ heißt

$$\mathrm{V}(f) := \{x \in \mathbb{C}^n : f(x_1, \ldots, x_n) = 0\}$$

die *(komplexe) affine Hyperfläche* oder *(komplexe) Nullstellenmenge* von f. Zusätzlich bezeichnen wir mit

$$V_{\mathbb{R}}(f) := \{x \in \mathbb{R}^n : f(x_1, \ldots, x_n) = 0\}$$

die *reelle affine Hyperfläche* oder *reelle Nullstellenmenge* von f.

Zur Notation: falls nur wenige Unbestimmte auftreten, wählen wir oft auch $x, y, z, \ldots$ statt $x_1, x_2, \ldots$ als Bezeichnungen.

Beispiel 8.3
Im Fall $n = 2$ ist zum Beispiel

$$\begin{array}{ll} V_{\mathbb{R}}(x^2 + y^2 - 1) & \text{ein Kreis,} \\ V_{\mathbb{R}}(x^2 + y^2) & \text{ein Punkt,} \\ V_{\mathbb{R}}(x^2 + y^2 + 1) & \text{leer} \end{array}$$

(siehe Abbildung 8.3).

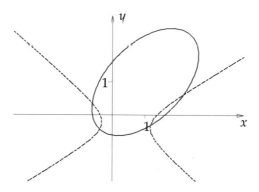

Abbildung 8.2. Durchschnitt der durch f und g (gestrichelt) gegebenen Kegelschnitte

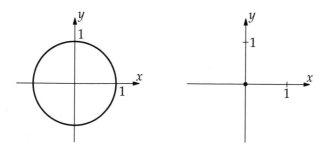

Abbildung 8.3. Reelle Hyperflächen in der Ebene

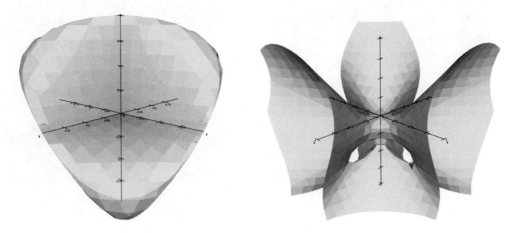

Abbildung 8.4. Links: Römische Fläche (8.1), rechts: Clebsche Diagonalfläche (8.2)

Beispiel 8.4

Für $n = 3$ gibt es eine Vielzahl berühmter Beispiele, darunter die beiden folgenden: Steiners römische Fläche

$$V(x^2y^2 + y^2z^2 + z^2x^2 - 2xyz) \tag{8.1}$$

und die Clebsche Diagonalfläche

$$V(16x^3 + 16y^3 - 31z^3 + 24x^2z - 48x^2y - 48xy^2 + 24y^2z - 54\sqrt{3}z^2 - 72z). \tag{8.2}$$

Die reellen Teile beider Flächen werden in Abbildung 8.4 gezeigt.

Im Gegensatz zum Eindruck durch die Visualisierung enthält die durch das Polynom (8.1) definierte algebraische Fläche die drei Koordinatenachsen als singuläre Orte. Dies sieht man durch direkte Inspektion der Gleichung.

8.2 Univariate Polynome

Wir betrachten zunächst noch einmal den Fall von Polynomen in einer Unbestimmten. Wie bereits erwähnt können die Nullstellen univariater Polynome vom Grad ≥ 5 im Allgemeinen nicht durch Radikalausdrücke dargestellt werden. Hinsichtlich der numerischen Bestimmung approximativer Lösungen ist stets zu unterscheiden, ob alle oder lediglich eine Nullstelle berechnet werden sollen. Ferner kann es (etwa im Fall von Koeffizienten extrem unterschiedlicher Größe) natürlich vorkommen, dass numerische Verfahren schlecht konditioniert sind und daher etwa nicht konvergieren.

Die Bestimmung aller Nullstellen eines univariaten Polynoms über einem beliebigen Körper K kann auf ein Eigenwertproblem der linearen Algebra zurückgeführt werden. Für das Bestimmen der Eigenwerte einer komplexen Matrix stehen zahlreiche gut untersuchte numerische Verfahren zur Verfügung.

Die Eigenwerte einer Matrix $A \in K^{n \times n}$ sind die Nullstellen des *charakteristischen Polynoms* von A, also die Nullstellen von

$$\chi_A(t) = \det(A - tI),$$

wobei $I \in K^{n \times n}$ die Einheitsmatrix ist. Das charakteristische Polynom $p(t)$ ist stets vom Grad n: Der Leitkoeffizient ist $(-1)^n$. Um die Bestimmung der Nullstellen eines beliebigen Polynoms p auf ein Eigenwertproblem zurückzuführen, genügt es also, eine Matrix A mit charakteristischem Polynom p anzugeben.

Definition 8.5

Die *Begleitmatrix* des normierten Polynoms

$$p(t) = t^n + a_{n-1}t^{n-1} + \cdots + a_1 t + a_0 \in K[t]$$

vom Grad n ist die Matrix

$$C_p = \begin{pmatrix} 0 & 1 & 0 & \cdots & 0 \\ 0 & 0 & 1 & \cdots & 0 \\ \vdots & \vdots & \vdots & \ddots & \vdots \\ 0 & 0 & 0 & \cdots & 1 \\ -a_0 & -a_1 & -a_2 & \cdots & -a_{n-1} \end{pmatrix} \in K^{n \times n}.$$

Satz 8.6

Das charakteristische Polynom der Begleitmatrix des normierten Polynoms

$$p(t) = t^n + a_{n-1}t^{n-1} + \cdots + a_1 t + a_0 \in K[t]$$

vom Grad $n \geq 1$ ist

$$\det(C_p - tI) = (-1)^n p(t).$$

Beweis. Der Beweis erfolgt durch vollständige Induktion. Für $n = 1$ ist die Aussage klar, und für $n > 1$ erhält man durch Streichen der ersten Zeile und der ersten Spalte von C_p die Begleitmatrix des Polynoms $q(t) = t^{n-1} + a_{n-1}t^{n-2} + \cdots + a_2 t + a_1$. Damit ergibt sich durch Entwicklung nach der ersten Spalte

$$\det(C_p - tI) = (-t)(-1)^{n-1}q(t) + (-1)^{n+1}(-a_0).$$

Wir erhalten

$$\det(C_p - tI) = (-1)^n p(t).$$

$\square$

8.3 Resultanten

Sei wiederum K ein beliebiger Körper. Mit Hilfe der Resultante zweier Polynome $f, g \in K[x]$ kann man entscheiden, ob f und g einen gemeinsamen Faktor positiven Grades besitzen, ohne solch einen gemeinsamen Faktor explizit berechnen zu müssen. Falls K algebraisch abgeschlossen ist, ist die Existenz eines nichttrivialen gemeinsamen Faktors äquivalent dazu, dass f und g eine gemeinsame Nullstelle haben.

Definition 8.7
Seien

$$f = a_n x^n + \cdots + a_1 x + a_0, \quad \text{mit } a_n \neq 0$$
$$g = b_m x^m + \cdots + b_1 x + b_0, \quad \text{mit } b_m \neq 0$$

Polynome vom Grad m bzw. n in $K[x]$. Die *Resultante* $\mathrm{Res}(f, g)$ ist die Determinante der $(m + n) \times (m + n)$-Matrix

$$
\left.
\begin{pmatrix}
a_n & a_{n-1} & \cdots & a_0 & & & \\
 & \ddots & \ddots & & \ddots & & \\
 & & a_n & a_{n-1} & \cdots & a_0 & \\
b_m & b_{m-1} & \cdots & b_0 & & & \\
 & \ddots & \ddots & & \ddots & & \\
 & & b_m & b_{m-1} & \cdots & b_0 &
\end{pmatrix}
\right\}
\begin{array}{l}
\left. \right\} m \text{ Zeilen,} \\[2em]
\left. \right\} n \text{ Zeilen.}
\end{array}
\tag{8.3}
$$

Die Matrix (8.3) heißt *Sylvester-Matrix* von f und g.

Wir kommen nun zum ersten Hauptergebnis dieses Kapitels.

Satz 8.8
Zwei Polynome $f, g \in K[x] \setminus \{0\}$ besitzen genau dann einen nichtkonstanten gemeinsamen Faktor, wenn $\mathrm{Res}(f, g) = 0$ ist.

Als Hilfssaussage zeigen wir zunächst:

Lemma 8.9
Die Resultante $\mathrm{Res}(f, g)$ zweier Polynome $f, g \in K[x] \setminus \{0\}$ verschwindet genau dann, wenn es Polynome $a, b \in K[x]$ gibt mit $(a, b) \neq (0, 0)$, $\deg a < \deg f$, $\deg b < \deg g$ und $bf + ag = 0$.

Beweis. Wir interpretieren die Zeilen der Sylvester-Matrix als Vektoren

$$x^{m-1} f, \ldots, xf, f, x^{n-1} g, \ldots, xg, g$$

im K-Vektorraum der Polynome vom Grad $< m + n$ (bezüglich der Basis x^{m+n-1}, $x^{m+n-2}, \ldots, x, 1$). Die Resultante $\mathrm{Res}(f, g)$ verschwindet genau dann, wenn diese $m + n$ Vektoren linear abhängig sind, das heißt, wenn es Koeffizienten $a_0, \ldots, a_{n-1}$ und $b_0, \ldots, b_{m-1}$ in K gibt, die die Gleichung

$$b_0 x^{m-1} f + b_1 x^{m-2} f + \cdots + b_{m-1} f + a_0 x^{n-1} g + a_1 x^{n-2} g + \cdots + a_{n-1} g = 0$$

erfüllen und nicht sämtlich verschwinden. Mit den Bezeichnungen $a := \sum_{i=0}^{n-1} a_i x^i$ und $b := \sum_{j=0}^{m-1} b_j x^j$ ist dies genau dann der Fall, wenn $(a, b) \neq (0, 0)$, $\deg a < \deg f$, $\deg b < \deg g$ und $bf + ag = 0$ gilt. $\square$

Beweis von Satz 8.8. Wir zeigen, dass f und g genau dann einen nichtkonstanten gemeinsamen Faktor haben, wenn die Bedingung aus Lemma 8.9 erfüllt ist.

Besitzen nun f und g einen nichtkonstanten gemeinsamen Faktor $h \in K[x]$, dann existieren Polynome $f_0, g_0 \in K[x]$ mit

$$f = h f_0 \quad \text{und} \quad g = h g_0,$$

und wir können $a := f_0$ sowie $b := -g_0$ setzen.

Für die umgekehrte Richtung ist es wichtig, dass sich jedes Polynom in $K[x]$ (bis auf Einheiten, das heißt, Konstanten aus $K \setminus \{0\}$) eindeutig in Primfaktoren zerlegen lässt. Aus den Primfaktorzerlegungen der vier Polynome in der Gleichung $bf = -ag$ erhalten wir also die Gleichung

$$b_1 \cdots b_k \cdot f_1 \cdots f_r = -a_1 \cdots a_l \cdot g_1 \cdots g_s, \tag{8.4}$$

in der auch konstante Faktoren auftreten können. Ohne Einschränkung nehmen wir an, dass b_1, f_1, a_1, g_1 Konstanten sind und dass alle übrigen Primfaktoren normierte Polynome positiven Grades sind. Wir können zusätzlich davon ausgehen, dass $b \neq 0$ ist (sonst vertauschen wir die Rollen von f und g sowie von a und b). Daraus folgt aber $\deg g > \deg b \geq 0$, also $s \geq 2$, und g_2 ist ein normierter Primfaktor von g positiven Grades. Außerdem existiert wegen $\deg g > \deg b$ und der Eindeutigkeit der Primfaktorzerlegung mindestens ein normierter Primfaktor g_j von g positiven Grades, der auch unter den $f_2, \ldots, f_r$ auftritt. Also ist g_j ein nichtkonstanter gemeinsamer Faktor von f und g. $\square$

Wie bereits erwähnt, beruht der Beweis vor allem darauf, dass der Polynomring $K[x]$ *faktoriell* ist, das heißt, $K[x]$ ist kommutativ, nullteilerfrei, und jedes Polynom in $K[x]$ besitzt eine eindeutige Primfaktorzerlegung; siehe Anhang A. Nach dem Gaußschen Lemma, Satz A.4, ist für jeden faktoriellen Ring R auch der Polynomring $R[x]$ faktoriell.

Eine Analyse der Beweise dieses Abschnitts zeigt, dass alle getroffenen Aussagen auch für den Polynomring $R[x]$ über einem faktoriellen Ring R gültig sind. Dabei ist zu beachten, dass R, als nullteilerfreier kommutativer Ring, einen Quotientenkörper besitzt, den wir hier wiederum mit K bezeichnen wollen. Über diesem Körper lassen sich dann die der linearen Algebra entlehnten Argumente anwenden. Überdies können zu $f, g \in R[x]$ in Lemma 8.9 die Polynome a und b beide in

$R[x]$ gewählt werden, da nötigenfalls die Gleichung $bf + ag = 0$ mit dem Hauptnenner von a und b durchmultipliziert werden kann.

Relevant sind diese etwas abstrakteren Beobachtungen deswegen, weil sie besagen, dass alle Aussagen dieses Abschnitts auch für Polynomringe $K[x_1, \ldots, x_n]$ mit mehreren Unbestimmten über dem Körper K gelten. Dazu identifiziert man

$$K[x_1, \ldots, x_n] \;=\; (K[x_1, \ldots, x_{n-1}])[x_n]. \tag{8.5}$$

Bei der Notation der Resultante zweier multivariater Polynome müssen wir festhalten, bezüglich welcher Unbestimmten die Resultante gebildet wird. Im Falle der Identifizierung (8.5) etwa schreiben wir dann Res_{x_n} und analog $\deg_{x_n}$ für den Grad in der Unbestimmten x_n.

Wir halten das Ergebnis unserer Überlegungen als Korollar fest.

Korollar 8.10
Zwei Polynome $f, g \in K[x_1, \ldots, x_n] \setminus \{0\}$ besitzen genau dann einen gemeinsamen Faktor positiven Grades in x_n, wenn $\mathrm{Res}_{x_n}(f, g)$ das Nullpolynom in $K[x_1, \ldots, x_{n-1}]$ ist.

8.4   Ebene affine algebraische Kurven

Zu den einfachsten nichtlinearen Strukturen gehören algebraische Kurven in der Ebene. Hier betrachten wir den komplexen Fall.

Definition 8.11
Eine Teilmenge $C \subseteq \mathbb{C}^2$ heißt *affin-algebraische Kurve*, wenn es ein nichtkonstantes Polynom $f \in \mathbb{C}[x, y]$ gibt, so dass

$$C \;=\; \mathrm{V}(f) \;=\; \left\{ (x, y) \in \mathbb{C}^2 : f(x, y) = 0 \right\}.$$

Offensichtlich ist das Polynom f zu einer gegebenen Hyperfläche nicht eindeutig bestimmt, denn für $\lambda \in \mathbb{C} \setminus \{0\}$ und $k \geq 1$ gilt $\mathrm{V}(f) = \mathrm{V}(\lambda f) = \mathrm{V}(f^k)$. Als zentrales Ergebnis dieses Abschnitts wird gezeigt, dass dies im wesentlichen die einzige Unbestimmtheit ist. Die Situation im Reellen ist dagegen alles andere als eindeutig. Das sieht man bereits daran, dass sich die leere Menge auf viele verschiedene Weisen als reelle Hyperfläche schreiben lässt.

Jedes nichtkonstante Polynom $f \in \mathbb{C}[x, y]$ definiert eine Kurve $\mathrm{V}(f) \subseteq \mathbb{C}^2$. Ist f ein Teiler von g, das heißt $g = f \cdot h$ für ein Polynom h, dann gilt $\mathrm{V}(f) \subset \mathrm{V}(g)$. Das nachfolgende Lemma von Study, ein Vorläufer des Hilbertschen Nullstellensatzes (siehe Abschnitt 10.4), erlaubt es, von den Punktmengen der Kurven auf die Polynome zurückzuschließen und stellt ebenfalls einen Zusammenhang zur Teilbarkeit von Polynomen her.

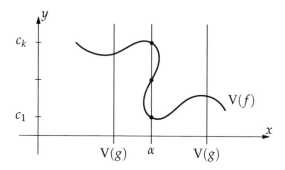

Abbildung 8.5. Illustration unter der Annahme $m = 0$

Lemma 8.12 (Study)

Seien $f, g \in \mathbb{C}[x, y]$. Ist f nichtkonstant, irreduzibel und $V(f) \subseteq V(g)$, dann ist f ein Teiler von g.

Beweis. Seien

$$f = a_n y^n + \cdots + a_1 y + a_0,$$
$$g = b_m y^m + \cdots + b_1 y + b_0$$

Polynome in $\mathbb{C}[x, y]$ mit Koeffizienten $a_i, b_j \in \mathbb{C}[x]$. Falls $f, g \in K[x]$, also $f = a_0$ und $g = b_0$, so ist die Behauptung klar. Gegebenenfalls nach Vertauschung von x und y können wir somit $n \geq 1$ annehmen. Wir behaupten nun, dass auch $m \geq 1$ gilt: Wäre dies nicht der Fall, gäbe es ein $\alpha \in \mathbb{C}$ mit $a_n(\alpha) \neq 0$ und $b_0(\alpha) \neq 0$, da $a_n, b_0 \in \mathbb{C}[x]$ nur jeweils endlich viele Nullstellen besitzen. Dann schneidet aber $V(f)$ die vertikale Gerade $[-\alpha : 1 : 0]$, wohingegen $V(g) \cap [-\alpha : 1 : 0] = \varnothing$ gilt. Dies steht im Widerspruch zur Annahme $V(f) \subseteq V(g)$. Die Situation ist in Abbildung 8.5 dargestellt.

Wir zeigen nun, dass die von x abhängende Resultante $\mathrm{Res}_y(f, g)$ unendlich viele Nullstellen $x \in \mathbb{C}$ hat. Da $\mathrm{Res}_y(f, g)$ ein Polynom in x ist, muss es zwangsläufig das Nullpolynom sein. Die Polynome f und g besitzen folglich einen gemeinsamen Teiler, und aus der Irreduzibilität von f ergibt sich dann, dass f ein Teiler von g ist.

Im Folgenden betrachten wir nur diejenigen $\alpha \in \mathbb{C}$ mit $a_n(\alpha) \neq 0$ und $b_m(\alpha) \neq 0$. Wegen $a_n \neq 0$ und $b_m \neq 0$ schließen wir dabei lediglich endlich viele $\alpha \in \mathbb{C}$ aus. Einsetzen von $x = \alpha$ in f und g liefert Polynome $f_\alpha, g_\alpha \in \mathbb{C}[y]$. Hat f_α die paarweise verschiedenen Nullstellen $c_1, \ldots, c_k \in \mathbb{C}$, so auch g_α, also ist

$$(y - c_1) \cdots (y - c_k)$$

ein wegen $1 \leq k \leq n$ nichtkonstanter gemeinsamer Faktor von f_α und g_α in $\mathbb{C}[y]$. Es folgt $(\mathrm{Res}_y(f, g))(\alpha) = \mathrm{Res}_y(f_\alpha, g_\alpha) = 0$. $\qquad\square$

8.5 Projektive Kurven

Bei der Betrachtung algebraischer Kurven (und entsprechend bei allgemeinen algebraischen Hyperflächen) ist es nützlich, diese projektiv zu betrachten. Ein Grund hierfür liegt darin, dass die Punktmenge des projektiven Raums $\mathbb{P}^n_\mathbb{C}$ – im Gegensatz zu $\mathbb{C}^n$ – kompakt ist.

Beispiel 8.13
Die (komplexe) Standard-Parabel $V(x^2 - y)$ schneidet sich mit einer gegebenen Gerade L in höchstens zwei Punkten. Hat die Gerade die Form $V(ax + b - y)$ mit gegebenen $a, b \in \mathbb{C}$, dann erhält man diese Schnittpunkte durch Gleichsetzen der Parabel- und der Geradengleichung.

Der eine Ausartungsfall tritt ein, wenn die Gerade L tangential an $V(x^2 - y)$ liegt. Dann existiert ein doppelter Schnittpunkt im Sinne der Definition in Abschnitt 8.6. Mit Vielfachheit gezählt, gibt es also auch in dieser Situation zwei Schnittpunkte.

Ist $L = V(x - c)$ für eine Konstante $c \in \mathbb{C}$ jedoch eine vertikale Gerade, dann schneiden sich die Parabel und die Gerade nur in einem einzigen Punkt (siehe Abbildung 8.6). Da die Gerade in diesem Schnittpunkt keine Tangente an die Parabel ist, hat der Schnittpunkt die Vielfachheit 1. Wir werden im Folgenden feststellen, dass es aber auch hier einen weiteren Schnittpunkt gibt, der allerdings in der affinen Ebene $\mathbb{C}^2$ nicht „sichtbar" ist. Dieser Punkt liegt auf der Ferngeraden in der projektiven Ebene $\mathbb{P}^2_\mathbb{C}$.

Der Vollständigkeit halber sei daran erinnert, dass das Bild der Situation im Reellen, wie in Abbildung 8.6, trügerisch ist: Die Situation, dass eine Gerade die Parabel gar nicht trifft, kommt im Komplexen nicht vor.

Kurven in der projektiven Ebene werden durch homogene Polynome $f \in \mathbb{C}[w, x, y]$ beschrieben.

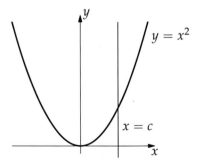

Abbildung 8.6. Schnittpunkt einer Parabel mit einer vertikalen Geraden

Definition 8.14

a. Ein Polynom $f \in \mathbb{C}[x_1, \cdots, x_n]$ heißt *homogen* vom Grad d, wenn für alle $\lambda \in \mathbb{C}$ gilt

$$f(\lambda x_1, \ldots, \lambda x_n) = \lambda^d f(x_1, \ldots, x_n).$$

b. Sei $f \in \mathbb{C}[x_1, \ldots, x_n]$ ein homogenes Polynom. Dann heißt

$$\mathrm{V}(f) := \left\{ (a_1 : \cdots : a_n)^T \in \mathbb{P}^{n-1}_{\mathbb{C}} : f(a_1, \ldots, a_n) = 0 \right\}$$

die *(komplexe) projektive Hyperfläche* von f.

c. Der *Totalgrad* eines Monoms $x_1^{\alpha_1} \cdots x_n^{\alpha_n}$ ist die Summe seiner Exponenten $\alpha_1 + \cdots + \alpha_n$. Der *Totalgrad* $\mathrm{tdeg}\, f$ eines Polynoms f ist das Maximum der Totalgrade seiner Monome (wobei wir $\mathrm{tdeg}\, 0 = -\infty$ setzen).

d. Der *Grad* einer projektiven Hyperfläche $V \subseteq \mathbb{P}^n_{\mathbb{C}}$ ist das Minimum der Totalgrade aller homogenen Polynome $f \in \mathbb{C}[x_0, x_1, \ldots, x_n]$ mit $\mathrm{V}(f) = V$.

Man beachte, dass die Bedingung $f(x_1, \ldots, x_n) = 0$ in Definition 8.14b. unabhängig von der Wahl der homogenen Koordinaten $(a_1 : \cdots : a_n)$ ist, da aufgrund der Homogenität von f für alle $\lambda \in \mathbb{C} \setminus \{0\}$ gilt

$$f(\lambda a_1, \ldots, \lambda a_n) = 0 \iff f(a_1, \ldots, a_n) = 0.$$

Eine *projektive algebraische Kurve* ist die projektive Hyperfläche zu einem nichtkonstanten homogenen Polynom in $\mathbb{C}[w, x, y]$ ohne mehrfache Faktoren. Ferner sieht man unmittelbar, dass ein Polynom genau dann homogen vom Grad d ist, wenn jedes seiner Monome Totalgrad d hat.

Bemerkung 8.15

Für ein nicht notwendig homogenes Polynom f ist die Summe der Terme eines festen Totalgrads d die *homogene Komponente vom Grad d*. Jedes Polynom ist die Summe seiner homogenen Komponenten.

Zu klären ist nun, wozu die projektive Sichtweise nützlich ist. Dazu schreiben wir ein Polynom $f \in \mathbb{C}[x_1, \ldots, x_n]$ als Summe seiner Monome

$$f = \sum_{i \in I} c_i x_1^{\alpha_1^{(i)}} \cdots x_n^{\alpha_n^{(i)}}. \tag{8.6}$$

Hier sind $c_i \in \mathbb{C} \setminus \{0\}$ die Koeffizienten, und I ist eine (endliche) Menge, die die Monome von f indiziert. Wir kürzen den Totalgrad des Monoms $x_1^{\alpha_1^{(i)}} \cdots x_n^{\alpha_n^{(i)}}$ mit $d_i := \alpha_1^{(i)} + \cdots + \alpha_n^{(i)}$ ab. Dann ist

$$d := \mathrm{tdeg}\, f = \max \{ d_i : i \in I \}$$

der Totalgrad von f. Das Polynom

$$\bar{f} := \sum_{i \in I} c_i x_0^{d-d_i} x_1^{\alpha_1^{(i)}} \cdots x_n^{\alpha_n^{(i)}} \in \mathbb{C}[x_0, x_1, \ldots, x_n] \tag{8.7}$$

ist homogen vom Grad d und heißt *Homogenisierung* von f.

In (2.1) hatten wir die Abbildung $\iota : \mathbb{C}^n \to \mathbb{P}^n_\mathbb{C}$, $(x_1, \ldots, x_n)^T \mapsto (1 : x_1 : \cdots : x_n)^T$ definiert, die den affinen Raum $\mathbb{C}^n$ in seinen projektiven Abschluss $\mathbb{P}^n_\mathbb{C}$ einbettet. Diese erlaubt es auch, affine Hyperflächen als Teilmengen des projektiven Raums zu betrachten.

Proposition 8.16
Sei $f \in \mathbb{C}[x_1, \ldots, x_n]$ ein beliebiges nichtkonstantes Polynom mit der Homogenisierung $\bar{f} \in \mathbb{C}[x_0, x_1, \ldots, x_n]$. Dann gilt

$$\iota(V(f)) = V(\bar{f}) \cap \iota(\mathbb{C}^n).$$

Beweis. Für $a \in \mathbb{C}^n$ ist $\iota(a) = (1 : a_1 : \cdots : a_n)$. Mit der Notation von (8.6) und (8.7) gilt dann

$$f(a) = \sum_{i \in I} c_i a_1^{\alpha_1^{(i)}} \cdots a_n^{\alpha_n^{(i)}} = \sum_{i \in I} c_i 1^{d-d_i} a_1^{\alpha_1^{(i)}} \cdots a_n^{\alpha_n^{(i)}} = \bar{f}(\iota(a)).$$

Insbesondere verschwindet $f(a)$ genau dann, wenn $\bar{f}(\iota(a))$ verschwindet. $\qquad \square$

Wir nennen $V(\bar{f})$ den *projektiven Abschluss* von $V(f)$.

Beispiel 8.17
Wir greifen unser Beispiel 8.13 wieder auf. Zu $f = x^2 - y \in \mathbb{C}[x, y]$ ist $\bar{f} = x^2 - wy \in \mathbb{C}[w, x, y]$ die Homogenisierung. Entsprechend ist $x - cw$ die Homogenisierung des linearen Polynoms $x - c$ für $c \in \mathbb{C}$. Der projektive Abschluss der affinen Geraden $L = V(x - c)$ ist die projektive Gerade $[-c : 1 : 0] = V(x - cw)$. Ihr Fernpunkt $(0 : 0 : 1)^T$ ist wegen $0^2 - 0 \cdot 1 = 0$ enthalten in $V(x^2 - wy)$. Dies ist der gesuchte „fehlende" Schnittpunkt.

Aufgabe 8.18.   Zeigen Sie, dass für jede projektive Transformation $\pi : \mathbb{P}^n_\mathbb{C} \to \mathbb{P}^n_\mathbb{C}$ und jedes nichtkonstante homogene Polynom $f \in \mathbb{C}[x_0, x_1, \ldots, x_n]$ das Bild $\pi(V(f))$ der projektiven Hyperfläche von f unter π wiederum eine projektive Hyperfläche desselben Grades ist.

8.6   Der Satz von Bézout

In diesem Abschnitt wird untersucht, wie sich zwei projektive (algebraische) Kurven C und D vom Grad n bzw. m in der komplexen projektiven Ebene schneiden. Wir werden sehen, dass sich C und D in höchstens nm Punkten schneiden, sofern die Kurven keine gemeinsame Komponente besitzen.

Definition 8.19a. Die Kurve C heißt *irreduzibel*, wenn es ein irreduzibles Polynom gibt, das C definiert.

b. Seien $f, g \in \mathbb{C}[w, x, y]$ homogen. Falls das Polynom g das Polynom f teilt, heißt $V(g)$ eine *Komponente* von $V(f)$.

Wir betrachten zuerst den Spezialfall des Schnittes einer Kurve mit einer Geraden, wie in Beispiel 8.13. Sei $C = V(f) \subseteq \mathbb{P}_{\mathbb{C}}^2$ eine Kurve mit einem homogenen Polynom $f \in \mathbb{C}[w, x, y]$ vom Grad n. Zur Vereinfachung der Rechnung nehmen wir zunächst an, dass die Gerade L durch $V(y) = \{(a : b : 0)^T \in \mathbb{P}_{\mathbb{C}}^2 : (a : b)^T \in \mathbb{P}_{\mathbb{C}}^1\}$ gegeben ist. Für die Schnittpunkte von C mit L gilt

$$C \cap L = \left\{(a : b : 0)^T \in \mathbb{P}_{\mathbb{C}}^2 : f(a, b, 0) = 0\right\}.$$

Wie in (8.5) kann man f schreiben als

$$f(w, x, y) = f_n y^n + f_{n-1} y^{n-1} + \cdots + f_0$$

mit Koeffizienten $f_0, \ldots, f_n \in \mathbb{C}[w, x]$ und $\operatorname{tdeg} f_i = n - i$ (oder $f_i = 0$). Dann gilt $f(w, x, 0) = f_0(w, x)$.

Wir unterscheiden zwei Fälle: Für $f_0 = 0$ wird f von y geteilt, und es folgt $L \subseteq C$. Im Fall $f_0 \neq 0$ gilt $\deg f_0 = n$, weil f homogen vom Grad n ist. Daher existiert nach dem Fundamentalsatz der Algebra (in seiner „homogenen" Form) eine (bis auf Umordnung eindeutige) Zerlegung

$$f_0 = (b_1 w - a_1 x)^{k_1} \cdots (b_m w - a_m x)^{k_m}$$

mit (bis auf die Reihenfolge) eindeutig bestimmten, paarweise verschiedenen Punkten $(a_i : b_i)^T \in \mathbb{P}_{\mathbb{C}}^1$ und $k_i \in \mathbb{N}$ für $1 \leq i \leq m$. In dieser Situation definieren wir

$$\operatorname{mult}_p(C, L) := \begin{cases} k_i & \text{falls } p = (a_i : b_i : 0)^T \text{ für ein } i \in \{1, \ldots, m\}, \\ 0 & \text{für } p \notin \{(a_i : b_i : 0)^T : 1 \leq i \leq m\} \end{cases}$$

als *Schnittmultiplizität* von C und L im Punkt p.

Bemerkung 8.20

In Aufgabe 8.18 war zu zeigen, dass projektive Transformationen projektive Hyperflächen wieder auf projektive Hyperflächen desselben Grades abbilden. Da außerdem eine beliebige projektive Gerade auf jede andere transformiert werden kann, liefert die obige Definition also indirekt auch die Definition der Multiplizität des Schnittes einer Kurve mit einer beliebigen Geraden.

Lemma 8.21

Ist $C \subseteq \mathbb{P}_{\mathbb{C}}^2$ eine Kurve vom Grad $n \geq 1$ und L eine nicht in C enthaltene Gerade, so ist die Gesamtzahl der Schnittpunkte von C und L mit Multiplizität gezählt gleich n.

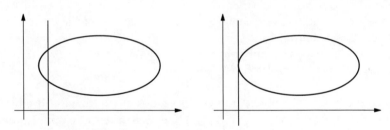

Abbildung 8.7. Einfache Schnittpunkte und doppelter Schnittpunkt

Beweis. Dies folgt unmittelbar aus $k_1 + \cdots + k_m = n$.   □

Beispiel 8.22
Das linke Bild in Abbildung 8.7 zeigt zwei einfache Schnittpunkte, und das rechte
Bild einen Schnittpunkt mit Multiplizität 2.

Aufgabe 8.23. Es sei $f \in \mathbb{C}[x]$ ein nichtkonstantes Polynom vom Grad n. Zeigen Sie, dass
die affine algebraische Kurve $V(f(x) - y) \subseteq \mathbb{C}^2$ mit der Geraden $V(y)$ genau dann einen
$(k+1)$-fachen Schnittpunkt an der Stelle $(\alpha, 0)$ besitzt, wenn α *Nullstelle $(k+1)$-ter Ord-*
nung ist, das heißt, α ist Nullstelle von f und allen Ableitungen $f^{(1)} = f'$, $f^{(2)} = f''$, ...,
$f^{(k)} = f^{(k-1)'}$. Insbesondere ist die Summe der Ordnungen aller Nullstellen von f genau
n.

Die Multiplizität von Schnittpunkten beliebiger Kurven werden wir weiter unten
klären. Zuerst beweisen wir den bereits angekündigten Satz von Bézout in einer
abgeschwächten Form.

Satz 8.24 (Schwache Form des Satzes von Bézout)
Besitzen zwei projektive Kurven $C, D \subseteq \mathbb{P}^2_{\mathbb{C}}$ vom Grad n bzw. m keine gemeinsame
Komponente, dann schneiden sie sich in höchstens nm Punkten.

Für den Beweis benötigen wir das folgende technische Lemma.

Lemma 8.25
Seien $f, g \in \mathbb{C}[w, x, y]$ nichtkonstante homogene Polynome vom Grad n bzw. m mit

$$f(0,0,1) \neq 0 \neq g(0,0,1). \tag{8.8}$$

In dieser Situation haben f und g genau dann einen nichtkonstanten gemeinsamen Fak-
tor, wenn die Resultante $\mathrm{Res}_y(f, g) \in \mathbb{C}[w, x]$ das Nullpolynom ist. Haben f und g
keinen nichtkonstanten gemeinsamen Faktor, dann hat $\mathrm{Res}_y(f, g)$ den Grad nm.

Aufgabe 8.26. Zeigen Sie, dass die technische Voraussetzung $f(0,0,1) \neq 0$ hierbei gewährleistet, dass der Grad des homogenen Polynoms $f \in \mathbb{C}[w, x, y]$ mit dem Grad übereinstimmt, wenn f als Polynom in y mit Koeffizienten in $\mathbb{C}[w, x]$ betrachtet wird.

Wiederum wegen der Aufgabe 8.18 ist Voraussetzung (8.8) unerheblich.

Beweis des Lemmas 8.25. Die erste Aussage folgt aus der homogenen Version von Korollar 8.10. Für die zweite Aussage bemerken wir zunächst, dass die Resultante $\mathrm{Res}_y(f,g)$ die Determinante einer $(n+m) \times (n+m)$-Matrix ist, deren von Null verschiedene Einträge r_{ij} in Zeile i und Spalte j homogene Polynome in $\mathbb{C}[w,x]$ vom Grad d_{ij} mit

$$d_{ij} = \begin{cases} j-i & \text{falls } 1 \leq i \leq m, \\ j-i+m & \text{falls } m+1 \leq i \leq n+m \end{cases}$$

sind. Dann ist $\mathrm{Res}_y(f,g)$ eine Summe von Termen der Form

$$\pm \prod_{i=1}^{n+m} r_{i,\sigma(i)},$$

wobei σ eine Permutation von $\{1, \ldots, n+m\}$ ist. Jeder solche Term ist entweder das Nullpolynom oder ein homogenes Polynom vom Grad

$$\sum_{i=1}^{m+n} d_{i,\sigma(i)} = \sum_{i=1}^{m} (\sigma(i) - i) + \sum_{i=m+1}^{n+m} (\sigma(i) - i + m)$$

$$= nm \quad \sum_{i=1}^{n+m} i + \sum_{i=1}^{n+m} \sigma(i)$$

$$= nm.$$

Da die Resultante nicht das Nullpolynom ist, ist sie vom Grad nm. □

Beweis von Satz 8.24. Wie beim Beweis des Lemmas von Study überstreichen wir die Ebene durch eine Schar von Geraden. Ohne Beschränkung der Allgemeinheit können wir annehmen, dass die Kurven C und D beide nicht durch den Punkt $(0:0:1)^T$ gehen. Wir betrachten die Darstellungen

$$f = a_n y^n + a_{n-1} y^{n-1} + \cdots + a_0,$$

$$g = b_m y^m + b_{m-1} y^{m-1} + \cdots + b_0$$

mit Koeffizienten $a_i, b_j \in \mathbb{C}[w,x]$. Da f und g homogen vom Grad m bzw. n sind, gilt $\deg a_i = n - i$, $\deg b_j = m - j$ sofern $a_i, b_j \neq 0$. Wegen $(0:0:1)^T \notin C \cup D$ ist $a_n \neq 0$ und $b_m \neq 0$. Nach Voraussetzung besitzen C und D keine gemeinsame Komponente, so dass $r := \mathrm{Res}_y(f,g)$ nach Lemma 8.25 ein homogenes Polynom vom Grad nm in $\mathbb{C}[w,x]$ ist.

Um zu zeigen, dass $C \cap D$ endlich ist, betrachten wir die Resultante r genauer. Für jeden festen Punkt $(\alpha : \beta)^T$ auf der projektiven Geraden $\mathbb{P}^1_\mathbb{C}$ liefert Einsetzen für w bzw. x in f und g Polynome $f_{(\alpha:\beta)}$ und $g_{(\alpha:\beta)}$ in $\mathbb{C}[y]$. Auf diese beiden univariaten Polynome wenden wir Satz 8.8 an.

Ein Punkt $(\alpha : \beta)^T \in \mathbb{P}^1_{\mathbb{C}}$ ist daher genau dann eine Nullstelle von r, wenn ein $\gamma \in \mathbb{C}$ existiert, so dass $(\alpha : \beta : \gamma)^T \in V(f) \cap V(g)$. Da wir aber bereits wissen, dass $r \neq 0$ ist, hat r nur endlich viele Nullstellen auf der projektiven Geraden. Außerdem gibt es für eine feste r-Nullstelle $(\alpha : \beta)^T$ nur endlich viele γ mit $f(\alpha, \beta, \gamma) = g(\alpha, \beta, \gamma) = 0$, da andernfalls die Verbindungsgerade

$$[-\beta : \alpha : 0] = \left\{ \lambda(\alpha : \beta : 0)^T + \mu(0 : 0 : 1)^T : (\lambda : \mu)^T \in \mathbb{P}^1_{\mathbb{C}} \right\}$$

$$= \left\{ (\lambda\alpha : \lambda\beta : \mu)^T : (\lambda : \mu)^T \in \mathbb{P}^1_{\mathbb{C}} \right\}$$

von $(\alpha : \beta : 0)^T$ und $(0 : 0 : 1)^T$ eine gemeinsame Komponente von C und D wäre. Folglich ist $C \cap D$ endlich.

Da es nur endlich viele Schnittpunkte gibt, existieren zwischen ihnen auch nur endlich viele Verbindungsgeraden. Wir können durch eine projektive Transformation erreichen, dass der Punkt $(0 : 0 : 1)^T$ auf keiner dieser Verbindungsgeraden liegt. Damit gibt es auf jeder Geraden $[-\beta : \alpha : 0]$ höchstens einen Schnittpunkt von C und D; insgesamt existieren also höchstens $nm = \deg r$ Schnittpunkte. $\qquad\square$

Um zu einer stärkeren Aussage zu gelangen, muss nun die Multiplizität eines Schnittpunkts beliebiger Kurven $C = V(f)$ und $D = V(g)$ ohne gemeinsamer Komponente geklärt werden. Wie zum Schluss des Beweises von Satz 8.24 gehen wir davon aus, dass auf jeder Geraden $[-\beta : \alpha : 0]$ mit $(\alpha : \beta)^T \in \mathbb{P}^1_{\mathbb{C}}$ höchstens ein Punkt aus $C \cap D$ liegt, und dass $(0 : 0 : 1)^T \notin C \cup D$ ist.

Der Schlüssel für das Weitere ist die Resultante $r = r_y(f, g)$, deren Nullstellen auf der projektiven Geraden $\mathbb{P}^1_{\mathbb{C}} = [0 : 0 : 1] \subseteq \mathbb{P}^2_{\mathbb{C}}$ die Schnittmenge $C \cap D$ parametrisieren. Der Punkt $(\alpha : \beta : \gamma)^T \in C \cap D$ ist ein *k-facher Schnittpunkt*, falls die zugehörige Nullstelle $(\alpha : \beta)^T$ von r die Ordnung k hat.

Satz 8.27 (Satz von Bézout)
Besitzen zwei projektive Kurven $C, D \subseteq \mathbb{P}^2_{\mathbb{C}}$ vom Grad n bzw. m keine gemeinsame Komponente, dann ist die Summe der Multiplizitäten aller Schnittpunkte genau nm.

Beweis. Mit der obigen Notation sei s die Kardinalität der Schnittmenge $C \cap D$. Für $p_i \in C \cap D$ sei k_i die Schnittmultiplizität. Dann gilt $\sum_{i=1}^{s} k_i = \deg r = nm$. $\qquad\square$

8.7 Algebraische Kurven mit Maple

Mit gängigen Computeralgebra-Systemen können algebraische Kurven untersucht und visualisiert werden Wir begnügen uns hier damit, dies an einem Beispiel mit dem kommerziellen Universal-Paket Maple zu illustrieren.

Die folgenden Kommandos in Maple laden Pakete zur Behandlung von algebraischen Kurven und zur graphischen Darstellung.

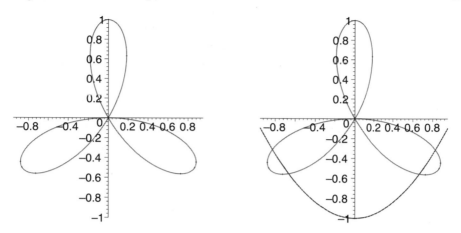

Abbildung 8.8. Dreiblättriges Kleeblatt und Schnitt mit einer Parabel

```
> with(algcurves):
> with(plots):
```

Wir definieren das Polynom $f := (x^2 + y^2)^2 + 3x^2y - y^3 \in \mathbf{C}[x,y]$ und visualisieren die durch f definierte affine Kurve C mittels

```
> f := (x^2+y^2)^2 + 3*x^2*y - y^3;
> plot_real_curve(f,x,y);
```

Siehe Abbildung 8.8 links. Die Kurve C vom Grad 4 wird als *dreiblättriges Kleeblatt* bezeichnet. Wir betrachten nun ferner die durch

```
> g := y-(x^2-1);
```

definierte Parabel, siehe Abbildung 8.8 rechts.

Um die x-Koordinaten der reellen Schnittpunkte von C mit der durch g definierten Parabel zu bestimmen, berechnen wir mittels

```
> r := resultant(f,g,y);
```

die Resultante $\mathrm{Res}_y(f,g)$ und erhalten

```
    r := 9*x^4-8*x^2+2-3*x^6+x^8
```

Mit dem Kommando

```
> fsolve(r,x,complex);
```

erhält man numerische Approximationen für die komplexen Nullstellen von r. Wie in Abbildung 8.9 illustriert, hat r die reellen Nullstellen mit den numerischen Werten

$$\pm 0.8281 \text{ und } \pm 0.6656.$$

Hinzu kommen noch vier weitere nicht-reelle Nullstellen

$$\pm 1.3232 \pm 0.9029i.$$

Für jede Nullstelle α von r haben nach Satz 8.8 die univariaten Polynome $f(\alpha, y)$ und $g(\alpha, y)$ einen gemeinsamen Faktor und somit eine gemeinsame Nullstelle. Damit erhält man für jedes α (mindestens) einen Punkt im Schnitt der Kurve C mit der Parabel.

Beim Zeichnen der Resultante r mit `Maple` ist zu beachten, dass ein „naiver" Aufruf der Funktion `plot` kein sinnvolles Ergebnis liefert, weil $\deg r = 8$ relativ hoch ist. Daher sollte man entweder die Anzahl der Punkte, an denen die Funktion zum Zeichnen ausgewertet wird (Option `numpoints`), groß wählen oder wiederum die intelligentere Funktion `plot_real_curve` verwenden.

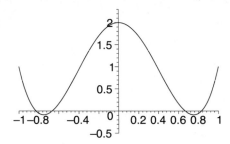

Abbildung 8.9. Graph der Resultante r

8.8 Aufgaben

Aufgabe 8.28. Es seien

$$f = a_n x^n + a_{n-1} x^{n-1} + \cdots + a_0,$$
$$g = b_m x^m + b_{m-1} x^{m-1} + \cdots + b_0$$

Polynome in $\mathbb{C}[x]$ vom Grad n bzw. m mit ihren (nicht notwendig paarweise verschiedenen) Nullstellen $\alpha_1, \ldots, \alpha_n$ bzw. $\beta_1, \ldots, \beta_m$.

a. Zeigen Sie

$$\mathrm{Res}(f, g) = a_n^n b_m^m \prod_{i=1}^{n} \prod_{j=1}^{m} (\alpha_i - \beta_j)$$

$$= a_n^n \prod_{i=1}^{n} g(\alpha_i) = (-1)^{mn} b_m^m \prod_{j=1}^{m} f(\beta_j).$$

b. Folgern Sie, dass $\mathrm{Res}(f_1 f_2, g) = \mathrm{Res}(f_1, g)\,\mathrm{Res}(f_2, g)$ für $f_1, f_2, g \in \mathbb{C}[x]$. Gilt diese Aussage nur über $\mathbb{C}$ oder auch über anderen Körpern?

Aufgabe 8.29. Zeigen Sie, dass die Menge $A = \{(x, x) \in \mathbb{R}^2 : x \geq 0\}$ keine algebraische Hyperfläche ist und auch nicht als Durchschnitt von Hyperflächen geschrieben werden kann.

Aufgabe 8.30. Für welche $\alpha, \beta \in \mathbb{R}$ sind alle Punkte in $V(f) \cap V(g)$ mit

$$f(x,y) = (x - 2\alpha)^2 + y^2 - 1 \,,\, g(x,y) = (x - 2\beta)^2 + y^2 - 1 \in \mathbb{C}[x,y]$$

reell?

Aufgabe 8.31. Sei $f \in \mathbb{C}[x_1, \ldots, x_n]$ ein nichtkonstantes Polynom mit Homogenisierung $\bar{f} \in \mathbb{C}[x_0, x_1, \ldots, x_n]$. Zeigen Sie, dass f genau dann irreduzibel ist, wenn $\bar{f}$ irreduzibel ist.

8.9 Anmerkungen

Für numerische Verfahren zur Berechnung von Eigenwerten verweisen wir auf das Lehrbuch von Stoer und Bulirsch [83]. Die Grundlagen der Galois-Theorie können dem Buch von Wüstholz entnommen werden [90].

Es ist ausgesprochen schwierig, algebraische Flächen mit ihren Singularitäten korrekt zu visualisieren. Eine interessante Möglichkeit besteht darin, Raytracing-Techniken zu verwenden, wie dies etwa surfex verfolgt [58]. Die Beispiele aus Abbildung 8.4 wurden mit den Programmen SingSurf [73] und JavaView [75] erstellt. Aus SingSurf erhält man ein Gittermodell der Fläche, das dann in JavaView interaktiv visualisiert werden kann.

Der Satz von Bézout geht bereits auf das 18. Jahrhundert zurück (der von Étienne Bézout gegebene Beweis dieses Satzes war jedoch weder korrekt noch der erste Beweis der Aussage). Unsere Darstellung orientiert sich an Fischer [38]. Zusätzlich sei auf die Bücher von Cox, Little, O'Shea [31], und Kirwan [63] hingewiesen.

9 Gröbnerbasen und der Buchberger-Algorithmus

Wir untersuchen das Problem, die gemeinsamen Nullstellen einer endlichen Menge von Polynomen über einem Körper K zu berechnen, und führen die hierfür notwendigen algebraischen Strukturen ein. Für die Behandlung der algorithmischen Teilaspekte spielt das Konzept der *Gröbnerbasen* eine Schlüsselrolle. In Kapitel 10 werden wir sehen, wie mit Hilfe von Gröbnerbasen beliebige polynomiale Gleichungssysteme algorithmisch gelöst werden können.

9.1 Ideale und der univariate Fall

Wir betrachten im Folgenden einen Polynomring über einem beliebigen Körper K. In Kapitel 8 hatten wir (affine und projektive) algebraische Varietäten zu einzelnen Polynomen eingeführt. Dies soll hier verallgemeinert werden. Es sei $S \subset K[x_1, \ldots, x_n]$ eine beliebige Menge von Polynomen. Dann ist

$$V(S) := \{a \in K^n : f(a_1, \ldots, a_n) = 0 \text{ für alle } f \in S\} = \bigcap_{f \in S} V(f)$$

die *affine Varietät* von S über dem Körper K. Eine affine Varietät ist also ein Schnitt von affinen Hyperflächen. Wir beobachten sofort, dass jede gemeinsame Nullstelle der Polynome $f_1, \ldots, f_t \in K[x_1, \ldots, x_n]$ auch eine Nullstelle von $\sum_{i=1}^t h_i f_i$ ist, und zwar für eine beliebige Wahl von $h_1, \ldots, h_t \in K[x_1, \ldots, x_n]$. Dies motiviert die folgende Definition.

Definition 9.1
Eine nichtleere Menge $I \subseteq K[x_1, \ldots, x_n]$ heißt *Ideal*, wenn für alle $f, g \in I$ und alle $h \in K[x_1, \ldots, x_n]$ gilt $f + g \in I$ und $hf \in I$.

Für $S \subseteq K[x_1, \ldots, x_n]$ ist $\langle S \rangle$ das von S *erzeugte Ideal*, das heißt, das kleinste Ideal von $K[x_1, \ldots, x_n]$, das S enthält. Offenbar gilt

$$\langle S \rangle = \left\{ \sum_{i=1}^t h_i f_i : f_1, \ldots, f_t \in S, h_1, \ldots, h_t \in K[x_1, \ldots, x_n], t \in \mathbb{N} \right\}.$$

Die nachfolgende Aufgabe zeigt, dass Varietäten durch Ideale beschrieben werden.

Aufgabe 9.2.   Zeigen Sie, dass gilt $V(S) = V(\langle S \rangle)$.

Ein Erzeugendensystem eines Ideals I heißt auch *Basis* von I. Hierbei ist zu betonen, dass – anders als bei Vektorräumen – ein Ideal Basen unterschiedlicher Kardinalität besitzt: Beispielsweise ist jede Teilmenge eines Ideals I, die eine Basis von I enthält, selbst wieder eine Basis von I. In Korollar 9.22, dem sogenannten *Hilbertschen Basissatz*, werden wir sehen, dass jedes Ideal $I \subseteq K[x_1, \ldots, x_n]$ endlich erzeugt ist.

Nicht jede Basis eines Ideals ist gleich gut. An manchen Basen lassen sich mehr Eigenschaften des Ideals bzw. der dadurch definierten Varietät ablesen als an anderen. Wir wollen dies an einem Beispiel illustrieren.

Beispiel 9.3
Seien $f = x^2 y + x + 1$, $g = x^3 y + x + 1 \in \mathbb{C}[x, y]$. Zur Bestimmung der gemeinsamen Nullstellen von f und g ist es sehr hilfreich, ein Polynom in $I = \langle f, g \rangle$ zu kennen, das nur von einer der Unbestimmten, etwa nur von x, abhängt. Ein solches Polynom ist beispielsweise

$$x^2 - 1 = x \cdot f - g \in I.$$

Folglich gilt für jede gemeinsame Nullstelle $(a, b)^T$ von f, g, dass $a \in \{-1, 1\}$ ist. Einsetzen und Auflösen der Gleichungen nach y zeigt, dass tatsächlich die beiden Punkte $(-1, 0)^T$ und $(1, -2)^T$ die gemeinsamen Nullstellen von f und g sind. Abbildung 9.1 illustriert den reellen Teil der Kurven $V(f)$ und $V(g)$.

Es gilt $x \cdot f - (x^2 - 1) = g$, also $I = \langle f, x^2 - 1 \rangle$.

Das vorige Beispiel legt die Idee nahe, ein polynomiales Gleichungssystem aufzulösen, indem man schrittweise die Variablen eliminiert und dann rückwärts

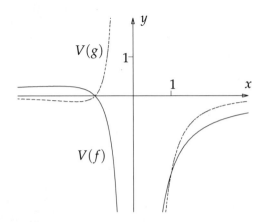

Abbildung 9.1. Varietäten $V(f)$ und $V(g)$

einsetzt. Dies entspricht dem Lösen eines linearen Gleichungssystems in Zeilenstufenform. Wir werden auf das folgende Konzept geführt: Für ein Ideal $I = \langle f_1, \ldots, f_t \rangle \subseteq K[x_1, \ldots, x_n]$ und $i \in \{1, \ldots, n-1\}$ sei

$$I \cap K[x_{i+1}, \ldots, x_n]$$

das i-te *Eliminationsideal*.

Aufgabe 9.4. Zeigen Sie, dass das i-te Eliminationsideal von I ein Ideal in $K[x_{i+1}, \ldots, x_n]$ ist.

Die Untersuchung der Eliminationsideale verschieben wir auf das nachfolgende Kapitel. Zunächst einmal müssen wir uns dazu noch einige Grundlagen erarbeiten. Hierzu werden wir der Frage nachgehen, wie man zu gegebenem Ideal I und Polynom f entscheidet, ob f in I liegt oder nicht. Dies ist das das sogenannte *Ideal-Zugehörigkeitsproblem*, für das uns der Algorithmus 9.3 auf Seite 156 eine Lösung liefern wird.

Wir sehen uns das Ideal-Zugehörigkeitsproblem erst einmal für den Spezialfall einer einzigen Unbestimmten an: Für gegebene Polynome $f_1, \ldots, f_t, f \in K[x]$ fragen wir, ob $f \in \langle f_1, \ldots, f_t \rangle$. Da im Polynomring in einer Unbestimmten eine Division mit Rest existiert, ist $K[x]$ ein *euklidischer Ring*. Die Division mit Rest erlaubt es (im euklidischen Algorithmus 9.1), algorithmisch den größten gemeinsamen Teiler g der Polynome $f_1, \ldots, f_t$ zu bestimmen, für den dann $\langle g \rangle = \langle f_1, \ldots, f_t \rangle$ gilt. Überdies ermöglicht die Division mit Rest, das Ideal-Zugehörigkeitsproblem zu lösen, nämlich zu testen, ob f dividiert durch g den Rest 0 ergibt oder nicht.

Wir gehen davon aus, dass dies der Leserin oder dem Leser im Wesentlichen bekannt ist. Weil aber diese beiden Algorithmen modellhaft für das weitere Vorgehen sind, wollen wir sie hier trotzdem noch einmal darstellen.

Zu zwei Polynomen $f, g \in K[x] \setminus \{0\}$ gibt es $r, s \in K[x]$ mit

$$f = q \cdot g + r \quad \text{mit } \deg r < \deg g. \tag{9.1}$$

Der Hauptfall, in dem $\deg f \geq \deg g$ gilt, stellt sich so dar: Wir nehmen an, dass $f = \sum_{i=0}^{n} a_i x^i$ und $g = \sum_{j=0}^{m} b_j x^j$ ist mit $n \geq m$ und $a_n, b_m \neq 0$. Per Induktion nach dem Grad können wir davon ausgehen, dass das Polynom $h := f - \frac{a_n}{b_m} \cdot x^{n-m} \cdot g$ vom Grad $\leq n-1$ eine Zerlegung $h = q' \cdot g + r$ mit $\deg r < \deg g$ besitzt. Es folgt

$$f = h + \frac{a_n}{b_m} \cdot x^{n-m} \cdot g = \left(q' + \frac{a_n}{b_m} x^{n-m} \right) g + r,$$

woraus sich mit $q := q' + \frac{a_n}{b_m} x^{n-m}$ die zu zeigende Existenzaussage ergibt. Wir bezeichnen den *Rest* r auch mit $\text{rem}(f; g)$. Falls $\text{rem}(f; g) = 0$ schreiben wir $g \mid f$.

Definition 9.5

Sei K ein Körper. Ein Polynom $g \in K[x]$ heißt *größter gemeinsamer Teiler* (ggT) von $f_1, \ldots, f_t \in K[x] \setminus \{0\}$, falls die beiden folgenden Bedingungen erfüllt sind.

a. $g \mid f_i$ für alle $i \in \{1, \ldots, t\}$;

b. falls $h \mid f_1, \ldots, h \mid f_t$ so folgt $h \mid g$ für alle $h \in K[x]$.

In jedem faktoriellen Ring existieren stets größte gemeinsame Teiler, und sie sind auch bis auf eine Einheit (hier also eine von 0 verschiedene Konstante aus K) eindeutig bestimmt; siehe Anhang A. Man kann die Eindeutigkeit aber erzwingen, indem man (willkürlich) festlegt, dass der ggT den Leitkoeffizienten 1 haben soll.

Analog lässt sich das *kleinste gemeinsame Vielfache* von $f_1, \ldots, f_t$ definieren. Alternativ kann man aber die folgende Rechenregel für normierte Polynome als Definition lesen:

$$\mathrm{kgV}(f_1, \ldots, f_t) := \frac{f_1 \cdots f_t}{\mathrm{ggT}(f_1, \ldots, f_t)}.$$

Hieran erkennt man auch, dass sich die Berechnung des kleinsten gemeinsamen Vielfachen auf die des größten gemeinsamen Teilers reduziert.

Die Besonderheit im Fall des Rings $K[x]$, oder allgemeiner in beliebigen euklidischen Ringen, besteht darin, dass man den ggT berechnen kann.

Eingabe : $f, g \in K[x] \setminus \{0\}$ mit $\deg f \geq \deg g$
Ausgabe : $\mathrm{ggT}(f, g)$

1   $r_0 \leftarrow f; r_1 \leftarrow g; i \leftarrow 1$
2   **while** $r_i \neq 0$ **do**
3      $r_{i+1} \leftarrow \mathrm{rem}(r_{i-1}; r_i)$
4      $i \leftarrow i + 1$
5   **return** r_{i-1}

Algorithmus 9.1. Euklidischer Algorithmus

Der euklidische Algorithmus 9.1 terminiert, da die Grade der Polynome r_i streng monoton fallen. Wir nennen q_i dasjenige Polynom, für das in Schritt 2 gilt

$$r_{i-1} = q_i \cdot r_i + r_{i+1}. \tag{9.2}$$

Zum Nachweis der Korrektheit des Algorithmus zeigen wir, dass das im letzten Schritt ausgegebene $r := r_{i-1}$ die beiden Eigenschaften aus Definition 9.5 erfüllt. Aus den Gleichungen (9.2) ergibt sich sukzessive, dass r die Reste $r_{i-2}, r_{i-3}, \ldots$, $r_1 = g$ und $r_0 = f$ teilt. Teilt umgekehrt h sowohl f als auch g, so teilt h der Reihe nach $r_2, r_3, \ldots, r_{i-1}$, was man ebenfalls den Gleichungen (9.2) entnimmt.

Jeder der im euklidischen Algorithmus berechneten Reste ist auch in dem Ideal $\langle f, g \rangle$ der Eingabepolynome $f, g \in K[x]$ enthalten, also gilt auch $\mathrm{ggT}(f, g) \in \langle f, g \rangle$. Es folgt weiter

$$\langle \mathrm{ggT}(f, g) \rangle = \langle f, g \rangle.$$

Beispiel 9.6

Die Anwendung des euklidischen Algorithmus auf die beiden Polynome $f = x^4 - x^3$ und $g = x^3 - x$ liefert sukzessiv $(q_1, r_2) = (x - 1, x^2 - x)$ und $(q_2, r_3) = (x + 1, 0)$, so dass $x^2 - x$ der ggT von f und g ist.

Um den Erzeuger eines von mehreren Polynomen erzeugten Ideals zu bestimmen, genügt es, die folgende Regel zu verifizieren:

Aufgabe 9.7. Für $t \geq 3$ gilt $\mathrm{ggT}(f_1, \ldots, f_t) = \mathrm{ggT}(f_1, \mathrm{ggT}(f_2, \ldots, f_t))$.

Der euklidische Algorithmus liefert also eine *Normalform* für Ideale in $K[x]$, nämlich eine Beschreibung als Hauptideal. Ist ein Ideal in dieser Normalform gegeben, also durch einen einzigen Erzeuger, dann entscheidet die Division mit Rest das Ideal-Zugehörigkeitsproblem. Im Weiteren wird es darum gehen, diese beiden Verfahren auf Polynomringe mit beliebig vielen Unbestimmten zu übertragen.

9.2 Monomordnungen

Für die im vorhergehenden Abschnitt betrachteten Polynome in einer Unbestimmten wird durch den Grad der Polynome eine natürliche Halbordnung definiert. Das bei Division eines Polynoms f durch g entstehende Restpolynom ist bezüglich dieser Halbordnung kleiner als der Divisor g. Um auch im multivariaten Fall eine vernünftige Division mit Rest erklären zu können, ist es zunächst einmal notwendig, die Menge der Monome geeignet zu ordnen.

Ein Monom $x_1^{\alpha_1} \cdots x_n^{\alpha_n}$ aus $K[x_1, \ldots, x_n]$ schreiben wir kurz auch als x^α, wobei $\alpha = (\alpha_1, \ldots, \alpha_n) \in \mathbb{N}^n$ ein Multiindex ist. In Definition 8.14 hatten wir den Totalgrad eines Monoms als $\mathrm{tdeg}\, x^\alpha := \alpha_1 + \cdots + \alpha_n$ definiert. Anstelle von $\mathrm{tdeg}\, x^\alpha$ verwenden wir auch die Schreibweise $|\alpha|$.

Definition 9.8

Eine *Monomordnung* auf $K[x_1, \ldots, x_n]$ ist eine Relation $\prec$ auf $\mathbb{N}^n$ (oder gleichwertig eine Relation auf der Menge der Monome x^α für $\alpha \in \mathbb{N}^n$), die die folgenden Eigenschaften erfüllt.

a. Die Relation $\prec$ ist eine Wohlordnung auf $\mathbb{N}^n$, das heißt, jede nichtleere Teilmenge von $\mathbb{N}^n$ besitzt bezüglich $\prec$ ein kleinstes Element.

b. Aus $\alpha \prec \beta$ und $\gamma \in \mathbb{N}^n$ folgt $\alpha + \gamma \prec \beta + \gamma$.

Jede Wohlordnung ist insbesondere eine totale Ordnung. Aus der Eigenschaft b. folgt, dass der Nullvektor (bzw. das leere Monom 1) das eindeutig bestimmte kleinste Element bezüglich jeder Monomordnung ist. In der Schreibweise als Monome fordert die zweite Bedingung eine *Verträglichkeit bezüglich der Multiplikation*: $x^\alpha \cdot x^\gamma \prec x^\beta \cdot x^\gamma$.

Definition 9.9 (*Lexikographische Ordnung*)

Seien $\alpha, \beta \in \mathbb{N}^n$. Wir vereinbaren $x^\alpha \prec_{\mathrm{lex}} x^\beta$, wenn der am weitesten links stehende von Null verschiedene Koeffizient in der Differenz $\beta - \alpha \in \mathbb{Z}^n$ positiv ist.

Beispiel 9.10

Es gilt $(4, 3, 1) \succ_{\mathrm{lex}} (3, 7, 10)$ und $(4, 3, 1) \prec_{\mathrm{lex}} (4, 7, 10)$. In der Schreibweise als Monome in $K[x, y, z]$ bedeutet das $x^4 y^3 z^1 \succ_{\mathrm{lex}} x^3 y^7 z^{10}$ bzw. $x^4 y^3 z^1 \prec_{\mathrm{lex}} x^4 y^7 z^{10}$.

Die Relation $\prec_{\mathrm{lex}}$ ist eine Monomordnung. Hierbei erfordert lediglich die Überprüfung der Wohlordnungseigenschaft eine kurze Überlegung: Unter der Annahme, dass $\prec_{\mathrm{lex}}$ keine Wohlordnung wäre, könnten wir eine unendliche, strikt absteigende Folge

$$\alpha^{(1)} \succ_{\mathrm{lex}} \alpha^{(2)} \succ_{\mathrm{lex}} \alpha^{(3)} \succ_{\mathrm{lex}} \cdots \tag{9.3}$$

von Elementen in $\mathbb{N}^n$ finden. Nach Definition der lexikographischen Ordnung definieren die am weitesten links stehenden Einträge $\alpha_1^{(i)}$ eine nicht-wachsende Folge in $\mathbb{N}$. Da die Menge der natürlichen Zahlen wohlgeordnet ist, existiert ein N_1 mit $(\alpha^{(i)})_1 = (\alpha^{(N_1)})_1$ für alle $i \geq N_1$. Betrachtet man nun nur noch die Folgeglieder ab dem Index N_1, kann in gleicher Weise gefolgert werden, dass auch die Einträge an den Stellen $2, \ldots, n$ stationär werden. Dies zeigt einen Widerspruch zum strikten Abstieg der Folge (9.3).

Eine Monomordnung liefert eine eindeutige (sortierte) Schreibweise für beliebige Polynome. Für den Rest des Abschnitts wollen wir eine Monomordnung $\prec$ auf $K[x_1, \ldots, x_n]$ fixieren. Zu einem von Null verschiedenen Polynom $f = \sum_\alpha c_\alpha x^\alpha$ aus $K[x_1, \ldots, x_n]$ sei $\alpha^* := \max_\prec \{\alpha : c_\alpha \neq 0\}$. Das *Leitmonom* von f ist dann $\mathrm{lm}_\prec(f) := x^{\alpha^*}$, und der zugehörige Koeffizient $\mathrm{lc}_\prec(f) := c_{\alpha^*}$ heißt *Leitkoeffizient*. Ihr Produkt

$$\mathrm{lt}_\prec(f) := \mathrm{lc}_\prec(f) \cdot \mathrm{lm}_\prec(f) = c_{\alpha^*} \cdot x^{\alpha^*}$$

heißt *Leitterm* von f. Falls sich die Monomordnung aus dem Kontext ergibt, wird sie in der Notation auch unterdrückt.

Beispiel 9.11

Für $f = 5x^4 y^3 z + 2x^3 y^7 z^{10}$ in $K[x, y, z]$ gilt also bezüglich der lexikographischen Ordnung $\mathrm{lt}_{\prec_{\mathrm{lex}}}(f) = x^4 y^3 z$, $\mathrm{lc}_{\prec_{\mathrm{lex}}}(f) = 5$ und damit $\mathrm{lm}_{\prec_{\mathrm{lex}}}(f) = 5x^4 y^3 z$.

Wir können nun den Divisionsalgorithmus mit Rest auf den multivariaten Fall verallgemeinern. Gegenüber dem univariaten Fall gibt es dabei noch einen wesentlichen Unterschied: Es ist zweckmäßig, die Division eines Polynoms $f \in K[x_1, \ldots x_n]$ gleich durch eine ganze Folge $(f_1, \ldots, f_t)$ von Polynomen zu erklären. Dies ist deswegen natürlich, weil Ideale in $K[x_1, \ldots, x_n]$ im Allgemeinen nicht nur von einem einzigen Polynom erzeugt werden.

Hierzu betrachten wir das Leitmonom $\mathrm{lm}(f)$ von f und überprüfen, ob dieses ohne Rest durch einen der Leitterme $\mathrm{lm}(f_1), \ldots, \mathrm{lm}(f_t)$ geteilt werden kann.

Für das erste gefundene Polynom f_k mit dieser Eigenschaft subtrahieren wir ein geeignetes Vielfaches des Polynoms f_k von f,

$$f - \frac{\mathrm{lt}(f)}{\mathrm{lt}(f_k)} f_k \,,$$

und erhalten auf diese Weise ein neues Polynom, das bezüglich der Monomordnung strikt kleiner als f ist. Wir ersetzen f durch das neu gewonnene Polynom und beginnen von vorne. Ist das Leitmonom des aktuellen Polynoms f durch keinen der Leitterme $\mathrm{lt}(f_1), \ldots, \mathrm{lt}(f_t)$ teilbar, dann fügen wir den Leitterm zum Rest hinzu, subtrahieren ihn von f und beginnen ebenfalls von vorne.

Eingabe : $f, f_1, \ldots, f_t \in K[x_1, \ldots, x_n]$ mit $f_i \neq 0$
Ausgabe : $a_1, \ldots, a_t, r$ mit $f = \sum_{i=1}^{s} a_i f_i + r$
1   $a_i \leftarrow 0$ für alle $i \in \{1, \ldots, t\}$
2   $p \leftarrow f$
3   **while** $p \neq 0$ **do**
4      $m \leftarrow \mathrm{lt}(p)$
5      $i \leftarrow 1$
6   **while** $i \leq t$ und $m \neq 0$ **do**
7   **if** $\mathrm{lt}(f_i)$ teilt m **then**
8            $a_i \leftarrow a_i + \frac{m}{\mathrm{lt}(f_i)}$; $p \leftarrow p - \frac{m}{\mathrm{lt}(f_i)} f_i$
9            $m \leftarrow 0$
10         $i \leftarrow i + 1$
11      $r \leftarrow r + m$; $p \leftarrow p - m$
12 **return** $(a_1, \ldots, a_t; r)$

Algorithmus 9.2. Multivariate Division mit Rest

Wir nennen den durch den Algorithmus 9.2 erzeugten Rest r den *Rest* von f bei Division durch $(f_1, \ldots, f_t)$ und schreiben hierfür $\mathrm{rem}(f; f_1, \ldots, f_t)$. Im Allgemeinen hängt dieser Rest ab von der Reihenfolge der Polynome, durch die man teilt.

Beispiel 9.12
Seien $f = xy^2 - y$, $f_1 = xy - 1$ und $f_2 = y + 1$ Polynome in $K[x, y]$. Bezüglich der lexikographischen Ordnung $\prec_{\mathrm{lex}}$ und der Reihenfolge (f_1, f_2) wird im Divisionsalgorithmus dann der Leitterm xy^2 durch xy geteilt, mit dem Ergebnis y. Da $f - y \cdot f_1 = 0$ ist, bricht der Algorithmus ab und liefert die Zerlegung

$$xy^2 - x = y \cdot (xy - 1) + 0 \cdot (y^2 + 1) + 0 \,.$$

Wenn wir die Reihenfolge umkehren, also durch (f_2, f_1) teilen, wird xy^2 durch das Leitmonom y^2 dividiert, mit dem Ergebnis x. Da das Polynom $f - x \cdot f_2 =$

$-y - x$ nicht mehr weiter durch f_1 oder f_2 teilbar ist, liefert der Algorithmus die Zerlegung

$$f = x \cdot (y^2 + 1) + 0 \cdot (xy - 1) + (-x - y).$$

Als Reste erhalten wir $\mathrm{rem}(f; f_1, f_2) = 0$ und $\mathrm{rem}(f; f_2, f_1) = -x - y$.

Insgesamt liefert der multivariate Divisionsalgorithmus eine Darstellung der folgenden Form.

Lemma 9.13
Zu gegebenen Polynomen $f, f_1, \ldots, f_t \in K[x_1, \ldots, x_n]$ gibt der Divisonsalgorithmus 9.2 Polynome $a_1, \ldots, a_s$ und $r = \mathrm{rem}(f; f_1, \ldots, f_t)$ aus, für die gilt

$$f = a_1 f_1 + \cdots + a_t f_t + r,$$

und kein Term von r ist durch eines der Monome $\mathrm{lm}(f_1), \ldots, \mathrm{lm}(f_t)$ teilbar. Zusätzlich gilt für alle $i \in \{1, \ldots, t\}$ mit $a_i \neq 0$, dass

$$\mathrm{lm}(a_i f_i) \preceq \mathrm{lm}(f).$$

Beweis. Dass kein Term des Rests r durch eines der Leitmonome $\mathrm{lm}(f_1), \ldots,$ $\mathrm{lm}(f_t)$ geteilt werden kann, ist nach Konstruktion klar. Ebenso ergibt sich aus der Zuweisung $a_i \leftarrow a_i + \frac{\mathrm{lt}(p)}{\mathrm{lt}(f_i)}$, dass das Produkt $a_i f_i$ eine Summe von Termen von f ist. Die Terme von f werden aber von ihrem Leitterm dominiert. $\qquad\square$

Aufgabe 9.14. Seien $\alpha, \beta \in \mathbb{N}^n$. Wir vereinbaren $x^\alpha \prec_{\mathrm{revlex}} x^\beta$, wenn der am weitesten rechts stehende von Null verschiedene Koeffizient in der Differenz $\beta - \alpha \in \mathbb{Z}^n$ negativ ist. Zeigen Sie dass die *umgekehrt lexikographische Ordnung* $\prec_{\mathrm{revlex}}$ eine Monomordnung ist.

Aufgabe 9.15. Es sei $\prec$ eine Monomordnung auf $K[x_1, \ldots, x_n]$. Zeigen Sie, dass

$$\alpha \prec^{\mathrm{tdeg}} \beta : \Longleftrightarrow \mathrm{tdeg}\,\alpha < \mathrm{tdeg}\,\beta \text{ oder } (\mathrm{tdeg}\,\alpha = \mathrm{tdeg}\,\beta \text{ und } \alpha \prec \beta),$$

ebenfalls eine Monomordnung definiert.

Wenden wir die Konstruktion aus Aufgabe 9.15 auf die umgekehrt lexikographische Ordnung $\prec_{\mathrm{revlex}}$ an, so erhalten wir die *graduierte umgekehrt lexikographische Ordnung* $\prec_{\mathrm{grevlex}}$.

9.3 Gröbnerbasen und der Hilbertsche Basissatz

In diesem Abschnitt führen wir das zentrale Konzept zur Lösung des Ideal-Zugehörigkeitsproblems ein. Wir beginnen mit einem Beispiel, das illustriert, wieso der multivariate Fall so viel komplizierter ist als der univariate.

Beispiel 9.16

Seien $f_1 = xy + 1$, $f_2 = yz + 1$ Polynome in $K[x, y]$. Um zu entscheiden, ob das Polynom $f = z - x$ im Ideal $I = \langle f_1, f_2 \rangle$ enthalten ist, wäre es wie im univariaten Fall wünschenswert, dies mittels geeigneter Division mit Rest entscheiden zu können. Tatsächlich gilt

$$z - x = z \cdot (xy + 1) - x(yz + 1) \in \langle f_1, f_2 \rangle,$$

aber weder für die Reihenfolge (f_1, f_2) noch für (f_2, f_1) liefert der Divisionsalgorithmus bezüglich der lexikographischen Ordnung den Rest Null. Durch Hinzufügen von $z - x$ zur Basis könnte man (trivialerweise) erreichen, dass die Division von $z - x$ durch die neue Basis den Rest Null liefert.

Die zunächst naiv anmutende Idee, das ursprünglich gegebene Erzeugendensystems eines Ideals um geeignete Polynome zu ergänzen, so dass dann *jedes* Polynom des Ideals bei Division durch die entstehende Basis den Rest Null ergibt, lässt sich tatsächlich algorithmisch umsetzen. Allerdings benötigen wir hierfür ein Kriterium, das charakterisiert, wann ein Erzeugendensystem in diesem Sinn groß genug ist.

Die Menge der Leitterme eines Ideals I bezüglich der Monomordnung $\prec$ sei mit $\mathrm{lt}_\prec(I)$ bezeichnet. Aus der Verträglichkeit einer Monomordnung in Bezug auf die Multiplikation, siehe Definition 9.8b., ergibt sich, dass $\mathrm{lt}_\prec(I)$ selbst wieder ein Ideal ist, das *Initialideal* von I bezüglich $\prec$.

Definition 9.17

Sei I ein Ideal. Ein endliche Teilmenge $G = \{g_1, \ldots, g_t\} \subseteq I$ heißt eine *Gröbnerbasis* von I bezüglich einer Monomordnung $\prec$, wenn die Leitmonome $\mathrm{lm}_\prec(g_1), \ldots,$ $\mathrm{lm}_\prec(g_t)$ das Initialideal von I erzeugen, das heißt,

$$\langle \mathrm{lt}_\prec(g_1), \ldots, \mathrm{lt}_\prec(g_t) \rangle = \mathrm{lt}_\prec(I).$$

Unser nächstes wichtiges Zwischenziel ist es zu zeigen, dass jedes Ideal eine Gröbnerbasis besitzt. Als erster Schritt hierzu wird diese Aussage für den Spezialfall von Monomidealen bewiesen. *Monomideale* sind solche Ideale, die ein Erzeugendensystemen aus Monomen besitzen. Initialideale sind immer Monomideale.

Lemma 9.18

Sei $I = \langle x^\alpha : \alpha \in A \rangle$ mit $A \subseteq \mathbb{N}^n$ ein Monomideal. Es gilt genau dann $x^\beta \in I$, wenn x^β ein Vielfaches von x^α für ein $\alpha \in A$ ist.

Beweis. Ist x^β ein Vielfaches von x^α für ein $\alpha \in A$, dann folgt aus der Definition eines Ideals unmittelbar $x^\beta \in I$.

Gilt umgekehrt $x^\beta \in I$, dann existiert eine Darstellung $x^\beta = \sum_{i=1}^t h_i x^{\alpha^{(i)}}$ mit $h_i \in K[x_1, \ldots, x_n]$ und $\alpha^{(i)} \in A$, für $1 \le i \le t$. Jeder Term des Polynoms auf der rechten Seite der Gleichung ist ein Vielfaches eines Terms x^α für ein $\alpha \in A$. Daher erfüllt auch das Polynom auf der linken Seite der Gleichung diese Eigenschaft.

$\square$

Der nachfolgende Satz besagt insbesondere, dass Monomideale endlich erzeugt sind.

Satz 9.19 (Dicksons Lemma)
Jede nichtleere Menge M von Monomen in $K[x_1, \ldots, x_n]$ enthält eine endliche Teilmenge $E \subseteq M$, so dass jedes Monom aus M Vielfaches eines Monoms in E ist.

Vor dem Beweis illustrieren wir die Aussage für den Fall $n = 2$. Ein Gitterpunkt (i, j) in Abbildung 9.2 repräsentiert ein Monom $x^i y^j$ in $K[x, y]$. Ist ein Monom $x^i y^j$ in I enthalten, dann ist nach Lemma 9.18 auch jedes Monom $x^k y^l$ mit $k \geq i$ und $l \geq j$ in I enthalten. Das Lemma von Dickson besagt also, dass die zu den Monomen in I gehörigen Gitterpunkte als endliche Vereinigung von verschobenen Kopien der Gitterpunkte des positiven Orthanten dargestellt werden können.

Beweis. Der Beweis erfolgt durch Induktion über die Anzahl n der Unbestimmten. Im Fall $n = 1$ ist $M = \{x^\alpha : \alpha \in A\}$ für eine Teilmenge $A \subseteq \mathbb{N}$, und A besitzt daher ein kleinstes Element β. Aus Lemma 9.18 folgt $I = \langle x^\beta \rangle$.

Sei nun $n \geq 2$ und die Aussage für $n - 1$ Unbestimmte bereits gezeigt. Fixiere ein beliebiges Monom

$$x^\alpha = x_1^{\alpha_1} \cdots x_n^{\alpha_n}$$

aus M.

Wir zeigen zunächst, dass jedes Monom $x^\beta \in M$, das kein Vielfaches von x^α ist, zu mindestens einer der nachfolgend definierten Mengen M_{ij} gehört: Für $i \in \{1, \ldots, n\}$ und $j \in \{0, \ldots, \alpha_i - 1\}$ sei $M_{i,j}$ die Menge derjenigen Monome $x^\gamma \in M$, für die $\deg_{x_i}(x^\gamma) = j$ gilt. Dass x^α das Monom x^β nicht teilt, bedeutet, dass $\beta_i < \alpha_i$ für ein $i \in \{1, \ldots, n\}$ ist. Es gilt also $x^\beta \in M_{i,\beta_i}$.

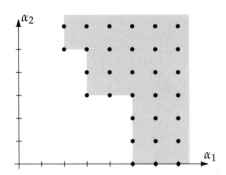

Abbildung 9.2. Visualisierung des Dickson-Lemmas im Fall $n = 2$. Jeder Gitterpunkt (α_1, α_2) repräsentiert ein Monom $x_1^{\alpha_1} x_2^{\alpha_2}$.

Ferner sei $M'_{i,j}$ die Menge der Monome in $K[x_1, \ldots, x_{i-1}, x_{i+1}, \ldots, x_n]$, die aus den Monomen in $M_{i,j}$ durch Weglassen des Faktors x_i^j entstehen. Nach Induktionsannahme existieren endliche Teilmengen $E'_{i,j} \subseteq M'_{i,j}$, so dass jedes Monom in $M'_{i,j}$ ein Vielfaches eines Monoms in $E'_{i,j}$ ist. Wir definieren

$$E_{i,j} := \left\{ p \cdot x_i^j : p \in E'_{i,j} \right\}.$$

Damit ist klar, dass jedes Monom in M ein Vielfaches eines Monoms der endlichen Menge

$$E := \left(\{x^\alpha\} \cup \bigcup_{i,j} E_{i,j} \right) \subseteq M$$

ist. $\qquad\qquad\qquad\qquad\qquad\qquad\qquad\qquad\qquad\qquad\qquad\qquad\square$

Bemerkung 9.20

Dieses für die Endlichkeit späterer Algorithmen zentrale Lemma ist eine rein kombinatorische Aussage: Gegeben sei eine Menge $\mathcal{A}$ von Teilmengen von $\mathbb{N}^n$, wobei jedes $A \in \mathcal{A}$ die Form $\alpha_A + \mathbb{N}^n$ mit einem $\alpha_A \in \mathbb{N}^n$ hat. Dann ist die Vereinigung $\bigcup_{A \in \mathcal{A}} A$ eine endliche Vereinigung, das heißt, es existieren $A_1, \ldots, A_k \in \mathcal{A}$ mit $\bigcup_{A \in \mathcal{A}} A = \bigcup_{i=1}^k A_i$.

Mit Hilfe von Dicksons Lemma kann nun gezeigt werden, dass jedes Ideal in $K[x_1, \ldots, x_n]$ eine Gröbnerbasis besitzt.

Satz 9.21

Sei $\prec$ eine fest gewählte Monomordnung auf $K[x_1, \ldots, x_n]$. Dann gilt:
a. *Jedes von Null verschiedene Ideal I besitzt eine Gröbnerbasis.*
b. *Die Elemente einer Gröbnerbasis von I erzeugen das Ideal I.*

Beweis. Sei $I \neq \{0\}$ ein Ideal.

Ad a.: Das Initialideal $\mathrm{lt}_\prec(I)$ wird von den Monomen $\mathrm{lm}_\prec(g)$ mit $g \in I \setminus \{0\}$ erzeugt. Nach Dicksons Lemma 9.19 existieren endlich viele $g_1, \ldots, g_t$ mit

$$\langle \mathrm{lt}_\prec(g_1), \ldots, \mathrm{lt}_\prec(g_t) \rangle = \mathrm{lt}_\prec(I),$$

was die Existenz einer Gröbnerbasis sichert.

Ad b.: Das von den Polynomen $g_1, \ldots, g_t$ einer Gröbnerbasis erzeugte Ideal J ist natürlich in I enthalten. Um die umgekehrte Inklusion zu zeigen, nehmen wir an, dass $I \setminus J \neq \emptyset$. Sei f ein Polynom in $I \setminus J$ mit einem Leitterm, der minimal bezüglich $\prec$ ist. Da $\mathrm{lm}_\prec(g_1), \ldots, \mathrm{lm}_\prec(g_t)$ das Initialideal $\mathrm{lt}_\prec(I)$ erzeugen, existieren Polynome $h_1, \ldots, h_t$ mit

$$\mathrm{lm}_\prec(f) = \mathrm{lm}_\prec(g_1) \cdot h_1 + \cdots + \mathrm{lm}_\prec(g_t) \cdot h_t.$$

Das Polynom

$$g = f - \sum_{i=1}^{t} g_i h_i$$

ist in I, aber nicht in J enthalten (sonst wäre auch $f \in J$). Ferner kommt das Leitmonom von f in g nicht mehr vor, das heißt, der zugehörige Koeffizient ist Null. Folglich ist $\mathrm{lm}_{\prec}(g)$ bezüglich der Monomordnung $\prec$ kleiner als $\mathrm{lm}_{\prec}(f)$. Dies widerspricht aber der minimalen Wahl von f. Es folgt $I = J$ und damit die Behauptung.   □

Als unmittelbare Folgerung von Satz 9.21 ergibt sich die folgende Endlichkeitsaussage.

Korollar 9.22 (Hilbertscher Basissatz)
Jedes Ideal $I \subseteq K[x_1, \ldots, x_n]$ besitzt ein endliches Erzeugendensystem.

Die entscheidende Eigenschaft von Gröbnerbasen liegt darin, dass sie uns unmittelbar eine Lösung des Ideal-Zugehörigkeitsproblem liefern.

Eingabe : $f, g_1, \ldots, g_t \in K[x_1, \ldots, x_n]$, so dass $G := \{g_1, \ldots, g_t\}$ eine
    Gröbnerbasis des Ideals $I = \langle G \rangle$ bezüglich der Monomordnung
    $\prec$ ist
Ausgabe : Entscheidung, ob $f \in I$ ist oder nicht
1 $r \leftarrow \mathrm{rem}_{\prec}(f; g_1, \ldots, g_t)$
2 **if** $r = 0$ **then**
3 | **return** „Ja"
4 **else**
5 | **return** „Nein"

Algorithmus 9.3. Lösung des Ideal-Zugehörigkeitsproblems

Korrektheit des Algorithmus 9.3. Gilt $\mathrm{rem}_{\prec}(f; g_1, \ldots, g_t) = 0$, dann ist offensichtlich f in I enthalten. Zu zeigen ist also, dass aus $\mathrm{rem}_{\prec}(f; g_1, \ldots, g_t) \neq 0$ auch $f \notin I$ folgt. Nehmen wir also an, $\mathrm{rem}_{\prec}(f; g_1, \ldots, g_t) \neq 0$ und $f \in I$. Dann ist auch der Rest $r = \mathrm{rem}_{\prec}(f; g_1, \ldots, g_t) \in I$, und folglich gilt $\mathrm{lt}_{\prec}(r) \in \mathrm{lt}_{\prec}(I)$. Da G eine Gröbnerbasis ist, ergibt sich $\mathrm{lt}_{\prec}(I) = \langle \mathrm{lt}_{\prec}(g_1), \ldots, \mathrm{lt}_{\prec}(g_t) \rangle$, und nach Lemma 9.18 ist $\mathrm{lt}_{\prec}(r)$ daher ein Vielfaches eines der Leitterme $\mathrm{lt}_{\prec}(g_i)$ für ein $i \in \{1, \ldots, t\}$. Weil Monomordnungen multiplikativ verträglich sind, steht diese Teilbarkeit von $\mathrm{lt}_{\prec}(r)$ durch $\mathrm{lt}_{\prec}(g_i)$ im Widerspruch dazu, dass r als Rest bei der Division durch $g_1, \ldots, g_t$ entstanden ist.   □

Sei für den Rest dieses Abschnitts G eine Gröbnerbasis des Ideals $I \subseteq K[x_1, \ldots, x_n]$ bezüglich der Monomordnung $\prec$.

Aufgabe 9.23. Zeigen Sie, dass die Reihenfolge der Polynome aus G bei der Division mit Rest unerheblich ist:

$$\text{rem}_\prec(f; g_1, \dots, g_t) = \text{rem}_\prec(f; g_{\sigma(1)}, \dots, g_{\sigma(t)})$$

für alle Permutationen σ.

Wir schreiben also auch $\text{rem}_\prec(f; G)$ statt $\text{rem}_\prec(f; g, \dots, g_t)$.

Aufgabe 9.24. Zeigen Sie, dass für beliebige $f, g \in K[x_1, \dots, x_n]$ und $c \in K$ gelten:
a. $\text{rem}_\prec(f + g; G) = \text{rem}_\prec(f; G) + \text{rem}_\prec(g; G)$;
b. $\text{rem}_\prec(cf; G) = c\,\text{rem}_\prec(f; G)$.

Hieraus folgt, dass eine Gröbnerbasis eine *Normalform* für die *Nebenklassen*

$$f + I = \text{rem}(f; G) + I$$

definiert. Überdies bilden die Normalformen der Nebenklassen zu I einen K-Vektorraum.

9.4 Der Algorithmus von Buchberger

Der Beweis für die Existenz von Gröbnerbasen in Satz 9.21 war nicht konstruktiv. Thema dieses Abschnitts ist ein Algorithmus zur Berechnung von Gröbnerbasen, welcher auf Bruno Buchbergers Dissertation von 1965 zurückgeht. Dieses Verfahren ist eines der wichtigsten der heutigen Computeralgebra.

Die Terminierung des Buchberger-Algorithmus wird später auf der folgenden Endlichkeitseigenschaft beruhen.

Proposition 9.25 (Aufsteigende Kettenbedingung)
Sei $I_1 \subseteq I_2 \subseteq I_3 \subseteq \cdots$ eine monoton aufsteigende Kette von Idealen in $K[x_1, \dots, x_n]$. Dann existiert ein $N \geq 1$ mit $I_N = I_{N+1} = I_{N+2} = \cdots$.

Mit anderen Worten: Jede aufsteigende Kette von Idealen bricht irgendwann ab.

Beweis. Zu einer gegebenen aufsteigenden Kette von Idealen $I_1 \subseteq I_2 \subseteq I_3 \subseteq \cdots$ betrachten wir deren Vereinigung $I = \bigcup_{i=1}^{\infty} I_i$. Man überzeugt sich durch Überprüfen der Definition 9.1 unmittelbar davon, dass I ein Ideal ist. Nach dem Hilbertschen Basissatz 9.22 besitzt I daher eine endliches Erzeugendensystem $f_1, \dots, f_t$. Jedes Polynom f_i ist für ein geeignetes $j_i \in \mathbb{N}$ in einem der Ideale I_{j_i} enthalten. Sei $N = \max\{j_i : 1 \leq i \leq t\}$. Dann folgt $f_1, \dots, f_t \in I_N$ und somit $I_N = I_{N+1} = \cdots = I$. $\square$

Ein kommutativer Ring heißt *noethersch*, wenn die aufsteigende Kettenbedingung gilt. Im Beweis haben wir gesehen, dass die aufsteigende Kettenbedingung aus der Tatsache folgt, dass alle Ideale endlich erzeugt sind. Es gilt auch die Umkehrung: Der Hilbertsche Basissatz und die aufsteigende Kettenbedingung sind äquivalent.

Wie zuvor sei auch im Weiteren $\prec$ stets eine fest gewählte Monomordnung.

Definition 9.26
Das *S-Polynom* zweier von Null verschiedener Polynome $f, g \in K[x_1, \ldots, x_n]$ ist definiert als

$$\mathrm{spol}_\prec(f, g) := \frac{\mathrm{lt}_\prec(g)}{m} f - \frac{\mathrm{lt}_\prec(f)}{m} g,$$

wobei m den größten gemeinsamen Teiler von $\mathrm{lm}_\prec(f)$ und $\mathrm{lm}_\prec(g)$ bezeichnet.

Buchbergers Gröbnerbasen-Algorithmus beruht auf folgender Charakterisierung.

Satz 9.27 (Buchbergers Kriterium)
Eine endliche Menge $G = \{g_1, \ldots, g_t\} \subseteq K[x_1, \ldots, x_n]$ ist genau dann eine Gröbnerbasis für $\langle G \rangle$ bezüglich $\prec$, wenn für alle $i, j \in \{1, \ldots, t\}$ der Rest $\mathrm{rem}_\prec(\mathrm{spol}_\prec(g_i, g_j); G)$ verschwindet.

Beweis. Ist G eine Gröbnerbasis, dann gilt $\mathrm{spol}(g_i, g_j) \in I$, und der Rest bei Division durch G liefert das Nullpolynom.

Sei umgekehrt $\mathrm{rem}(\mathrm{spol}(g_i, g_j); G) = 0$ für alle i, j. Ein Polynom $f \in I$ hat eine Darstellung

$$f = \sum_{i=1}^{t} h_i g_i \tag{9.4}$$

mit Polynomen $h_1, \ldots, h_t \in K[x_1, \ldots, x_n]$. Wir müssen zeigen, dass der Leitterm $\mathrm{lt}(f)$ dann ein Vielfaches von $\mathrm{lt}(g_i)$ für ein Basiselement $g_i \in G$ ist. Aus der Darstellung (9.4) ergibt sich unmittelbar, dass

$$\mathrm{lm}(f) \preceq \max\{\mathrm{lm}(h_i g_i) : 1 \le i \le t\} = x^\alpha$$

für ein $\alpha \in \mathbb{N}^n$ ist. Ohne Beschränkung der Allgemeinheit können wir annehmen, dass $\mathrm{lm}(h_1 g_1) = x^\alpha$ und dass $\mathrm{lc}(g_i) = 1$ für alle $i \in \{1, \ldots, t\}$. Wir unterscheiden zwei Fälle.

Fall 1: $\mathrm{lm}(f) = x^\alpha$, so ist das Monom x^β ein Vielfaches von $\mathrm{lm}(g_1)$, und es ist nichts zu zeigen.

Fall 2: Andernfalls gilt also $\mathrm{lm}(f) \prec x^\alpha$. Dann gibt es mindestens ein weiteres Polynom $h_i g_i$ mit $\mathrm{lt}(h_i g_i) = x^\alpha$, da sonst keine Termauslöschung bei der Addition auftreten könnte. Durch Umnummerierung können wir $\mathrm{lm}(h_2 g_2) = x^\alpha$ annehmen. Mit den Bezeichnungen $\mathrm{lt}(h_1) = b_\beta x^\beta$ und $\mathrm{lt}(h_2) = c_\gamma x^\gamma$ gilt also

$$h_1 g_1 = (b_\beta x^\beta + \cdots) g_1 = b_\beta x^\beta g_1 + (\text{Terme} \prec x^\alpha),$$
$$h_2 g_2 = (c_\gamma x^\gamma + \cdots) g_2 = c_\gamma x^\gamma g_2 + (\text{Terme} \prec x^\alpha).$$

Nach Konstruktion ist x^α Vielfaches der Leitmonome von g_1 und g_2, also auch von $x^\mu := \mathrm{kgV}(\mathrm{lm}(g_1), \mathrm{lm}(g_2))$. Wir erhalten hieraus

$$
\begin{aligned}
h_1 g_1 + h_2 g_2 &= (b_\beta + c_\gamma) x^\beta g_1 + c_\gamma (x^\gamma g_2 - x^\beta g_1) + (\text{Terme} \prec x^\alpha) \\
&= (b_\beta + c_\gamma) x^\beta g_1 \quad c_\gamma x^{\alpha - \mu} \,\mathrm{spol}(g_1, g_2) + (\text{Terme} \prec x^\alpha) \,.
\end{aligned}
$$

Unsere Voraussetzung besagt $\mathrm{rem}(\mathrm{spol}(g_1, g_2); G) = 0$, so dass nach Lemma 9.13 Polynome $u_1, \ldots, u_t$ existieren mit

$$
\mathrm{spol}(g_1, g_2) = \sum_{i=1}^{t} u_i g_i
$$

und $\mathrm{lm}(u_i g_i) \preceq \mathrm{lm}(\mathrm{spol}(g_1, g_2)) \prec x^\mu$. Insbesondere gilt also $\mathrm{lm}(x^{\alpha - \mu} u_i g_i) \prec x^\alpha$ für $1 \le i \le t$. Folglich liefert dies Polynome $h'_1, \ldots, h'_t$ mit

$$
f = \sum_{i=1}^{t} h'_i g_i \,,
$$

für die gilt: Verglichen mit der ursprünglichen Darstellung (9.4) ist die Anzahl der Terme $h'_i g_i$, deren Leitmonom x^μ ist, kleiner, oder es gilt sogar

$$
\max_{\prec} \left\{ \mathrm{lm}(h'_i g_i) : 1 \le i \le t \right\} \prec x^\alpha \,.
$$

Jedenfalls ist das Problem damit nach endlich vielen Schritten auf den ersten Fall zurückgeführt, so dass die Behauptung folgt. $\qquad\qquad\qquad\qquad\qquad\qquad$ $\square$

Die Grundidee zur Berechnung einer Gröbnerbasis eines Ideals liegt nun darin, ein gegebenes Erzeugendensystem nach und nach durch S-Polynome der Erzeuger anzureichern. Buchbergers Kriterium sagt, dass wir eine Gröbnerbasis erreicht haben, wenn die Reste der S-Polynome bei Division durch die Erzeuger sämtlich verschwinden. Wir fassen das Verfahren im Algorithmus 9.4 zusammen.

Eingabe : endliche Menge von Polynomen $F = \{f_1, \ldots, f_t\} \subseteq K[x_1, \ldots, x_n]$
Ausgabe : Gröbnerbasis G für $\langle F \rangle$ bezüglich $\prec$ mit $F \subseteq G$

1 $G \leftarrow F$
2 **repeat**
3 $\quad G' \leftarrow G$
4 $\quad$ **foreach** Paar $\{p, q\} \subseteq G'$ mit $p \ne q$ **do**
5 $\quad\quad r \leftarrow \mathrm{rem}_\prec(\mathrm{spol}_\prec(f, g); G')$
6 $\quad\quad$ **if** $r \ne 0$ **then**
7 $\quad\quad\quad G \leftarrow G \cup \{r\}$
8 **until** $G = G'$
9 **return** (G)

Algorithmus 9.4. Buchbergers Algorithmus

Satz 9.28

Seien $f_1, \ldots, f_t \in K[x_1, \ldots, x_n]$. Dann berechnet der Buchberger-Algorithmus eine Gröbnerbasis für das Ideal $I = \langle f_1, \ldots, f_t \rangle$.

Beweis. Jedes im Verlauf des Algorithmus neu zur Menge G hinzugefügte Polynoms ist im Ideal I enthalten. Da kein Polynom aus G wieder entfernt wird, gilt stets $\langle G \rangle = I$. Falls der Algorithmus terminiert, folgt aus Buchbergers Kriterium 9.27 unmittelbar, dass G eine Gröbnerbasis ist.

Es verbleibt zu zeigen, dass der Algorithmus nach endlich vielen Schritten abbricht. Immer dann, wenn $s \neq 0$ im Verlauf des Algorithmus gilt, bedeutet dies $\mathrm{lt}(s) \notin \mathrm{lt}(G)$ und damit $\mathrm{lt}(s) \neq \langle \mathrm{lt}(G) \rangle$. Folglich wird durch die Hinzunahme von s zur Basis G das Initialideal $\langle \mathrm{lt}(G) \rangle$ strikt größer. Würde der Algorithmus nicht terminieren, ergäbe sich daher eine unendliche, echt aufsteigende Folge von Idealen und damit ein Widerspruch zu Proposition 9.25. $\square$

9.5 Binomiale Ideale

Ein Polynom der Form $x^{\alpha} - x^{\alpha'} \in K[x_1, \ldots, x_n]$ mit $\alpha, \alpha' \in \mathbb{N}^n$ heißt *Binom*, und ein *binomiales Ideal* besitzt ein Erzeugendensystem aus Binomen. Für binomiale Ideale gestaltet sich die bislang skizzierte Theorie besonders einfach. Dies wird nützlich für den Abschnitt 10.6 im nachfolgenden Kapitel sein.

Eigentlich handelt es sich nur um zwei kleine Beobachtungen, die schon die ganze Besonderheit der Situation ausmachen. Zunächst dividieren wir zwei Binome. Dazu fixieren wir eine Monomordnung $\prec$. Wenn wir für $\alpha, \alpha', \beta, \beta' \in \mathbb{N}^n$ annehmen, dass $x^{\alpha} \succ x^{\alpha'}$, $x^{\beta} \succ x^{\beta'}$ und x^{β} teilt x^{α}, dann folgt

$$x^{\alpha} - x^{\alpha'} = x^{\alpha - \beta} \cdot (x^{\beta} - x^{\beta'}) - x^{\alpha'} + x^{\alpha - \beta + \beta'}. \tag{9.5}$$

Insbesondere ist also

$$\mathrm{rem}(x^{\alpha} - x^{\alpha'}; x^{\beta} - x^{\beta'}) = x^{\alpha - \beta + \beta'} - x^{\alpha'} \tag{9.6}$$

ein Binom. Hieraus können wir das Folgende schließen.

Lemma 9.29

Es sei $b_1, \ldots, b_t$ eine Familie von Binomen. Dann gilt:

a. *Für jedes Monom x^{α} ist $\mathrm{rem}(x^{\alpha}; b_1, \ldots, b_t)$ wieder ein Monom, und*

b. *für jedes Binom $x^{\alpha} - x^{\alpha'}$ ist $\mathrm{rem}(x^{\alpha} - x^{\alpha'}; b_1, \ldots, b_t)$ wieder ein Binom.*

Beweis. Für den Fall $t = 1$ haben wir die zweite Behauptung in (9.5) explizit nachgerechnet. Der allgemeine Fall $t \geq 2$ folgt hieraus, da diese Rechnung einfach iteriert wird.

Die erste Behauptung ergibt sich analog. Alternativ kann man in (9.5) $\alpha' = -\infty$ setzen mit der Konvention $x^{-\infty} = 0$. Dann ist $x^{\alpha} - x^{\alpha'} = x^{\alpha}$ ein Monom, und es ergibt sich $\mathrm{rem}(x^\alpha; x^\beta - x^{\beta'}) = x^{\alpha-\beta+\beta'}$. Wiederum liefert eine Iteration dieser Rechnung das Ergebnis der Division durch beliebig viele Binome. $\qquad\square$

Die zweite Beobachtung ist ähnlich schlicht.

Lemma 9.30
Das S-Polynom zweier Binome ist wieder ein Binom.

Beweis. Wir gehen wieder aus von $\alpha, \alpha', \beta, \beta' \in \mathbb{N}^n$ mit $x^\alpha \succ x^{\alpha'}$ und $x^\beta \succ x^{\beta'}$. Ferner sei $x^\mu = \gcd(x^\alpha, x^\beta)$. Dann erhalten wir die Gleichung

$$\mathrm{spol}(x^\alpha - x^{\alpha'}, x^\beta - x^{\beta'}) = x^{\beta-\mu} \cdot (x^\alpha - x^{\alpha'}) - x^{\alpha-\mu} \cdot (x^\beta - x^{\beta'})$$
$$= x^{\alpha+\beta'-\mu} - x^{\alpha'+\beta-\mu}.$$

$\qquad\square$

Die wichtigste Aussage über binomiale Ideale folgt unmittelbar aus den beiden zuvor bewiesenen Lemmata, indem man die einzelnen Schritte von Algorithmus 9.4 durchgeht.

Satz 9.31
Aus einem binomialen Erzeugendensystem eines (damit binomialen) Ideals berechnet der Buchberger-Algorithmus eine Gröbnerbasis aus Binomen.

9.6 Ein elementargeometrischer Beweis mit Gröbnerbasen

Wir wollen exemplarisch vorführen, wie sich Gröbnerbasen einsetzen lassen, um Aussagen über Inzidenz und Längenverhältnisse in der Elementargeometrie zu beweisen.

Satz 9.32
Die drei Seitenhalbierenden eines (nicht ausgearteten) Dreiecks $\mathrm{conv}\{a, b, c\} \subseteq \mathbb{R}^2$ schneiden sich in einem Punkt, den wir s (wie Schwerpunkt) nennen wollen. Jede der drei Seitenhalbierenden wird von s im Verhältnis $2:1$ geteilt.

In der Schule wird dieser Satz direkt bewiesen, zum Beispiel durch Aufstellen eines Gleichungssystems, das man aus den Gleichungen der beteiligten Geraden gewinnt.

Beweis. Um uns das Leben nicht unnötig zu erschweren, halten wir fest, dass die Aussage translationsinvariant ist, das heißt, wir können annehmen, dass die Ecke $a = (0,0)$ im Ursprung liegt. Zusätzlich können wir noch einen zweiten Punkt, sagen wir b, als $(1,0)$ wählen, denn die Aussage ändert sich auch nicht unter

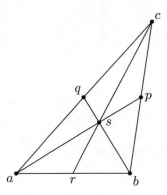

Abbildung 9.3. Die Seitenhalbierenden eines Dreiecks treffen sich im Schwerpunkt.

Rotation und Skalierung. Für die Koordinaten des dritten Punkts setzen wir an $c = (x, y)$.

Wir verwenden die Bezeichnungen aus Abbildung 9.3. Die drei Seitenmittelpunkte haben dann die Koordinaten

$$p = (\tfrac{x+1}{2}, \tfrac{y}{2}), \quad q = (\tfrac{x}{2}, \tfrac{y}{2}), \quad r = (\tfrac{1}{2}, 0).$$

Es sei $s := (u, v)$ der Schnittpunkt von $\mathrm{aff}(a, p)$ und $\mathrm{aff}(b, q)$. Dass s auf $\mathrm{aff}(a, p)$ liegt, ist (durch Vergleich der Steigungen der Geraden $\mathrm{aff}(a, s)$ und $\mathrm{aff}(a, p)$) gleichbedeutend damit, dass

$$f_1 := uy - v(x + 1) = 0$$

gilt. Analog ist $s \in \mathrm{aff}(b, q)$ äquivalent zu

$$f_2 := (u - 1)y - v(x - 2) = 0.$$

Und schließlich ist s genau dann auf $\mathrm{aff}(c, r)$, wenn

$$g_1 := -2(u - x)y - (v - y)(1 - 2x) = -2uy - (v - y) + 2vx = 0.$$

Der Punkt s teilt die drei Seitenhalbierenden genau dann im Verhältnis von $2 : 1$, wenn die folgenden drei Gleichungen gelten:

$$
\begin{aligned}
(u, v) &= s - a = 2(p - s) = (x + 1 - 2u, y - 2v), \\
(u - 1, v) &= s - b = 2(q - s) = (x - 2u, y - 2v), \\
(u - x, v - y) &= s - c = 2(r - s) = (2u - 1, 2v).
\end{aligned}
$$

Dies wiederum reduziert sich zu

$$
\begin{aligned}
g_2 &:= 3u - x - 1 = 0, \\
g_3 &:= 3v - y = 0.
\end{aligned}
$$

Zusätzlich müssen wir noch die Bedingung berücksichtigen, dass unser Dreieck $\operatorname{conv}\{a, b, c\}$ nicht ausgeartet ist, also $y \neq 0$ gilt. Dies lässt sich auch als Gleichung ausdrücken, wenn wir nämlich eine weitere Unbestimmte z einführen:

$$f_3 := yz - 1 = 0.$$

Wir wollen also zeigen, dass

$$f_1 = f_2 = f_3 = 0 \quad \Longrightarrow \quad g_1 = g_2 = g_3 = 0$$

oder, anders ausgedrückt, dass $V(f_1, f_2) \subseteq V(g_1, g_2, g_3)$ gilt. Unser Beweis ist erbracht, wenn es uns gelingt, die stärkere Aussage

$$g_1, g_2, g_3 \in \langle f_1, f_2, f_3 \rangle$$

zu zeigen.

Also berechnen wir eine Gröbnerbasis des Ideals $I := \langle f_1, f_2, f_3 \rangle \subseteq \mathbb{R}[u, v, x, y, z]$, sagen wir zur graduiert umgekehrt lexikographischen Ordnung $\prec_{\text{grevlex}}$. Mithilfe des Buchberger-Kriteriums 9.27 lässt sich verifizieren, dass

$$G = \{3v - y, 3u - x - 1, yz - 1\}$$

eine $\prec_{\text{grevlex}}$-Gröbnerbasis von I ist. Wir dividieren unsere drei Kandidaten g_1, g_2, g_3 durch G und erhalten

$$\operatorname{rem}(g_1; G) = \operatorname{rem}(g_2; G) = \operatorname{rem}(g_3; G) = 0,$$

also $g_1, g_2, g_3 \in I$. $\qquad\square$

Wir bemerken, dass wir an keiner Stelle verwendet haben, dass x, y, u und v reell sind, so dass der Beweis auch über den komplexen Zahlen gültig bleibt.

9.7 Aufgaben

Aufgabe 9.33. Zeigen Sie, dass zu zwei univariaten Polynomen $f, g \in K[x] \setminus \{0\}$ stets Polynome $a, b \in K[x]$ existieren, so dass gilt

$$\gcd(f, g) = af + bg.$$

Analysieren Sie hierzu den euklidischen Algorithmus 9.1, und modifizieren Sie ihn so, dass die Polynome a und b gleich mitberechnet werden.

Die in Aufgabe 9.33 behandelte Variante des Verfahrens heißt *erweiterter euklidischer Algorithmus*.

Aufgabe 9.34. Es sei $G = \{g_1, \ldots, g_t\}$ Gröbnerbasis eines Ideals $I \subseteq K[x_1, \ldots, x_n]$ bezüglich der Monomordnung $\prec$ und f, g Polynome, deren Differenz $f - g$ in I liegt. Zeigen Sie, dass $g = \operatorname{rem}_\prec(f; G)$ genau dann gilt, wenn kein Term von g durch eines der Leitmonome $\operatorname{lt}_\prec(g_1), \ldots, \operatorname{lt}_\prec(g_t)$ teilbar ist.

Ist G eine Gröbnerbasis eines Ideals I, dann ist jede Obermenge G' von G mit $G' \subseteq I$ natürlich auch eine Gröbnerbasis von I. Umgekehrt kann man dann natürlich fragen, ob etwa Elemente einer Gröbnerbasis redundant sind.

Definition 9.35
Die Gröbnerbasis G des Ideals I heißt *reduziert*, falls für alle $g \in G$ gilt:
a.   Der Leitkoeffizient ist normiert: $\mathrm{lc}_\prec(g) = 1$.
b.   Kein Monom von g liegt in $\langle \mathrm{lt}_\prec(G \setminus \{p\}) \rangle$.

Aufgabe 9.36.   Zeigen Sie, dass jedes Ideal eine eindeutig bestimmte reduzierte Gröbnerbasis zur Monomordnung $\prec$ besitzt.

9.8   Anmerkungen

Der Aufbau unserer Darstellung lehnt sich an die sehr schöne und umfassende Einführung in die Theorie der Gröbnerbasen von Cox, Little und O'Shea [30] an. Ein weiterer lesenswerter Text zum Thema ist die Monographie von Adams und Loustaunau [1]. Das Beispiel zum geometrischen Beweisen ist von zur Gathen und Gerhard [87] entnommen.

Gröbnerbasen wurden Mitte der 60er Jahren von Heisuke Hironaka [55] (unter dem Namen „Standardbasen") sowie unabhängig von Bruno Buchberger in seiner Dissertation [19] im Jahr 1965 eingeführt. Der Begriff „Gröbnerbasis" wurde von Buchberger zu Ehren seines Doktorvaters Wolfgang Gröbner geprägt. Die genaue Herkunft des „S" in der Bezeichnung „S-Polynom" scheint nicht ganz klar zu sein. Es wurde als „Subtraktion" oder als „Syzygium" gedeutet.

Die Aussage des Dickson-Lemmas 9.19 wurde mehrfach wiederentdeckt. Ihr erstes explizites Auftreten wird üblicherweise dem amerikanischen Mathematiker Leonard Eugene Dickson (1874–1954) zugeschrieben [34].

Sind die Koeffizienten zweier Polynome f und g durch rationale Zahlen gegeben, dann ist die Berechnung des größten gemeinsamen Teilers von f und g mit dem euklidischen Algorithmus ein Polynomialzeitalgorithmus. Gemäß Anhang C bezieht sich die Polynomialität auf die Gesamtlänge der als Bitfolge codierten Eingabe. Hingegen ist das Ideal-Zugehörigkeitsproblem und damit auch das Problem der Berechnung einer Gröbnerbasis ein inhärent schwieriges Problem. Im Sinne der Komplexitätstheorie haben Mayr und Meyer [70] gezeigt, dass jedes Problem, das mit exponentiell großem Speicherbedarf gelöst werden kann, auf ein Ideal-Zugehörigkeitsproblem zurückgeführt werden kann. Da man ferner mit exponentiell viel Speicher auskommt, ist das Ideal-Zugehörigkeitsproblem EXPSPACE-*vollständig*. EXPSPACE-vollständige Probleme sind noch einmal erheblich schwieriger als die NP-vollständigen: Für erstere besitzen alle bekannten Algorithmen doppelt-exponentielle Laufzeit (im ungünstigsten Fall).

Vom praktischen Standpunkt aus kann der Buchberger-Algorithmus auf verschiedene Arten beschleunigt werden, unter anderem dadurch, dass die Berechnung überflüssiger S-Polynome vermieden wird (siehe zum Beispiel neben den oben genannten Büchern auch *Using Algebraic Geometry* von Cox, Little und O'Shea [31] sowie das Buch von Becker und Weispfenning [12]).

Algorithmische Konzepte zur Lösung von Problemen der *reellen algebraischen Geometrie* umfassen eine ganze Reihe von Methoden, die in diesem Buch gar nicht zur Sprache kommen. Für eine Übersicht verweisen wir auf die Monographie von Basu, Pollack und Roy [11]. Insbesondere stellt sich über den reellen Zahlen dann auch noch die Frage nach polynomialen *Ungleichungssystemen*. Dies führt in die *semi-algebraische Geometrie*. Collins entwickelte hierfür einen wichtigen Lösungsansatz, die *zylindrisch-algebraische Dekomposition* [27] (zur Quantorenelimination über reell-abgeschlossenen Körpern). Dieses Verfahren ist in QEPCAD implementiert [59].

10 Lösen polynomialer Gleichungssysteme mit Gröbnerbasen

Im Zentrum dieses Kapitels steht eine allgemeine Methode zum Lösen polynomialer Gleichungssysteme mittels Gröbnerbasen. Zuvor wollen wir kurz vorstellen, wie man mit den Computeralgebra-Systemen Maple und Singular Gröbnerbasen berechnet und polynomiale Gleichungssysteme löst. Die in den späteren Abschnitten dieses Kapitels diskutierten Methoden werden anhand von Beispielen illustriert, welche wir mithilfe dieser Programme behandeln werden. Eine kurze Vorstellung von Maple und Singular findet sich im Anhang D.

Grundsätzlich geklärt werden muss in diesem Zusammenhang auch die Frage, unter welchen Bedingungen polynomiale Gleichungssysteme überhaupt Lösungen besitzen. Dies führt auf Hilberts Nullstellensatz, den wir in Abschnitt 10.4 beweisen werden.

Abschließend skizzieren wir in Abschnitt 10.6 eine, vielleicht etwas unerwartete, Anwendung der Eliminationstheorie auf ganzzahlige lineare Programme.

10.1 Gröbnerbasen mit Maple und Singular

In gängigen Computeralgebra-Systemen sind oft mehrere Methoden zur Berechnung von Gröbnerbasen vorhanden. Wir beginnen damit, einige Berechnungen mit dem kommerziellen mathematischen Softwaresystem Maple zu illustrieren. Uns geht es hier vor allem darum, die effektive Verfügbarkeit der Algorithmen im Rahmen von Computeralgebra-Paketen zu demonstrieren und den Leser zur Nutzung dieser Werkzeuge zu ermutigen. Dass in verschiedenen Softwarepaketen natürlich eine unterschiedliche Syntax für die Kommandos erforderlich ist, ist hierbei nachrangig.

Um in Maple Algorithmen für Gröbnerbasenberechnungen verwenden zu können, lädt man zunächst das Paket Groebner. Wird eine Befehlszeile mit Doppelpunkt statt Semikolon abgeschlossen, unterdrückt Maple die Ausgabe.

```
> with(Groebner):
```

Wir berechnen nun eine Gröbnerbasis des Ideals $I = \langle xy + 1, yz + 1 \rangle$ in $\mathbb{C}[x, y, z]$ bezüglich der lexikographischen Monomordnung (welche in Maple mit plex bezeichnet wird).

```
> G:=[x*y+1,y*z+1]:
> Basis(G,plex(x,y,z));
```

Als Ausgabe erhalten wir

```
[y z + 1, -z + x]
```

Das heißt, die Polynome $yz + 1$ und $x - z$ bilden eine Gröbnerbasis für das Ideal I.

Die Berechnung einer Gröbnerbasis bezüglich der graduierten umgekehrt lexikographischen Ordnung (in Maple mit tdeg bezeichnet) mittels

```
> Basis(G,tdeg(x,y,z));
```

liefert die Ausgabe

```
[-z + x, y z + 1]
```

In diesem Fall liefern diese beiden Monomordnungen also die gleiche Gröbnerbasis.

Das frei verfügbare Softwarepaket Singular ist viel stärker auf Gröbner-basierte Verfahren spezialisiert als Maple, und die entsprechenden Implementierungen in Singular sind sehr viel effizienter (zudem stehen mehr Verfahren zur Verfügung). In Singular ist zunächst der Grundring zu spezifizieren. Mittels

```
> ring R = 0, (x,y,z), lp;
```

arbeitet man im Polynomring $\mathbb{Q}[x, y, z]$. Der Koeffizientenkörper $\mathbb{Q}$ ist der Primkörper der Charakteristik 0, weshalb er in Singular als „0" codiert ist; analog bezeichnet eine Primzahl an dieser Stelle den entsprechenden endlichen (Prim-) Körper. Die Angabe lp signalisiert, dass alle nachfolgenden Rechnungen die lexikographische Ordnung verwenden sollen. Die graduierte umgekehrt lexikographische Ordnung erhält man durch die Spezifikation dp.

Um die Gröbnerbasis des obigen Beispiels in Singular zu berechnen, definiert man das Ideal $I = \langle xy + 1, yz + 1 \rangle$ durch seine zwei Erzeuger:

```
> ideal I = x*y+1, y*z+1;
```

Die Berechnung der Gröbnerbasis bezüglich der lexikographischen Ordnung mittels

```
> groebner(I);
```

liefert dann die Ausgabe der (mit einer Nummerierung versehenen) Polynome

```
_[1]=yz+1
_[2]=x-z
```

Auf die Eingabe

```
> quit;
```

verabschiedet sich Singular höflich mit

```
Auf Wiedersehen.
```

10.2 Elimination von Unbestimmten

Wir kommen nun zur bereits in Abschnitt 9.1 angekündigten Untersuchung der *Eliminationsideale*

$$I_k := I \cap K[x_{k+1}, \ldots, x_n], \quad \text{für } 0 \leq k < n,$$

zu einem Ideal I in $K[x_1, \ldots, x_n]$. Aus Aufgabe 9.4 wissen wir, dass I_k ein Ideal in $K[x_{k+1}, \ldots, x_n]$ ist. In Bezug auf Eliminationsideale hat die lexikographische Monomordnung eine spezielle Eigenschaft.

Satz 10.1
Sei I ein Ideal in $K[x_1, \ldots, x_n]$ und G eine Gröbnerbasis von I bezüglich $\prec_{lex}$. Dann ist die Menge

$$G_k := G \cap K[x_{k+1}, \ldots, x_n]$$

eine Gröbnerbasis für das k-te Eliminationsideal I_k mit $0 \leq k < n$.

Beweis. Sei $k \in \{0, \ldots, n-1\}$, und es sei $G = \{g_1, \ldots, g_t\}$. Ohne Beschränkung der Allgemeinheit können wir $G_k = \{g_1, \ldots, g_s\}$ annehmen für ein $s \leq t$. Wir zeigen zuerst, dass G_k das Ideal I_k erzeugt. Wegen $G_k \subseteq I_k$ genügt es hierfür zu zeigen, dass jedes Polynom $f \in I_k$ sich als Linearkombination von $g_1, \ldots, g_s$ mit Koeffizienten in $K[x_{k+1}, \ldots, x_n]$ schreiben lässt.

Division des Polynoms f durch die geordnete Folge der Gröbnerbasis G ergibt wegen $f \in I$ nach Lemma 9.13 eine Darstellung

$$f = h_1 g_1 + \cdots + h_t g_t$$

mit $h_1, \ldots, h_t \in K[x_1, \ldots, x_n]$ und

$$\mathrm{lm}(f) \succeq_{lex} \mathrm{lm}(h_i g_i).$$

Nach Konstruktion tritt in jedem der Polynome $g_{s+1}, \ldots, g_t$ mindestens eine der Unbestimmten x_i mit $i \leq k$ auf. Daher gilt $\mathrm{lm}(g_i) \succ_{lex} \mathrm{lm}(f)$ für $i \in \{s+1, \ldots, t\}$ und es ist $h_{s+1}, \ldots, h_t = 0$. Dies liefert die gewünschte Darstellung

$$f = h_1 g_1 + \cdots + h_s g_s.$$

Um zu zeigen, dass $\{g_1, \ldots, g_s\}$ eine Gröbnerbasis ist, weisen wir Buchbergers Kriterium 9.27 nach. Es ist also zu zeigen, dass jedes S-Polynom $\mathrm{spol}(g_i, g_j)$ für $1 \leq i \neq j \leq s$ bei Division durch $g_1, \ldots, g_s$ den Rest Null ergibt. Wegen $\mathrm{spol}(g_i, g_j) \in I_k$ folgt dies aber aus dem ersten Teil des Beweises. $\square$

Da das letzte Eliminationsideal $I_{n-1} \subseteq K[x_n]$ univariat ist, besteht die zugehörige Gröbnerbasis G_{n-1} aus einem Element, das dann auch eine *Eliminante* von I genannt wird, oder es gilt $I_{n-1} = \{0\}$.

Beispiel 10.2

Wir greifen das Beispiel 8.1 erneut auf und rechnen mit `Maple`.

```
> with(Groebner):
> f := x^2+y^2-x*y-x-y-1:
> g := 2*x^2-4*y^2-x*y-2*x-2*y-1:
> G := Basis([f,g],plex(x,y));
```

Wir erhalten

$$G := [31\,y^4 - 12\,y^2 + y - 7\,y^3 + 1,\ x - 31\,y^3 + 7\,y^2 + 6\,y - 1]$$

Das erste (und letzte) Eliminationsideal I_1 von $I = \langle f, g \rangle$ wird also von der Eliminante $p := 31y^4 - 7y^3 - 12y^2 + y + 1$ erzeugt.

Für jeden Punkt $(\xi, \eta) \in V(I)$ ist η dann eine Nullstelle von p. Da p nur den Grad vier hat, könnte man explizite Darstellungen seiner Nullstellen als Radikalausdrücke ausrechnen. Das wollen wir hier aber nicht machen, sondern wir verfolgen eine Strategie, die auch bei höherem Grad funktioniert: Wir bestimmen lediglich numerische Approximationen der Nullstellen; vergleiche hierzu die Diskussion in Abschnitt 8.1.

```
> p := G[1];
> fsolve(p=0,y);
```

Dies liefert

```
    -0.4416023314, -0.3223146983, 0.3597572748, 0.6299662065
```

Die numerischen Werte der x-Koordinaten und damit die Schnittpunkte der beiden Kegelschnitte erhalten wir nun wie folgt:

```
> eta := [fsolve(p=0,y)]:
> seq([ fsolve(subs(y=eta[i],G[2]=0),x), eta[i] ], i=1..4);
```

Vergleichen Sie die Ausgabe

```
    [-0.3851331910, -0.4416023314], [1.168669669, -0.3223146983],
    [-0.6211082730, 0.3597572748], [2.192410502, 0.6299662065]
```

mit der Abbildung 8.2.

Anhand dieses Beispiels haben wir gesehen, wie man die Varietät aus den Nullstellen einer Eliminante gewinnt. Offen bleibt erstens die Frage, ob jede Nullstelle der Eliminante stets zu einem Punkt auf der Varietät gehört. Dies zu klären ist Gegenstand des nächsten Abschnitts. Zweitens muss untersucht werden, unter welchen Bedingungen überhaupt eine Eliminante existiert.

Beispiel 10.3

Das Beispiel des Ideals $\langle xy \rangle \subseteq K[x, y]$ mit der Gröbnerbasis $\{xy\}$ (für jede Monomordnung) zeigt, dass eine Eliminante tatsächlich nicht immer existiert.

Von dieser Problematik wird im Abschnitt 10.5 noch eingehender die Rede sein. Zunächst wollen wir einen Zusammenhang zwischen Eliminationsidealen und Resultanten herstellen.

Proposition 10.4

Seien $f, g \in K[x_1, \ldots, x_n]$ mit positivem Grad in x_1. Dann gibt es Polynome $a, b \in K[x_1, \ldots, x_n]$ mit

$$af + bg = \mathrm{Res}_{x_1}(f, g).$$

Insbesondere liegt $\mathrm{Res}_{x_1}(f, g)$ im ersten Eliminationsideal von $\langle f, g \rangle$.

Beweis. Seien $f, g \in K[x_1, \ldots, x_n]$ in der Form

$$f = a_l x_1^l + \cdots + a_1 x_1 + a_0,$$
$$g = b_m x_1^m + \cdots + b_1 x_1 + b_0$$

mit $a_i, b_j \in K[x_2, \ldots, x_n]$ und $a_l, b_m \neq 0$ gegeben. Dann lautet Sylvester-Matrix von f und g

$$
\left.\begin{pmatrix}
a_l & a_{l-1} & \cdots & & a_0 & & & \\
& \ddots & \ddots & & & \ddots & & \\
& & a_l & a_{l-1} & \cdots & & a_0 & \\
b_m & b_{m-1} & \cdots & & b_0 & & & \\
& \ddots & \ddots & & & \ddots & & \\
& & b_m & b_{m-1} & \cdots & & b_0 &
\end{pmatrix}\right\}
\begin{array}{l} \} \ m \text{ Zeilen,} \\[2em] \} \ l \text{ Zeilen.} \end{array}
\qquad (10.1)
$$

Wir wollen die Determinante von (10.1) nun geschickt berechnen, indem wir diese Matrix zunächst durch Anwendung der folgenden elementaren Spaltenoperationen modifizieren. Wir addieren die mit x_1^{l+m-i} multiplizierte i-te Spalte zur letzten Spalte und erhalten die Matrix

$$
M = \begin{pmatrix}
a_l & a_{l-1} & \cdots & a_0 & & & & x_1^{m-1} f \\
& a_l & a_{l-1} & \cdots & a_0 & & & x_1^{m-2} f \\
& & \ddots & \ddots & & \ddots & & \vdots \\
& & & a_l & \cdots & a_1 & & f \\
b_m & b_{m-1} & \cdots & b_0 & & & & x_1^{l-1} g \\
& b_m & b_{m-1} & \cdots & b_0 & & & x_1^{l-2} g \\
& & \ddots & \ddots & & \ddots & & \vdots \\
& & & b_m & \cdots & b_1 & & g
\end{pmatrix}.
\qquad (10.2)
$$

Entwicklung nach der letzten Spalte liefert

$$\mathrm{Res}_{x_1}(f, g) = \det M = x_1^{m-1} f \cdot p_1 + \cdots + f \cdot p_m + x_1^{l-1} g \cdot q_1 + \cdots + g \cdot q_l$$

mit Polynomen $p_i, q_j \in K[x_2, \ldots, x_n]$. Durch Umsortieren ergibt sich dann die gewünschte Linearkombination

$$\mathrm{Res}_{x_1}(f, g) = (p_1 x_1^{m-1} + \cdots + p_m) \cdot f + (q_1 x_1^{l-1} + \cdots + q_l) \cdot g = af + bg$$

mit $a = p_1 x_1^{m-1} + \cdots + p_m$ und $s = q_1 x_1^{l-1} + \cdots + q_l$. $\qquad \square$

Um im Falle eines von mehr als zwei Polynomen erzeugten Ideals $\langle f_1, \ldots, f_t \rangle$ explizit ein (von Null verschiedenes) Polynom in einem Eliminationsideal zu konstruieren, verwenden wir die parametrische Variante

$$\mathrm{Res}_{x_1}(f_1, \lambda_2 f_2 + \cdots + \lambda_t f_t) \in K[x_2, \ldots, x_n, \lambda_2, \ldots, \lambda_t]$$

mit Parametern $\lambda_2, \ldots, \lambda_t$. Die Unterscheidung zwischen *Unbestimmten* und *Parametern* ist hier vom formalen Standpunkt aus willkürlich, deutet aber an, dass später Aussagen über Polynome in den Unbestimmten durch Spezialisierung der Parameter abgeleitet werden. Vergleiche auch die Diskussion zu multivariaten Resultanten vor Korollar 8.10.

Lemma 10.5
Sei $I = \langle f_1, \ldots, f_t \rangle \subseteq K[x_1, \ldots, x_n]$, und $\mathrm{Res}_{x_1}(f_1, \lambda_2 f_2 + \cdots + \lambda_t f_t)$ habe eine Darstellung $\sum_\alpha h_\alpha \lambda^\alpha$ mit Polynomen $h_\alpha \in K[x_2, \ldots, x_n]$. Dann ist jedes dieser Polynome h_α im ersten Eliminationsideal $I_1 = I \cap K[x_2, \ldots, x_n]$ enthalten.

Beweis. Da jedes Polynom h_α nur von den Unbestimmten $x_2, \ldots, x_n$ abhängt, genügt es zu zeigen, dass jedes h_α in I enthalten ist. Nach Proposition 10.4 hat $\mathrm{Res}_{x_1}(f_1, \lambda_2 f_2 + \cdots + \lambda_t f_t)$ eine Darstellung der Form

$$\mathrm{Res}_{x_1}(f_1, \lambda_2 f_2 + \cdots + \lambda_t f_t) = a f_1 + b(\lambda_2 f_2 + \cdots + \lambda_t f_t)$$

mit Polynomen $a, b \in K[x_2, \ldots, x_n, \lambda_2, \ldots, \lambda_t]$. Wir schreiben a und b als Polynome in den Parametern $\lambda_2, \ldots, \lambda_t$,

$$a = \sum_\alpha a_\alpha \lambda^\alpha, \qquad b = \sum_\alpha b_\alpha \lambda^\alpha,$$

mit Koeffizienten $a_\alpha, b_\alpha \in K[x_2, \ldots, x_n]$ und erhalten

$$\sum_\alpha h_\alpha \lambda^\alpha = \left(\sum_\alpha a_\alpha \lambda^\alpha \right) f_1 + \left(\sum_\alpha b_\alpha \lambda^\alpha \right) \left(\sum_{i=2}^t \lambda_i f_i \right) = \sum_\alpha \left(a_\alpha f_1 + \sum_{i=2}^t b_{\alpha + e^{(i)}} f_i \right) \lambda^\alpha,$$

wobei $e^{(i)}$, für $2 \leq i \leq m$, den i-ten Einheitsvektor in den Koordinaten $(\lambda_2, \ldots, \lambda_t)$ bezeichnet. Durch Koeffizientenvergleich liefert dies die Darstellung der Polynome h_α in den Erzeugern $f_1, \ldots, f_t$. $\qquad \square$

10.3 Fortsetzung partieller Lösungen

Bis hierhin haben wir die Theorie der Gröbnerbasen über einem beliebigen Körper entwickelt. Es sollte aber klar sein, dass das vollständige Lösen beliebiger polynomialer Gleichungssysteme wesentlich von Eigenschaften des Grundkörpers Gebrauch machen muss. Wir konzentrieren uns hier auf die komplexen Zahlen als algebraisch abgeschlossenen Körper der Charakteristik 0.

Wir betrachten also von nun an ein Ideal $I \subseteq \mathbb{C}[x_1, \ldots, x_n]$ sowie das zugehörige k-te Eliminationsideal $I_k = I \cap \mathbb{C}[x_{k+1}, \ldots, x_n]$ für ein $k \in \{1, \ldots, n-1\}$. Die nach Satz 10.1 wichtige noch offene Frage ist, unter welchen Voraussetzungen eine partielle Lösung $(\xi_{k+1}, \ldots, \xi_n) \in V(I_k)$ zu einer Lösung $(\xi_1, \ldots, \xi_n) \in V(I)$ fortgesetzt werden kann. Per Induktion genügt es hierzu, den letzten Fortsetzungsschritt zu klären.

Satz 10.6
Seien $f_1, \ldots, f_t \in \mathbb{C}[x_1, \ldots, x_n]$, $I = \langle f_1, \ldots, f_t \rangle$ und I_1 das erste Eliminationsideal von I. Ferner sei für $i \in \{1, \ldots, t\}$

$$f_i = g_{i,d_i} x_1^{d_i} + \cdots + g_{i,0}$$

mit $\deg_{x_1} f_i = d_i$ und $g_{i,j} \in \mathbb{C}[x_2, \ldots, x_n]$. Für alle $(\xi_2, \ldots, \xi_n) \in V(I_1) \setminus V(g_{1,d_1}, \ldots, g_{t,d_t})$ existiert dann ein $\xi_1 \in \mathbb{C}$ mit $(\xi_1, \ldots, \xi_n) \in V(I)$.

Beweis. Im Weiteren spielen nur die Leitkoeffizientenpolynome von f_i in der Unbestimmten x_1 eine Rolle. Daher schreiben wir kurz $g_i := g_{i,d_i}$.

Sei $\xi = (\xi_2, \ldots, \xi_n) \in V(I_1) \setminus V(g_1, \ldots, g_t)$. Ohne Einschränkung können wir annehmen, dass $g_1(\xi) \neq 0$ ist. Die Resultante $\mathrm{Res}(f_1, \lambda_2 f_2 + \cdots + \lambda_t f_t)$ mit Parametern $\lambda_2, \ldots, \lambda_t$ hat dann eine Darstellung der Form

$$\mathrm{Res}_{x_1}(f_1, \lambda_2 f_2 + \cdots + \lambda_t f_t) = \sum_\alpha h_\alpha \lambda^\alpha \tag{10.3}$$

mit Polynomen $h_\alpha \in \mathbb{C}[x_2, \ldots, x_n]$, und jedes Polynom h_α ist nach Lemma 10.5 im Eliminationsideal I_1 enthalten. Wegen $\xi \in V(I_1)$ verschwindet $\mathrm{Res}_{x_1}(f_1, \lambda_2 f_2 + \cdots + \lambda_t f_t)$ daher an der Stelle ξ, das heißt,

$$\mathrm{Res}_{x_1}(f_1, \lambda_2 f_2 + \cdots + \lambda_t f_t)\big|_{(x_2, \ldots, x_n) = \xi} = 0. \tag{10.4}$$

Wir wollen nun das Verschwinden dieser Resultante an der Stelle ξ ausnutzen. Dabei stört nur noch, dass der x_1-Grad des Polynoms $\lambda_2 f_2 + \cdots + \lambda_t f_t$ beim Einsetzen des Punktes ξ kleiner werden kann. Um diesem Problem aus dem Weg zu gehen, ändern wir die Basis von I.

Für ein beliebiges $N \in \mathbb{N}$ erzeugen $f_1, \ldots, f_{t-1}, f_t + x_1^N f_1$ ebenfalls das Ideal I. Wir können nun N groß genug wählen, dass gilt

$$\deg_{x_1} f_t + x_1^N f_1 > \deg_{x_1} f_i \quad \text{für alle } i \in \{2, \ldots, t\}.$$

Wegen $g_1(\xi) \neq 0$ und $\deg_{x_1} f_t + x_1^N f_1 > \deg_{x_1} f_t$ können wir davon ausgehen, dass nach dem Übergang zu der neuen Basis auch $g_t(\xi) \neq 0$ gilt.

Da $g_1(\xi) \neq 0$, $g_t(\xi) \neq 0$ und $\deg_{x_1} g_t > \deg_{x_1} g_2, \ldots, \deg_{x_1} g_{t-1}$ gilt, kann das Bilden der Resultante mit dem Einsetzen (in die letzten $n-1$ Unbestimmten) vertauscht werden. Das heißt, es gilt mit (10.4)

$$\mathrm{Res}_{x_1}\left(f_1(x_1, \xi), \lambda_2 f_2(x_1, \xi) + \cdots + \lambda_t f_t(x_1, \xi)\right)$$
$$= \mathrm{Res}_{x_1}(f_1, \lambda_2 f_2 + \cdots + \lambda_t f_t)\big|_{(x_2, \ldots, x_n) = \xi} = 0.$$

Die univariaten Polynome $f_1(x_1, \zeta), \ldots, f_t(x_1, \zeta)$ haben nach Korollar 8.10 daher einen gemeinsamen Faktor positiven Grades. Wegen der algebraischen Abgeschlossenheit von $\mathbb{C}$ existiert also eine gemeinsame Nullstelle ζ_1, und es gilt $(\zeta_1, \ldots, \zeta_n) = (\zeta_1, \zeta) \in V(I)$. $\square$

Beispiel 10.7
Noch einmal sehen wir uns das Beispiel 10.2 an. Es ist

$$f = x^2 + y^2 - xy - x - y - 1 = 1 \cdot x^2 - (y+1) \cdot x + (y^2 - y - 1) \text{ und}$$
$$g = 2x^2 - 4y^2 - xy - 2x - 2y - 1 = 2 \cdot x^2 - (y+2) \cdot x - (4y^2 + 2y + 1).$$

Für $I = \langle f, g \rangle$ ist

$$\{x - 31y^3 + 7y^2 + 6y - 1,\ 31y^4 - 7y^3 - 12y^2 + y + 1\}$$

eine $\prec_{\text{lex}}$-Gröbnerbasis von I.

Dass sämtliche Nullstellen der Eliminante $31y^4 - 7y^3 - 12y^2 + y + 1$ sich zu Punkten in $V(I)$ fortsetzen lassen, haben wir bereits in Beispiel 10.2 gesehen. Nach Satz 10.6 liegt dies daran, dass (bezüglich x) die Leitkoeffizientenpolynome 1 und 2 konstant sind (und daher trivialerweise die gemeinsame Nullstellenmenge der Leitkoeffizientenpolynome leer ist).

Es bleibt zu klären, unter welchen Bedingungen man stets davon ausgehen kann, eine Eliminante zu haben. Um dies zu beantworten, befassen wir uns im nächsten Abschnitt mit einem zentralen Ergebnis der kommutativen Algebra.

10.4   Hilberts Nullstellensatz

Ist ein von Null verschiedenes konstantes Polynom, etwa das Einspolynom, in einem Ideal I enthalten, dann gilt offensichtlich $V(I) = \emptyset$. Die schwache Form von Hilberts Nullstellensatz besagt, dass über den komplexen Zahlen auch die umgekehrte Richtung gilt.

Satz 10.8 (Hilberts Nullstellensatz, schwache Form)
Ist I ein Ideal in $\mathbb{C}[x_1, \ldots, x_n]$ mit $V(I) = \emptyset$, dann gilt $1 \in I$.

Die Eigenschaft $1 \in I$ ist offensichtlich äquivalent zu $I = \mathbb{C}[x_1, \ldots, x_n]$. Ein Ideal I mit $I \subsetneq \mathbb{C}[x_1, \ldots, x_n]$ heißt ein *echtes Ideal* von $\mathbb{C}[x_1, \ldots, x_n]$.

Ähnlich zur Charakterisierung der Zulässigkeit linearer Optimierungsprobleme durch das Farkas-Lemma, vergleiche Aufgabe 4.25, gibt uns Hilberts Nullstellensatz ein Zertifikat für die Unlösbarkeit eines polynomialen Gleichungssystems.

Beispiel 10.9

Die beiden Polynome $f = x^2$ und $g = 1 - xy$ besitzen keine gemeinsame Nullstelle in $\mathbb{C}^2$. Ein leicht nachzuprüfendes Zertifikat für diese Nichtlösbarkeit besteht in der Angabe zweier Polynome a und b mit

$$1 = af + bg.$$

Ein mögliches Paar solcher Polynome ist $a = y^2$ und $b = 1 + xy$. Hilberts Nullstellensatz garantiert die Existenz solcher Polynome, ohne sie allerdings konkret zu benennen.

Wir geben hier den sehr elementar gehaltenen Beweis von Hilberts Nullstellensatz von Enrique Arrondo wieder [6]. Das nächste Lemma dient dazu, die Polynome in eine gut zu analysierende Form zu überführen.

Lemma 10.10 (Noethersches Normalisierungslemma)
Sei $n \geq 2$ und $f \in \mathbb{C}[x_1, \ldots, x_n]$ ein nichtkonstantes Polynom vom Totalgrad d. Dann existieren komplexe Zahlen $\lambda_2, \ldots, \lambda_n$, so dass in dem Polynom

$$f(x_1, x_2 + \lambda_2 x_1, \ldots, x_n + \lambda_n x_1) \tag{10.5}$$

das Monom x_1^d einen von Null verschiedenen Koeffizienten hat.

Beweis. Aus $\operatorname{tdeg} f = d$ folgt, dass $\deg_{x_1} f(x_1, x_2 + \lambda_2 x_1, \ldots, x_n + \lambda_n x_1) = d$ ist. Bezeichnet f_d die homogene Komponente von f vom Grad d, dann ist der Koeffizient von x_1^d in (10.5) darstellbar als $f_d(1, \lambda_2, \ldots, \lambda_n)$. Da das Polynom $f_d(1, x_2, \ldots, x_n)$ vom Nullpolynom verschieden ist, existiert ein Punkt $(\lambda_2, \ldots, \lambda_n) \in \mathbb{C}^{n-1}$, an dem es nicht verschwindet (siehe Aufgabe 10.29). $\square$

Wir können nun Hilberts Nullstellensatz in seiner schwachen Form beweisen.

Beweis des Satzes 10.8. Wir zeigen die Kontraposition: Für jedes echte Ideal $I \subsetneq \mathbb{C}[x_1, \ldots, x_n]$ existiert ein $\xi \in \mathbb{C}^n$ mit $f(\xi_1, \ldots, \xi_n) = 0$ für alle $f \in I$.

Ohne Einschränkung sei $I \neq \{0\}$. Für $n = 1$ ist die Aussage offensichtlich, da $\mathbb{C}[x_1]$ ein euklidischer Ring ist, insbesondere also jedes Ideal I von einem nichtkonstanten Polynom erzeugt wird. Nach dem Fundamentalsatz der Algebra besitzt ein solcher Erzeuger von I eine Nullstelle.

Induktiv betrachten wir nun den Fall $n \geq 2$. Gemäß Lemma 10.10 können wir nach einer linearen Variablentransformation und Skalierung annehmen, dass I ein normiertes Polynom g in der Unbestimmten x_1 enthält. Es ist

$$I_1 = I \cap \mathbb{C}[x_2, \ldots, x_n] \subseteq \mathbb{C}[x_2, \ldots, x_n]$$

das erste Eliminationsideal von I. Wegen $1 \notin I$ ist auch I_1 ein echtes Ideal. Nach Induktionsannahme existiert ein Punkt $(\xi_2, \ldots, \xi_n) \in \mathbb{C}^{n-1}$, an dem alle Polynome aus I_1 verschwinden.

Der wesentliche Schritt besteht darin, zu zeigen, dass die Menge

$$J = \{f(x_1, \xi_2, \ldots, \xi_n) : f \in I\}$$

ein echtes Ideal von $\mathbb{C}[x_1]$ ist.

Aus den Distributivgesetzen folgt direkt, dass J ein Ideal ist. Wir wollen indirekt vorgehen. Also nehmen wir nun $1 \in J$ an, das heißt, es existiert ein $g(x_1, \xi_2, \ldots, \xi_n) = 1$. Wenn g den x_1-Grad d hat, so existiert eine Darstellung der Form $g = \sum_{i=0}^d g_i x_1^i$ mit $g_0, \ldots, g_d \in \mathbb{C}[x_2, \ldots, x_n]$, $g_0(\xi_2, \ldots, \xi_n) = 1$ und $g_i(\xi_2, \ldots, \xi_n) = 0$ für $1 \le i \le d$.

Unser bereits oben gewonnenes x_1-normiertes Polynom f, mit $\deg_{x_1} f = e$, können wir in der Form $f = x_1^e + \sum_{i=0}^{e-1} f_i x_1^i$ mit $f_i \in \mathbb{C}[x_2, \ldots, x_n]$ schreiben. Nach Proposition 10.4 ist die Resultante $\mathrm{Res}_{x_1}(f, g)$ im Eliminationsideal I_1 enthalten. Wegen

$$\mathrm{Res}_{x_1}(f, g) = \det \begin{pmatrix} 1 & f_{e-1} & \cdots & f_0 & & & \\ & \ddots & \ddots & & \ddots & & \\ & & 1 & f_{e-1} & \cdots & f_0 & \\ g_d & g_{d-1} & \cdots & g_0 & & & \\ & \ddots & \ddots & & \ddots & & \\ & & g_d & g_{d-1} & \cdots & g_0 \end{pmatrix} \begin{array}{l} \left.\vphantom{\begin{matrix}1\\1\\1\end{matrix}}\right\} d \text{ Zeilen,} \\ \\ \left.\vphantom{\begin{matrix}1\\1\\1\end{matrix}}\right\} e \text{ Zeilen} \end{array}$$

ergibt sich die Auswertung der Resultante $\mathrm{Res}_{x_1}(f, g)$ an der Stelle $(\xi_2, \ldots, \xi_n)$ als Determinante einer oberen Dreiecksmatrix, deren Einträge auf ihrer Hauptdiagonalen alle 1 sind. Folglich hat $\mathrm{Res}_{x_1}(f, g)$ an der Stelle $(\xi_2, \ldots, \xi_n)$ den Wert 1, im Widerspruch zu $\mathrm{Res}_{x_1}(f, g) \in I_1$ und $(\xi_2, \ldots, \xi_n) \in V(I_1)$. Hieraus folgt die Zwischenbehauptung $J \subsetneq \mathbb{C}[x_1]$.

Damit ist das Ideal J durch ein Polynom $h \in \mathbb{C}[x_1]$ positiven Grades oder durch $h = 0$ erzeugt. Im beiden Fällen hat h mindestens eine Nullstelle $\xi_1 \in \mathbb{C}$. Deswegen verschwindet jedes Polynom aus I an der Stelle $(\xi_1, \ldots, \xi_n)$. $\square$

Die folgende starke Form von Hilberts Nullstellensatz kann aus der schwachen Form gewonnen werden. Die vorgestellte Beweisidee wird oft als „Trick von Rabinowitsch" bezeichnet.

Satz 10.11 (Hilberts Nullstellensatz, starke Form)
Ist I ein Ideal in $\mathbb{C}[x_1, \ldots, x_n]$ und $f \in \mathbb{C}[x_1, \ldots, x_n]$ ein Polynom, das auf allen Punkten von $V(I)$ verschwindet, so existiert eine natürliche Zahl $s \ge 1$, so dass $f^s \in I$ ist.

Beweis. Wir nehmen an, dass $g_1, \ldots, g_t$ das Ideal I erzeugen.

Ist $f = 0$, so ist nichts zu zeigen. Für $f \ne 0$ betrachten wir die Polynome

$$g_1, \ldots, g_t, 1 - yf \in \mathbb{C}[x_1, \ldots, x_n, y]$$

Diese haben keine gemeinsame Nullstelle, da für alle $\xi = (\xi_1, \ldots, \xi_n) \in V(g_1, \ldots, g_t)$ gilt, dass $1 - yf$ an der Stelle $(\xi_1, \ldots, \xi_n, \eta)$ den Wert

$$1 - \eta f(\xi_1, \ldots, \xi_n) = 1 - \eta \cdot 0 = 1$$

hat. Die schwache Form von Hilberts Nullstellensatz liefert daher $h_1, \ldots, h_{t+1} \in \mathbb{C}[x_1, \ldots, x_n, y]$ mit

$$h_1 g_1 + \cdots + h_t g_t + h_{t+1}(1 - yf) = 1. \tag{10.6}$$

Rechnen wir nun im Quotientenkörper $\mathbb{C}(x_1, \ldots, x_n, y)$ der rationalen Funktionen, so können wir in (10.6) die Unbestimmte y durch die rationale Funktion $1/f$ substituieren. Damit existieren $h'_1, \ldots, h'_t \in K[x_1, \ldots, x_n]$ und $s_1, \ldots, s_t \in \mathbb{N}$, so dass gilt

$$\frac{h'_1}{f^{s_1}} g_1 + \cdots + \frac{h'_m}{f^{s_t}} g_t = 1.$$

Durch die Wahl von $s = \max\{s_1, \ldots, s_t\}$ und Multiplikation der Gleichung mit f^s ergibt sich die Behauptung. $\qquad\square$

Beispiel 10.12
Für jede beliebige Monomordnung gilt aufgrund von Hilberts Nullstellensatz, dass die eindeutig bestimmte reduzierte Gröbnerbasis eines Ideals I genau dann aus dem Einspolynom besteht, wenn $V(I) = \emptyset$ ist.

Mit Maple verifizieren wir diese Aussage für die Polynome $f = x^2, g = 1 - xy$ aus Beispiel 10.9:

```
> with(Groebner):
> Basis([x^2,1-xy],plex(x,y));
    [1]
```

Das Lemma von Study 8.12 ist übrigens ein Spezialfall des Nullstellensatzes. Gilt nämlich für ein nichtkonstantes, irreduzibles Polynom f die Eigenschaft $V(f) \subseteq V(g)$, dann folgt aus Hilberts Nullstellensatz die Eigenschaft $g^k \in \langle f \rangle$ für ein $k \geq 1$, so dass f ein Teiler von g ist.

Definition 10.13
Für ein Ideal I eines beliebigen Rings R heißt die Menge

$$\mathrm{rad}(I) := \{a \in R : \text{es existiert ein } s \geq 1, \text{ so dass } a^s \in I\}$$

das *Radikal* von I in R.

Beispiel 10.14
Wir betrachten das Ideal $I = \langle x^2, xy, y^2 \rangle \subseteq \mathbb{C}[x, y]$. Offenbar gilt $V(I) = \{(0,0)\}$. Das Polynom x verschwindet auf der einzigen Nullstelle von I, und Hilberts Nullstellensatz prognostiziert, dass eine geeignete Potenz von x in I liegt. Das Polynom x^2 ist sogar als Erzeuger von I explizit angegeben. Mit nur wenig mehr Mühe sieht man ein, dass $\langle x, y \rangle$ das Radikal von I ist.

10.5 Lösen polynomialer Gleichungen

Wir führen nun die behandelten Kernaussagen der Theorie der Gröbnerbasen zusammen und zeigen, wie damit systematisch die Lösungen polynomialer Gleichungssysteme bestimmt werden können.

Satz 10.15
Sei I ein Ideal in $\mathbb{C}[x_1, \ldots, x_n]$, $k \in \{1, \ldots, n-1\}$ und I_k das k-te Eliminationsideal von I. Dann ist $V(I_k)$ die kleinste algebraische Varietät, die die Projektion von $V(I)$ auf $\lin\{e^{(k+1)}, \ldots, e^{(n)}\}$ enthält.

Hierbei ist „kleinste" algebraische Varietät im Sinne der durch die Inklusion von Mengen induzierten Halbordnung zu verstehen, dass heißt, jede algebraische Varietät, die die Projektion von $V(I)$ enthält, ist eine Obermenge von $V(I_k)$. Wiederum bezeichnet $e^{(i)}$ den i-ten Einheitsvektor von $\mathbb{C}^n$. Es ist also die Projektion auf die letzten $n - k$ Koordinaten gemeint.

Bemerkung 10.16
Die Projektion von $V(I)$ auf die Variablen $x_{k+1}, \ldots, x_n$ ist nicht notwendigerweise selbst eine algebraische Varietät. Beispielsweise gilt für $f = xy - 1 \in \mathbb{C}[x, y]$, dass $V(I_1)$ die Projektion der durch $xy = 1$ gegebenen Hyperbel ist, also $V(I_1) = \mathbb{C} \setminus \{0\}$. Diese Menge ist keine algebraische Varietät.

Beweis. Die Projektion von $V(I)$ ist offensichtlich in $V(I_k)$ enthalten. Um zu zeigen, dass $V(I_k)$ die kleinste algebraische Varietät ist, die die Projektion von $V(I)$ enthält, untersuchen wir ein beliebiges Polynom f in $\mathbb{C}[x_{k+1}, \ldots, x_n]$, das auf allen Punkten der Projektion verschwindet. Betrachtet man f als Polynom in $\mathbb{C}[x_1, \ldots, x_n]$, dann verschwindet f auf allen Punkten in $V(I)$. Nach Hilberts Nullstellensatz existiert daher ein $s \geq 1$ mit $f^s \in I$. Da f^s aber nicht von $x_1, \ldots, x_k$ abhängt, gilt $f^s \in I_k$. Das heißt, dass f im Radikal von I liegt. □

Der Hauptzweck des gesamten zweiten Teils dieses Buches besteht darin, dass wir nun endlich in der Lage sind, polynomiale Gleichungssysteme

$$f_1(x_1, \ldots, x_n) = \cdots = f_t(x_1, \ldots, x_n) = 0 \tag{10.7}$$

zu lösen. Hierbei seien $f_1, \ldots, f_t \in \mathbb{C}[x_1, \ldots, x_n]$, und wie üblich setzen wir $I = \langle f_1, \ldots, f_r \rangle$. Wir wollen voraussetzen, dass (10.7) nur endlich viele Lösungen besitzt, die zugehörige affine algebraische Varietät $V(I) \subseteq \mathbb{C}^n$ also 0-dimensional ist. Die Behandlung höherdimensionaler algebraischer Varietäten übersteigt die Möglichkeiten dieses Buches. Im Beispiel 10.19 unten wird eine der dabei auftretenden Schwierigkeiten vorgeführt.

　　　Aufgrund der Endlichkeit ist für jedes $k \in \{1, \ldots, n-1\}$ die Projektion von $V(I)$ auf die letzten $n - k$ Koordinaten ebenfalls endlich und daher eine algebraische Varietät. Nach Satz 10.15 stimmt diese Projektion mit der Menge $V(I_k)$

überein. Speziell für $k = n - 1$ bedeutet dies in Verbindung mit Satz 10.1, dass ein Polynom $f \in I_{n-1}$ existiert. Nach Satz 10.6 sind die Nullstellen dieses univariaten Polynoms in der Unbestimmten x_n genau die x_n-Komponenten der Lösungen von (10.7).

Auf Grundlage dieser Technik kann das Lösen polynomialer Gleichungssysteme durch Verwendung von Gröbnerbasen auf das Bestimmen der Nullstellen univariater Polynome zurückgeführt werden. Die ermittelten bzw. numerisch approximierten Nullstellen für die univariaten Polynome können dann eingesetzt werden, um die einzelnen Komponenten zur gesamten Lösung zusammenzusetzen. Zusätzlich zu Beispiel 10.2 oben geben wir hier einige weitere Beispiele an.

Beispiel 10.17
Wir benutzen Singular, um den Schnittpunkt von Steiners römischer Fläche (8.1) aus Beispiel 8.4 mit einem Kreis zu berechnen. Den Kreis geben wir als Schnitt einer Sphäre mit einer Ebene an. Mit Singular kann man dann folgendermaßen vorgehen.

Zunächst laden wir die Bibliothek solve.lib, die viele Funktionen zum Lösen polynomialer Gleichungen bereit stellt.

```
> LIB "solve.lib";
```

Die Ausgabe dieses Ladebefehls haben wir hier (und in allen folgenden Beispielen) unterdrückt; es wird nur eine Liste von nun zur Verfügung stehenden Bibliotheken angegeben.

```
> ring R = 0, (x,y,z), lp;
> poly roman = x^2*y^2 + y^2*z^2 + z^2*x^2 - 2*x*y*z;
> poly sphere = x^2 + y^2 + z^2 - 1;
> poly plane = x-z;
> ideal I = roman, sphere, plane;
> ideal G = groebner(I);
> G;
  _[1]=9z6-4z4
  _[2]=2yz2+3z4-2z2
  _[3]=y2+2z2-1
  _[4]=x-z
```

Das erste Polynom in der Ausgabe ist die Eliminante $9z^6 - 4z^4$, deren Nullstellen wir mit dem Befehl laguerre_solve bestimmen können.

```
> laguerre_solve(G[1]);
  [1]:
    -0.66666667
  [2]:
    0.66666667
  [3]:
    0
  [4]:
    0
```

```
[5]:
   0
[6]:
   0
```

Die Eliminante hat die vierfache Nullstelle 0 und die beiden einfachen Nullstellen $\pm 2/3$. Durch iteriertes Einsetzen und Bestimmen von Nullstellen univariater Polynome kann man nach und nach alle Punkte der Varietät bestimmen. Wir zeigen das Vorgehen exemplarisch für $z = -2/3$. Aus

```
> laguerre_solve(subst(G[2],z,-2/3));
   [1]:
      0.33333333
```

erfährt man, dass für $z = -2/3$ höchstens $y = 1/3$ infrage kommt. Und wegen

```
> subst(subst(G[3],z,-2/3),y,1/3);
   0
```

ist dann $(1/3, -2/3)$ tatsächlich in $V(I_1)$ enthalten. Mit

```
> laguerre_solve(subst(subst(G[4],z,-2/3),y,1/3));
   [1]:
      -0.66666667
```

ist dann der erste Punkt $(-2/3, 1/3, -2/3)$ auf der Varietät bestimmt. Schlussendlich erhält man auf diese Weise, dass die Varietät aus vier Punkten besteht, die alle reell sind:

$$(-2/3, 1/3, -2/3), \ (2/3, 1/3, 2/3), \ (0, -1, 0) \text{ und } (0, 1, 0).$$

Beispiel 10.18

In Abschnitt 8.7 hatten wir den Schnitt zweier ebener algebraischer Kurven mit Maple studiert, vergleiche Abbildung 8.8. Die gemeinsamen Schnittpunkte wurden dort über die Resultante bestimmt.

Da es nur endlich viele Schnittpunkte gibt, können wir wie oben über eine $\prec_{\text{lex}}$-Gröbnerbasis eine Eliminante bestimmen und iterativ die partiellen Lösungen fortsetzen. In Singular ist dieser Lösungsansatz in der Bibliothek solve.lib implementiert.

```
> LIB "solve.lib";
> ring R = 0, (x,y), lp;
> poly f = (x^2+y^2)^2+3*x^2*y-y^3;
> poly g = y-(x^2-1);
> ideal I = f,g;
> ideal G = groebner(I);
```

Die Ausgabe des nächsten Kommandos erklärt sich größtenteils selbst. Für weitere Details sei auf das Singular-Handbuch verwiesen.

```
> solve(G);
   [1]:
      [1]:
```

```
          -0.66555112
      [2]:
          -0.5570417
  [2]:
      [1]:
          0.66555112
      [2]:
          -0.5570417
  [3]:
      [1]:
          -0.82810567
      [2]:
          -0.314241
  [4]:
      [1]:
          0.82810567
      [2]:
          -0.314241
  [5]:
      [1]:
          (-1.32317595-i*0.90285837)
      [2]:
          (-0.064358647+i*2.389281)
  [6]:
      [1]:
          (1.32317595+i*0.90285837)
      [2]:
          (-0.064358647+i*2.389281)
  [7]:
      [1]:
          (-1.32317595+i*0.90285837)
      [2]:
          (-0.064358647-i*2.389281)
  [8]:
      [1]:
          (1.32317595-i*0.90285837)
      [2]:
          (-0.064358647-i*2.389281)


// 'solve' created a ring, in which a list SOL of numbers
// (the complex solutions) is stored.
// To access the list of complex solutions, type (if the
// name R was assigned to the return value):
        setring R; SOL;
//   characteristic : 0 (complex:8 digits, additional 8 digits)
//   1 parameter    : i
//   minpoly        : (i^2+1)
```

```
//    number of vars : 2
//        block    1 : ordering lp
//                   : names    x y
//        block    2 : ordering C
```

Auch wenn wir hier nicht die Möglichkeit haben, viele Worte über den nicht 0-dimensionalen Fall zu verlieren, wollen wir wenigstens ein Beispiel studieren. Man kann leicht zeigen, dass eine 0-dimensionale, das heißt endliche, affine Varietät in $\mathbb{C}^n$ durch mindestens n Polynome definiert ist. Die Umkehrung gilt aber im Allgemeinen nicht, selbst dann nicht, wenn die Polynome keinen gemeinsamen Teiler haben:

Beispiel 10.19
Wir betrachten noch einmal Steiners römische Fläche aus Beispiel 8.4. Wie bereits dort erläutert, enthält die Fläche die drei Koordinatenachsen als singuläre Orte. Den Schnitt der Fläche mit der z-Achse können wir als affine Varietät des Ideals

$$I \; = \; \langle x^2 y^2 + y^2 z^2 + z^2 x^2 - 2xyz, x, y \rangle \; \subseteq \; \mathbb{C}[x, y, z]$$

modellieren. Man sieht (auch ohne `Singular`), dass $\{x, y\}$ eine $\prec_{\text{lex}}$-Gröbnerbasis für I ist. Hieraus erkennt man direkt, dass $V(I)$ die z-Achse ist.

Jedoch nützt uns unsere Eliminationsstrategie nicht ohne weiteres. Das zweite Eliminationsideal I_2 ist hingegen das Nullideal, und wir haben erst einmal gar keine Eliminante.

Ändert man die Reihenfolge der Unbestimmten zu z, x, y, so folgt aus $I_2 = \langle y \rangle$ und $I_1 = \langle x, y \rangle$ für die gemeinsamen Nullstellen (x, y) von I_1 und I_2, dass $x = y = 0$. Da z dann beliebig ist, sieht man anhand dieses Beispiels, dass die Fortsetzung der Lösung nach Satz 10.6 nicht eindeutig sein muss.

10.6   Gröbnerbasen und ganzzahlige lineare Programme

Zum Abschluss dieses Kapitels soll exemplarisch eine der zahlreichen Verbindungen von Gröbnerbasen zu algorithmischen Fragen auf ganzzahligen Punktmengen diskutiert werden.

Für $A \in \mathbb{R}^{m \times n}$, $b \in \mathbb{R}^m$ und $c \in (\mathbb{R}^n)^*$ heißt

$$\min \{ cx : Ax = b, \, x \in \mathbb{N}^n \} \tag{10.8}$$

ganzzahliges lineares Programm in Standardform. Man beachte, dass die Bedingung $x \in \mathbb{N}^n$ die Nicht-Negativität der Variablen erzwingt. Conti und Traverso haben ein auf Gröbnertechniken beruhendes Verfahren entwickelt, um beliebige Probleme diesen Typs zu lösen. Wir betrachten hier den Spezialfall, in dem $A \in \mathbb{N}^{m \times n}$, $b \in \mathbb{N}^m$ und $c \geq 0$ gilt.

Ausgangsidee ist es, die auftretenden natürlichen Zahlen in die Exponenten von Polynomen zu codieren. Wir definieren hierzu die n Monome

$$f_j := w_1^{a_{1j}} \cdots w_m^{a_{mj}} \quad \text{für } j \in \{1, \dots, n\}$$

im Polynomring $K[w_1, \dots, w_m]$ über einem beliebigen Körper K. Ferner sei die Abbildung $\varphi : K[x_1, \dots, x_n] \to K[w_1, \dots, w_m]$ definiert durch

$$\varphi(x_j) := f_j$$

und Fortsetzung via $\varphi(g(x_1, \dots, x_n)) = g(\varphi(x_1), \dots, \varphi(x_n))$. Ein Punkt $\zeta \in \mathbb{N}^n$ ist also genau dann ein zulässiger Punkt für das ganzzahlige Programm (10.8), wenn $\varphi(x^\zeta) = w^b$ ist.

Die Eigenschaft $\varphi(x^\zeta) = w^b$ kann elegant durch die von den Polynomen $f_1, \dots, f_n$ erzeugte Unteralgebra

$$K[f_1, \dots, f_n]$$
$$= \{p(f_1, \dots, f_n) \in K[w_1, \dots, w_n] : p \text{ Polynom mit Koeffizienten in } K\}$$

von $K[w_1, \dots, w_m]$ ausgedrückt werden. Wir bezeichnen diese mit $K[f_1, \dots, f_n]$. Die von einer Menge von Polynomen erzeugte Unteralgebra ist natürlich in dem von denselben Polynomen erzeugten Ideal enthalten, ist aber meist (viel) kleiner: So ist beispielsweise die vom konstanten Polynom 1 erzeugte Unteralgebra $K[1]$ die Unteralgebra aller Konstanten in $K[w_1, \dots, w_m]$ (also isomorph zu K selbst), während das Ideal $\langle 1 \rangle$ der gesamte Polynomring ist.

Satz 10.20

Das Optimierungsproblem (10.8) *hat genau dann eine zulässige Lösung, wenn*

$$w_1^{b_1} \cdots w_m^{b_m} \in K[f_1, \dots, f_n]. \tag{10.9}$$

Das Bild von φ besteht genau aus den Polynomen in $K[w_1, \dots, w_n]$, die als Polynome in $f_1, \dots, f_n$ darstellbar sind. Zum Beweis von Satz 10.20 ist daher zu zeigen, dass jedes Monom im Bild von φ bereits als Bild eines *Monoms* hervorgeht. Für den gröbnerbasierten Beweis und das damit verbundene Lösungsverfahren sei I_A das binomiale Ideal

$$I_A := \langle f_1 - x_1, \dots, f_n - x_n \rangle \subseteq K[w_1, \dots, w_m, x_1, \dots, x_n].$$

Es ist wesentlich, eine problemangepasste Monomordnung zu betrachten.

Aufgabe 10.21. Zeigen Sie, dass für eine beliebige Monomordnung $\prec$ durch

$$\alpha \prec_c \beta : \iff c\alpha < c\beta \text{ oder } (c\alpha = c\beta \text{ und } \alpha \prec \beta)$$

eine Monomordnung auf $K[x_1, \dots, x_n]$ definiert wird. Für welche Eigenschaft einer Monomordnung wird die Nicht-Negativität von c benötigt?

Wir setzen $\prec_c$ zu einer Monomordnung auf den größeren Ring $K[w_1, \ldots, w_m, x_1, \ldots, x_n]$ fort; hierbei soll jedes Monom, das eine Unbestimmte w_i enthält, größer sein als jedes Monom, das nur aus x_j besteht, und zusätzlich soll die fortgesetzte Monomordnung bei Einschränkung auf den Teilring $K[w_1, \ldots, w_m]$ die lexikographische sein. Diese Fortsetzung bezeichnen wir ebenfalls mit $\prec_c$.

Ab jetzt sei $G = \{g_1, \ldots, g_t\}$ immer eine Gröbnerbasis des Ideals I_A bezüglich der Monomordnung $\prec_c$.

Proposition 10.22

Es sei $f \in K[w_1, \ldots, w_m]$ und $g = \mathrm{rem}(f; G)$.
a. *Genau dann gilt $f \in K[f_1, \ldots, f_n]$, wenn $g \in K[x_1, \ldots, x_n]$ ist.*
b. *Falls $f \in K[f_1, \ldots, f_n]$, dann gilt $f = g(f_1, \ldots, f_n)$.*

In dem Beweis wird sich folgende Darstellung für gegebene Polynome

$$u_1, \ldots, u_n \in K[w_1, \ldots, w_m, x_1, \ldots, x_n]$$

und $\alpha \in \mathbb{N}^n$ als nützlich erweisen:

$$
\begin{aligned}
u_1^{\alpha_1} \cdots u_n^{\alpha_n} &= ((u_1 - x_1) + x_1)^{\alpha_1} \cdots ((u_n - x_n) + x_n)^{\alpha_n} \\
&= v_1 \cdot (u_1 - x_1) + \cdots + v_n \cdot (u_n - x_n) + x_1^{\alpha_1} \cdots x_n^{\alpha_n}
\end{aligned}
\tag{10.10}
$$

mit geeigneten Polynomen $v_1, \ldots, v_n \in K[w_1, \ldots, w_m, x_1, \ldots, x_n]$.

Beweis. Nach Definition von g existieren Polynome $h_1, \ldots, h_t \in K[w_1, \ldots, w_m, x_1, \ldots, x_n]$ mit

$$f = h_1 g_1 + \cdots + h_t g_t + g. \tag{10.11}$$

Wenn wir zunächst annehmen, dass $g \in K[x_1, \ldots, x_n]$ gilt, dann können wir in (10.11) jede Unbestimmte x_j durch das Polynom f_j substituieren. Dabei ändert sich die linke Seite wegen $f \in K[w_1, \ldots, w_m]$ nicht. Auf der rechten Seite gilt $g_k(f_1, \ldots, f_n) = 0$ für alle k, weil die Erzeuger der Gröbnerbasis G im Ideal $I = \langle f_1 - x_1, \ldots, f_n - x_n \rangle$ liegen. Es folgt $f = g(f_1, \ldots, f_n)$ und damit $f \in K[f_1, \ldots, f_n]$.

Sei umgekehrt $f \in K[f_1, \ldots, f_n]$, es existiert also ein Polynom $h \in K[x_1, \ldots, x_n]$ mit $f = h(f_1, \ldots, f_n)$. Wir müssen zeigen, dass $\mathrm{rem}(f; G)$ in $K[x_1, \ldots, x_n]$ liegt. Wenn wir den Trick aus (10.10) auf alle Monome von h anwenden, mit den entsprechenden Koeffizienten multiplizieren und die „Koeffizientenpolynome" v_i zu den jeweiligen Faktoren $(f_i - x_i)$ aufsummieren, erhalten wir

$$f = h(f_1, \ldots, f_n) = p_1(f_1 - x_1) + \cdots + p_n(f_n - x_n) + h(x_1, \ldots, x_n) \tag{10.12}$$

für geeignete Polynome $p_1, \ldots, p_n \in K[w_1, \ldots, w_m, x_1, \ldots, x_n]$; insbesondere ist die Differenz $f - h$ im Ideal I enthalten.

Wir setzen nun $G' := G \cap K[x_1, \ldots, x_n]$. Ohne Einschränkung können wir annehmen, dass $G' = \{g_1, \ldots, g_s\}$ für ein $s \leq t$. Multivariate Division mit Rest ergibt wiederum

$$h = q_1 g_1 + \cdots + q_s g_s + h' \tag{10.13}$$

für geeignete Polynome $q_1, \ldots, q_s \in K[x_1, \ldots, x_n]$ und

$$h' = \mathrm{rem}(h; g_1, \ldots, g_s) \in K[x_1, \ldots, x_n].$$

Da jedes der Polynome g_i im Ideal I_A liegt, gibt es wegen (10.12) und (10.13) Polynome $q'_1, \ldots, q'_n \in K[w_1, \ldots, w_m, x_1, \ldots, x_n]$ mit

$$f = q'_1(f_1 - x_1) + \cdots + q'_n(f_n - x_n) + h'.$$

Wir wollen nun zeigen, dass $h' = \mathrm{rem}(f; G)$ gilt, woraus dann die Behauptung folgt. Laut Aufgabe 9.34 ist dies gleichwertig damit zu zeigen, dass kein Term von h' von einem der Leitterme $\mathrm{lt}(g_1), \ldots, \mathrm{lt}(g_t)$ geteilt wird.

Nehmen wir also an, $\mathrm{lt}(g_i)$ teilt einen Term von h'. Dann gilt $\mathrm{lt}(g_i) \in K[x_1, \ldots, x_n]$, weil $h' \in K[x_1, \ldots, x_n]$ ist. Aufgrund der speziellen Wahl unserer Monomordnung $\prec_c$ folgt hieraus $g_i \in K[x_1, \ldots, x_n]$ und damit $i \leq s$ beziehungsweise $g_i \in G'$. Damit ergibt sich aber ein Widerspruch dazu, dass h' Rest einer Division durch $g_1, \ldots, g_s$ ist. $\qquad\square$

Aufbauend hierauf können wir das gröbnerbasierte Verfahren zur Lösung des Optimierungsproblems (10.8) angeben.

Satz 10.23

Falls $w^b = w_1^{b_1} \cdots w_m^{b_m} \in K[f_1, \ldots, f_n]$, so ist $\mathrm{rem}(w^b; G)$ ein Monom, das heißt, $\mathrm{rem}(w^b; G) = x^\omega$ mit einem $\omega \in \mathbb{N}^n$. Der Multiindex ω ist dann eine Optimallösung des ganzzahligen linearen Optimierungsproblems (10.8).

Insbesondere folgt aus dieser Aussage auch die in Satz 10.20 angegebene Charakterisierung für die Existenz einer Lösung.

Beweis. Sei $w^b = w_1^{b_1} \cdots w_m^{b_m} \in K[f_1, \ldots, f_n]$. Nach Proposition 10.22a. liegt $\mathrm{rem}(w^b; G)$ dann im Teilring $K[x_1, \ldots, x_n]$. Aus der in Lemma 9.29a. angegebenen Eigenschaft für binomiale Ideale folgt, dass $\mathrm{rem}(w^b; G)$ ein Monom ist, das mit x^ω bezeichnet sei.

Angenommen es existiert ein $\zeta \in \mathbb{N}^n$ mit $c\zeta < c\omega$. Dann gilt $\varphi(x^\omega) = w^b = \varphi(x^\zeta)$, also $\varphi(x^\omega - x^\zeta) = 0$. Hieraus folgt $x^\omega - x^\zeta \in I_A$, und daher ist $\mathrm{rem}(x^\omega - x^\zeta; G) = 0$. Nach Konstruktion der Monomordnung $\prec_c$ ergibt sich aus $c\omega > c\zeta$, dass $\mathrm{lt}(x^\omega - x^\zeta) = x^\omega$ gilt. Da $\mathrm{rem}(x^\omega - x^\zeta; G) = 0$ ist, muss x^ω durch eines der Binome $g_1, \ldots, g_t$ teilbar sein. Dies steht aber im Widerspruch zu der Annahme, dass $x^\omega = \mathrm{rem}(w^b; G)$ Rest einer Division durch $g_1, \ldots, g_t$ ist. $\qquad\square$

Beispiel 10.24

Wir betrachten das ganzzahlige lineare Programm $\min\{cx : Ax = b, x \in \mathbb{N}^3\}$ mit

$$A = \begin{pmatrix} 2 & 1 & 1 \\ 1 & 3 & 0 \end{pmatrix}, \quad b = \begin{pmatrix} 2 \\ 3 \end{pmatrix} \quad \text{und} \quad c = (1, 5, 2). \qquad (10.14)$$

Die Lösungsmenge des linearen Gleichungssystems $Ax = b$ ist die Gerade

$$\begin{pmatrix} \frac{3}{5} \\ \frac{4}{5} \\ 0 \end{pmatrix} + \mathbb{R} \begin{pmatrix} -3 \\ 1 \\ 5 \end{pmatrix},$$

und der Punkt $(0, 1, 1)$ ist eine zulässige Lösung.

Mit Singular lässt sich das Conti-Traverso-Verfahren dann wie folgt anwenden. Wir definieren zunächst den Ring $R = \mathbb{Q}[w_1, w_2, x_1, x_2, x_3]$, versehen mit unserer Monomordnung $\prec_c$.

```
> ring R = 0, (w1,w2,x1,x2,x3), (lp(2), Wp(1,5,2));
```

Die Notation (lp(2), Wp(1,5,2)) legt die Monomordnung fest: Auf der von den ersten beiden Unbestimmten erzeugten Unteralgebra, also $\mathbb{Q}[w_1, w_2]$, wird die lexikographische Ordnung induziert, auf der komplementären Unteralgebra $\mathbb{Q}[x_1, x_2, x_3]$ die Monomordnung aus Aufgabe 10.21 (mit der lexikographischen Ordnung als Sekundärkriterium), und insgesamt gilt die Produktordnung aus diesen beiden, wobei die erstgenannten Unbestimmten die größeren sind.

Als nächstes definieren wir die Monome f_1, f_2, f_3 und geben zum Test das Leitmonom des Binoms $f_1 - x_1$ aus:

```
> poly f1 = w1^2*w2;
> poly f2 = w1^1*w2^3;
> poly f3 = w1^1*w2^0;
> lead(f1-x1);
  w1^2*w2
```

Schließlich berechnen wir die Gröbnerbasis von I_A bezüglich $\prec_c$ und bestimmen die Normalform von $w^b = w_1^{b_1} w_2^{b_2}$:

```
> ideal I_A = f1-x1, f2-x2, f3-x3;
> ideal G = groebner(I_A);
  _[1]=x2*x3^5-x1^3
  _[2]=w2*x1^2-x2*x3^3
  _[3]=w2*x3^2-x1
  _[4]=w2^2*x1-x2*x3
  _[5]=w2^3*x3-x2
  _[6]=w1-x3
> reduce(w1^2*w2^3, G);
  x2*x3
```

Das heißt, der Punkt $(0, 1, 1)$ ist eine Optimallösung des durch (10.14) gegebenen ganzzahligen linearen Programms.

Wir variieren nun die rechte Seite zu $(5, 3)$ und $(3, 1)$ und erhalten Optimallösungen für die modifizierten ganzzahligen linearen Programme.

```
> reduce(w1^5*w2^3, G);
  x2*x3^4
> reduce(w1^3*w2, G);
  x1*x3
```

Die berechneten Lösungen sind also $(0, 1, 4)$ und $(1, 0, 1)$. Nun probieren wir noch eine letzte rechte Seite $(3, 2)$ aus und erhalten:

```
> reduce(w1^3*w2^2, G);
  w2*x1*x3
```

Da $w_2 x_1 x_3 \notin \mathbb{Q}[x_1, x_2, x_3]$ ist, hat das zugehörige ganzzahlige lineare Programm keine zulässige Lösung.

Singular besitzt sogar besondere Funktionen für das Lösen ganzzahliger linearer Programme des Typs (10.8).

Beispiel 10.25
Wir behandeln wieder das Beispiel (10.14). Zunächst muss man eine speziell für diese Problemklasse konzipierte Bibliothek laden.

```
> LIB "intprog.lib";
```

Die Matrix A, die rechte Seite b und die Zielfunktion werden als ganzzahlige Matrizen bzw. Vektoren definiert.

```
> intmat A[2][3]=2,1,1, 1,3,0;
> intvec b=2,3;
> intvec c=1,5,2;
```

Der Aufruf der Funktion solve_IP berechnet dann die Lösung.

```
> print(solve_IP(A,b,c,"pct"));
  0
  1,
  1
```

Hier steht die Option pct für die positive Variante des Conti-Traverso-Algorithmus. Für andere Möglichkeiten sei auf das Singular-Handbuch verwiesen.

10.7 Aufgaben

Aufgabe 10.26. Ein Ideal I heißt *Radikalideal*, falls $I = \text{rad}(I)$ ist. Zeigen Sie, dass für Radikalideale I und J auch $I \cap J$ ein Radikalideal ist.

Aufgabe 10.27. Skizzieren Sie einen alternativen Beweis für Satz 10.1, in dem für die Mengen $G_k = G \cap K[x_{k+1}, \ldots, x_n]$ direkt die definierende Eigenschaft einer Gröbnerbasis verifiziert wird.

Aufgabe 10.28. Skizzieren Sie einen alternativen Beweis für Proposition 10.4 auf der Basis von Lemma 8.9 und dem erweiterten euklidischen Algorithmus aus Aufgabe 9.33.

Aufgabe 10.29. a. Es sei K ein beliebiger *unendlicher* Körper. Zeigen Sie (per Induktion nach der Anzahl der Unbestimmten), dass jedes von Null verschiedene Polynom in $K[x_1, \ldots, x_n]$ einen Punkt in K^n hat, an dem es nicht verschwindet.
b. Nun sei K ein beliebiger *endlicher* Körper. Zeigen Sie, dass es für alle $n \geq 1$ von Null verschiedene Polynome $f \in K[x_1, \ldots, x_n]$ gibt, für die $V_K(f) = K^n$ gilt.

10.8 Anmerkungen

Außer den in Anhang D etwas näher beschriebenen Programmen Maple und Singular eignen sich viele weitere Softwarepakete für Berechnungen mit Gröbnerbasen, darunter CoCoA [26] oder Macaulay 2 [47].

Der Trick von Rabinowitsch zur Herleitung der starken Form des Hilbertschen Nullstellensatzes aus der schwachen geht auf die einseitige Arbeit [78] zurück.

Weiterführende Quellen zu Algorithmen und Anwendungen von Gröbnerbasen bieten die Bücher von Cox, Little, O'Shea [30, 31] sowie von Greuel und Pfister [48].

In der Darstellung des Algorithmus von Conti und Traverso haben wir uns auf einen Spezialfall beschränkt. Für die allgemeine Situation siehe die Originalarbeit [28] sowie das Buch [31] von Cox, Little, O'Shea. Zahlreiche weitere Verbindungen zwischen Gröbnerbasen, konvexen Polytopen und Gitterpunkten (etwa die Theorie torischer Ideale) und darüber hinaus andere Ansätze zum Lösen polynomialer Gleichungen finden sich in den Büchern von Sturmfels [84, 85].

Über die theoretische Bedeutung hinaus ist der Conti-Traverso-Algorithmus zur Lösung ganzzahliger linearer Programme (ILP) vom praktischen Standpunkt aus nur in Spezialfällen interessant (vor allem für Serien von ILP mit konstanter Matrix A und variierender rechter Seite b). Die Standardmethode ist dagegen das *Branch-and-Bound-Verfahren* bzw. seine Variante *Branch-and-Cut*, siehe Schrijver [80, §24], Korte und Vygen [67, Kapitel 5] oder Bertsimas und Weismantel [13].

Teil III
Anwendungen

11 Kurvenrekonstruktion

Eine ebene Kurve kann auf sehr unterschiedliche Art definiert sein, beispielsweise explizit parametrisiert als stetige Funktion $f : [0,1] \to \mathbb{R}^2$ oder (im Fall einer affinen algebraischen Kurve) implizit als Nullstellenmenge eines bivariaten Polynoms. Für manche technischen Anwendungen sind jedoch andere Möglichkeiten der Darstellung zweckmäßiger, wie im Computer Aided Design als Bézier-Kurve. Noch ein anderer Zugang ist erforderlich, wenn es um die Darstellung von Kurven geht, die das Resultat einer Messung sind, also vielleicht nur partiell oder ungenau bekannt sind.

Wir betrachten hier das Problem, aus einer gegebenen Menge ungeordneter Punkte eine Kurve zu rekonstruieren. Selbstverständlich lassen sich durch endlich viele gegebene Punkte beliebig viele verschiedene Kurven ziehen. Es stellt sich jedoch die Frage, ob etwa eine Kurve unter all diesen ausgezeichnet ist. Wenn man beispielsweise einen Scan einer von Hand gezeichneten Kurve ansieht (angedeutet in Abbildung 11.1), dann liegen die (endlich vielen) gescannten Punkte so dicht, dass der Kurvenverlauf problemlos zu erkennen ist. Der zentrale Aspekt bei der Kurvenrekonstruktion ist es, ein Konzept für „genügend dicht" liegende Punkte zu entwickeln. Hierzu werden wir im ersten Teil des Kapitels die mediale Achse und die lokale Detailgröße als intrinsisches Maß einer Kurve einführen. Anschließend untersuchen wir das überraschend einfache Rekonstruktions-

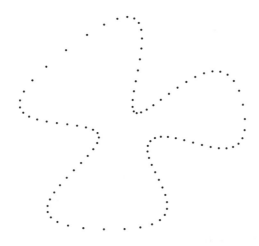

Abbildung 11.1. Scan einer Kurve

verfahren NN-Crust. Schlüssel hierfür ist die Delone-Zerlegung der gegebenen Punkte.

11.1 Vorüberlegungen

Wir konzentrieren uns auf den einfachsten Fall, in dem jede Zusammenhangskomponente der gesuchten Kurve geschlossen ist. Zusätzlich beschränken wir uns auf das Problem, die gegebenen Punkte in Zusammenhangskomponenten aufzuteilen und innerhalb jeder Komponente die Punkte in eine Reihenfolge zu bringen. Die (re-)konstruierte Kurve erhält man dann komponentenweise durch geradliniges Verbinden der Punkte in der ermittelten Reihenfolge. Insbesondere ist die rekonstruierte Kurve stückweise linear.

Eine *geschlossene Jordankurve* J ist das Bild einer stetigen Funktion $f : [0,1] \to \mathbb{R}^2$, das zusätzlich homöomorph zur Kreislinie S^1 ist. Der Jordansche Kurvensatz besagt dann, dass $\mathbb{R}^2 \setminus J$ genau zwei Zusammenhangskomponenten hat, also die Kurve die Ebene in ein Inneres und ein Äußeres teilt. Eine Teilmenge von J, die homöomorph zum Intervall $[0,1]$ ist, nennen wir *Kurvenbogen* von J.

Ein *Muster* S auf J ist eine endliche Teilmenge von J mit $|S| \geq 3$. Zwei Punkte $s^{(1)}, s^{(2)} \in S$ heißen *benachbart* auf J bezüglich S, falls einer der beiden Kurvenbogen zwischen $s^{(1)}$ und $s^{(2)}$ keinen weiteren Punkt aus S enthält. Aufgrund der Voraussetzung $|S| \geq 3$ existiert zu je zwei benachbarten Punkten $s^{(1)}$ und $s^{(2)}$ genau ein solcher *verbindender* Kurvenbogen.

Eine *polygonale Rekonstruktion* P einer Kurve J ist ein geschlossener Polygonzug, dessen Ecken S ein Muster auf J bilden, so dass Punkte $s^{(1)}, s^{(2)} \in S$ genau dann auf P benachbart sind, wenn sie auf J benachbart sind.

Der Einfachheit halber strapazieren wir die übliche Begriffsbildung, indem wir im Folgenden C als *Kurve* bezeichnen, auch wenn C eine Vereinigung endlich vieler paarweise disjunkter geschlossener Jordankurven ist. Entsprechend ist ein Muster dann eine Vereinigung von Mustern der Zusammenhangskomponenten.

Bemerkung 11.1
Es scheint natürlich, sich auf zusammenhängende Kurven zu beschränken. Ob das Ergebnis einer polygonalen Rekonstruktion aus einer Punktmenge S jedoch zusammenhängend ist oder nicht, hängt vom verwendeten Verfahren und den Annahmen über S ab.

11.2 Die mediale Achse und lokale Details

Sei C im Folgenden eine Kurve in $\mathbb{R}^2$. Wir definieren ein kontinuierliches Analogon zum Voronoi-Diagramm einer endlichen Punktmenge; man vergleiche hierzu die Abbildung 11.2 mit der Abbildung 11.6 auf Seite 201.

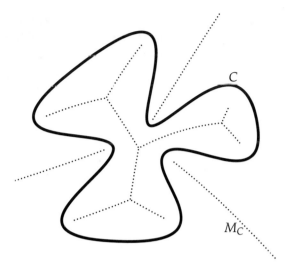

Abbildung 11.2. Eine glatte Kurve mit ihrer medialen Achse

Definition 11.2

Die *mediale Achse* von C ist der topologische Abschluss $M_C \subseteq \mathbb{R}^2$ der Menge der Punkte in $\mathbb{R}^2$, deren nächster Punkt auf C nicht eindeutig ist.

Aufgabe 11.3. Sei J eine geschlossene Jordankurve. Zeigen Sie, dass das Innere von J mindestens einen Punkt der medialen Achse M_J enthält. In welchem Fall enthält das Äußere von J ebenfalls mindestens einen Punkt von M_J? Wann besteht M_J insgesamt nur aus einem Punkt?

Als weitere Generalvoraussetzung gehen wir in diesem Kapitel davon aus, dass unsere Kurve C *glatt* ist, was hier bedeuten soll, dass C in jedem Punkt zweimal differenzierbar ist. Dies hat dann zur Konsequenz, dass in jedem Punkt $p \in C$ die *Krümmung* $\kappa(p)$ definiert ist: Sei die Zusammenhangskomponente von p durch die Funktion $f : [0,1] \to \mathbb{R}^2 : t \mapsto (x(t), y(t))$ parametrisiert. Dann ist die Krümmung durch

$$\kappa(p) := \left| \frac{\dot{x}\ddot{y} - \ddot{x}\dot{y}}{(\dot{x}^2 + \dot{y}^2)^{3/2}} \right|$$

gegeben. Dabei ist $\dot{x}$ die Ableitung der Funktion x nach dem Parameter t. Wie die Tangente in p die beste Approximation der Kurve im Punkt p durch eine Gerade ist, so ist für $\kappa(p) \neq 0$ der *Krümmungskreis* an C in p die beste Approximation durch einen Kreis (mit gemeinsamer Tangente). Der Radius des Krümmungskreises beträgt $1/\kappa(p)$. Siehe hierzu die Abbildung 11.3(a).

Im Rest des Textes werden keine weiterführenden Konzepte aus der Differenzialgeometrie benötigt. Den interessierten Leser verweisen wir auf das Buch [68]
von Kühnel.

Lemma 11.4
*Sei $B \subseteq \mathbb{R}^2$ eine Kreisscheibe, die mindestens zwei Punkte der glatten Kurve C enthält.
Dann ist der Schnitt $B \cap C$ homöomorph zum Intervall $[0,1]$, oder B enthält einen Punkt
der medialen Achse von C.*

Beweis. Falls $B \cap C$ homöomorph zu $[0,1]$ ist, ist nichts zu zeigen. Wir können
also annehmen, dass $B \cap C$ nicht homöomorph zu $[0,1]$ ist. Falls eine der Zusammenhangskomponenten J von C vollständig in B enthalten ist, so ist das Innere
von J auch in B enthalten, und die Behauptung folgt aus Aufgabe 11.3.

Andernfalls ist $B \cap C$ nicht zusammenhängend. Sei z der Mittelpunkt von B,
und sei p ein nächster Punkt zu z auf C. Wir können annehmen, dass p eindeutig
ist, da wir anderenfalls mit z einen Punkt in M_C gefunden haben. Es sei ferner
q ein nächster Punkt zu z auf C, der nicht in derselben Zusammenhangskomponente C_p von $B \cap C$ wie p enthalten ist. Jeder Punkt x auf der Verbindungsstrecke
von z und q liegt näher an q als an jedem Punkt außerhalb B. Ferner gilt für jedes
solche x, dass der nächste Punkt zu x auf C entweder in der Komponente C_p liegt
oder der Punkt q ist. Da z näher an C_p liegt als q, folgt aus dem Zwischenwertsatz,
dass es auf der Verbindungstrecke von z und q einen Punkt gibt, der gleich weit
von C_p und q entfernt ist. Nach Konstruktion liegt dieser Punkt in M_C. $\square$

Der Schnitt von bestimmten Kreisscheiben mit der Kurve wird uns im Weiteren
beschäftigen, und das soeben bewiesene Lemma ist der Schlüssel. Mit unserer
neuen Definition besagt es, dass der Schnitt einer Kreisscheibe, die keinen Punkt
der medialen Achse enthält, stets ein Kurvenbogen oder leer ist.

Im Weiteren geht es darum, ein Maß dafür zu entwickeln, wann Punkte genügend dicht auf einer Kurve C liegen, um eine polygonale Rekonstruktion zu
erlauben. Entscheidend ist hierfür das folgende Konzept.

Definition 11.5
Die *lokale Detailgröße* $\lambda_C(p)$ der Kurve C im Punkt $p \in C$ ist der Abstand von p
zur medialen Achse M_C.

Die lokale Detailgröße in einem Punkt p hängt einerseits ab von der Krümmung
der Kurve im Punkt p und andererseits von anderen Kurvenpunkten, die in der
Nähe von p liegen.

Die Dreiecksungleichung hat eine unmittelbare Konsequenz für die lokale Detailgröße. Zur Illustration siehe auch Abbildung 11.3 (rechts).

Lemma 11.6
Für q und q' auf C gilt $\lambda_C(q) \leq \lambda_C(q') + \|q - q'\|$.

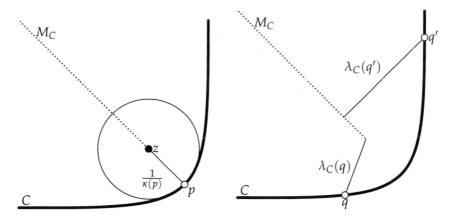

Abbildung 11.3. Links: Das Zentrum z des Krümmungskreises des Punktes p lokal maximaler Krümmung liegt auf der medialen Achse. Rechts: Lokale Detailgröße in verschiedenen Punkten.

Wir setzen unsere Untersuchungen fort, indem wir Schnitte der Kurve mit gewissen Kreisscheiben betrachten.

Lemma 11.7
Eine an C im Punkt $p \in C$ tangentiale Kreisscheibe, deren Radius nicht größer ist als $\lambda_C(p)$, enthält im Inneren keine Punkte der Kurve C.

Beweis. Sei z der Mittelpunkt der größten Kreisscheibe B tangential an p, die keine Kurvenpunkte im Inneren enthält. Ohne Einschränkung können wir davon ausgehen, dass B und C in einer Umgebung von p auf derselben Seite der Tangente durch p liegen. Wegen der Maximalität von B berührt B die Kurve C in mindestens zwei Punkten, oder B ist ein Krümmungskreis. In beiden Fällen liegt der Mittelpunkt z von B auf der medialen Achse M_C. Da die lokale Detailgröße im Punkt p, also der Abstand von p zu M_C, höchstens so groß ist wie der Abstand von p zu z, folgt die Behauptung aus der Tatsache, dass jede in p an C tangentiale Kreisscheibe mit kleinerem Radius als B ganz in B enthalten ist. $\qquad\Box$

11.3 Muster und polygonale Rekonstruktion

Der Begriff des Musters erlaubt unter Rückgriff auf die lokale Detailgröße exakt zu fassen, wann Punkte genügend dicht auf einer glatten Kurve C liegen, um die polygonale Rekonstruktion zuzulassen.

Definition 11.8
Eine Menge $S \subseteq C$ heißt *r-Muster* von C für $r \geq 0$, falls für jeden Kurvenpunkt p ein Musterpunkt $s \in S$ existiert mit $\|p - s\| \leq r\lambda_C(p)$.

Ist S ein für ein hinreichend kleines r ein r-Muster einer Kurve C, so wird sich herausstellen, dass die Kantenmenge einer polygonalen Rekonstruktion eine Teilmenge der Delone-Zerlegung ist (Satz 11.9). Ferner werden wir in Lemma 11.15 sehen, dass für einen Musterpunkt die Kanten zu den nächsten Nachbarn dann auf jeden Fall in der Kantenmenge der polygonalen Rekonstruktion enthalten sind.

Im Folgenden sei stets S ein r-Muster der Kurve C. Je kleiner der Parameter r ist, desto dichter liegen die Punkte auf der Kurve und desto genauere Aussagen lassen sich über die polygonale Rekonstruktion von C durch S treffen. Außerdem setzen wir grundsätzlich voraus, dass S auf jeder Komponente von C mindestens drei Punkte enthält. In diesem Fall gibt es zu je zwei aufeinander folgenden Musterpunkten $s^{(1)}$ und $s^{(2)}$ genau einen Kurvenbogen von C mit $s^{(1)}$ und $s^{(2)}$ als Endpunkten, der keine weiteren Punkte aus S enthält.

Hier nun der angekündigte Satz, der den Zusammenhang mit der Delone-Zerlegung herstellt:

Satz 11.9
Es sei S ein r-Muster der Kurve C für $r < 1$, und es seien $s^{(1)}, s^{(2)} \in S$ auf C benachbarte Musterpunkte. Dann ist $[s^{(1)}, s^{(2)}]$ eine Kante der Delone-Zerlegung zu S, und es gilt

$$\|s^{(1)} - s^{(2)}\| \leq \frac{2r}{1-r} \lambda_C(s^{(i)}). \qquad (11.1)$$

Falls $r \leq 1/3$ folgt insbesondere $\|s^{(1)} - s^{(2)}\| \leq \lambda_C(s^{(i)})$.

Beweis. Sei p ein Schnittpunkt des Kurvenbogens zwischen $s^{(1)}$ und $s^{(2)}$ mit der Mittelsenkrechten durch die Verbindungsstrecke $[s^{(1)}, s^{(2)}]$. Sei δ der Abstand von p zum nächsten Musterpunkt. Offenbar gilt $\delta \leq \|p - s^{(1)}\| = \|p - s^{(2)}\|$. Angenommen der Schnitt der Kreisscheibe B um p mit Radius δ mit der Kurve C sei nicht zusammenhängend. Dann enthält B wegen Lemma 11.4 einen Punkt der medialen Achse. Aus $r < 1$ folgt dann, dass das Innere von B einen

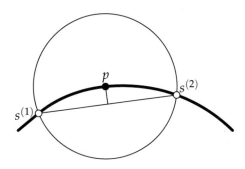

Abbildung 11.4. Skizze zum Beweis von Satz 11.9: Konstruktion eines Kreises ohne Musterpunkte im Inneren zu genügend dicht liegenden benachbarten Musterpunkten.

Musterpunkt enthalten muss, im Widerspruch zur Minimalität von δ. Hieraus schließen wir, dass $s^{(1)}$ und $s^{(2)}$ beide zu p nächste Musterpunkte sind, dass also $\delta = \|p - s^{(1)}\| = \|p - s^{(2)}\|$ gilt. Die Situation ist in Abbildung 11.4 dargestellt.

Die Kreisscheibe B schneidet die Kurve C genau im Kurvenbogen zwischen $s^{(1)}$ und $s^{(2)}$. Insbesondere enthält B keine Musterpunkte außer $s^{(1)}$ und $s^{(2)}$. Satz 7.11 besagt dann, dass $[s^{(1)}, s^{(2)}]$ eine Kante der Delone-Zerlegung ist.

Da S ein r-Muster ist, folgt weiter $\delta \leq r\lambda_C(p)$. Die Dreiecksungleichung ergibt

$$\|s^{(1)} - s^{(2)}\| \leq 2\delta \leq 2r\lambda_C(p) . \tag{11.2}$$

Lemma 11.6 besagt nun, dass $\lambda_C(p) \leq \lambda_C(s^{(i)}) + \delta \leq \lambda_C(s^{(i)}) + r\lambda_C(p)$ gilt. Aus (11.2) folgt mit

$$\|s^{(1)} - s^{(2)}\| \leq 2r\lambda_C(p) \leq \frac{2r}{1-r}\lambda_C(s^{(i)})$$

dann die behauptete Ungleichung. □

Wir bleiben bei den Voraussetzungen und der Notation von Satz 11.9. Insbesondere sei p stets Schnittpunkt des Kurvenbogens zwischen $s^{(1)}$ und $s^{(2)}$ mit der Mittelsenkrechten durch die Verbindungsstrecke $[s^{(1)}, s^{(2)}]$.

Aufgabe 11.10. Zeigen Sie, dass es außer p auf der Mittelsenkrechten durch die Verbindungsstrecke $[s^{(1)}, s^{(2)}]$ keine weiteren Schnittpunkte mit dem Kurvenbogen zwischen $s^{(1)}$ und $s^{(2)}$ gibt.

Lemma 11.11
Der Winkel $(s^{(1)}, p, s^{(2)})$ beträgt mindestens $\pi - 2\arcsin(r/2)$.

Beweis. Sei B eine der beiden Kreisscheiben mit Radius $\lambda_C(p)$ tangential an p. Es sei z der Mittelpunkt von B, und es seien $q^{(1)}, q^{(2)}$ die Schnittpunkte der Verbindungsstrecken $[s^{(i)}, z]$ mit dem Kreis ∂B. Wegen Lemma 11.7 schneidet C nicht

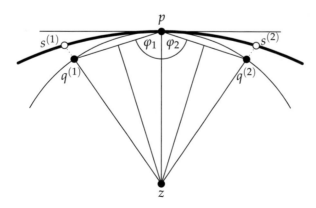

Abbildung 11.5. Skizze zum Beweis von Lemma 11.11

das Innere von B. Gleiches gilt auch für die an p punktgespiegelte Kreisscheibe, die ja ebenfalls tangential liegt. Wir können uns nun auf den Fall beschränken, dass zwischen $s^{(1)}$ und $s^{(2)}$ kein Wendepunkt von C liegt. Dann liegt das Kurvensegment zwischen $s^{(1)}$ und $s^{(2)}$ ganz auf einer Seite der Tangente durch p. Andernfalls kann der Winkel bei p höchstens noch größer werden.

Der größtmögliche Winkel $(s^{(1)}, p, s^{(2)})$ tritt dann auf, wenn $s^{(1)}$ und $s^{(2)}$ im Rand von B liegen. Dazu definieren wir $q^{(i)}$ als den Schnittpunkt der Strecke $[s^{(i)}, z]$ mit ∂B, für $i \in \{1, 2\}$.

Wir wollen den Winkel zwischen $s^{(1)}$, p und $s^{(2)}$ nach unten abschätzen. Dazu genügt es nun, die Summe der Winkel φ_i zwischen $q^{(i)}$, p und z nach unten abzuschätzen. Die Situation ist in Abbildung 11.5 skizziert. Durch Umskalierung können wir im Folgenden vereinfachend annehmen, dass $\lambda_C(p) = 1$ ist.

Da $q^{(i)}$ zwischen $s^{(i)}$ und z liegt und zusätzlich $s^{(1)}$ und $s^{(2)}$ die zu p nächsten Musterpunkte sind, folgt

$$\|q^{(i)} - p\| \;\leq\; \|s^{(i)} - p\| \;\leq\; r, \quad 1 \leq i \leq 2. \tag{11.3}$$

Wir betrachten die beiden rechtwinkligen Dreiecke mit den Ecken p, z und den Mittelpunkten zwischen p und $q^{(i)}$. Nach (11.3) beträgt die Länge der Ankatheten bei φ_i jeweils höchstens $r/2$. Wegen der Monotonie der Sinusfunktion im Intervall $[0, \pi/2]$ gilt also $\pi/2 - \varphi_i \leq \arcsin(r/2)$. Insgesamt ergibt dann

$$\pi - \varphi_1 - \varphi_2 \;\leq\; 2\arcsin(r/2)$$

die Behauptung. $\square$

Eine ganz ähnliche Argumentation liefert auch eine Lösung der folgenden Aufgabe.

Aufgabe 11.12.   Für drei aufeinander folgende Musterpunkte $s^{(1)}, s^{(2)}, s^{(3)}$ auf C beträgt der Winkel ψ zwischen den Strecken $[s^{(1)}, s^{(2)}]$ und $[s^{(2)}, s^{(3)}]$ mindestens $\pi - 4\arcsin(r/2)$.

Insbesondere gilt $\psi > 1.782 > \pi/2$, falls $r \leq 1/3$ ist. [Hinweis: Betrachten Sie eine in $s^{(2)}$ an C tangentiale Kreisscheibe mit Radius $\lambda_C(s^{(2)})$ und wenden Sie das Lemma 11.11 auf $(s^{(1)}, s^{(2)})$ und $(s^{(2)}, s^{(3)})$ an.]

11.4   Der Algorithmus NN-Crust

Wir stellen einen sehr einfachen Algorithmus vor, der das Kurvenrekonstruktionsproblem zu einer gegebenen Mustermenge $S \subseteq \mathbb{R}^2$ löst, sofern die Muster auf der a priori unbekannten glatten Kurve C genügend dicht liegen. Aufgrund der Bedeutung der nächsten Nachbarn heißt dieser Algorithmus NN-Crust. Die Schritte 2 und 5 des Algorithmus sind bewusst etwas vage gehalten.

Eingabe : endliche Mustermenge $S \subseteq \mathbb{R}^2$
Ausgabe : eine Teilmenge $G(S)$ der Kanten der Delone-Zerlegung von S
1 Berechne die Kantenmenge D der Delone-Zerlegung zu S.
2 Berechne die Kantenmenge $N \subseteq D$, die nächste Nachbarn in S miteinander verbinden.
3 $G \leftarrow N$
4 **foreach** Musterpunkt $s \in S$, der nur in genau einer Kante $e \in N$ enthalten ist **do**
5 $\quad|\quad$ Bestimme kürzeste Kante $e' \in D$ durch s, die mit e einen Winkel größer als $\pi/2$ hat.
6 $\quad\lfloor\quad G \leftarrow G \cup \{e'\}$
7 **return** G

Algorithmus 11.1. NN-Crust

Bevor wir die Frage klären unter welchen Bedingungen die Ausgabe G tatsächlich die polygonale Rekonstruktion einer Kurve liefert, analysieren wir den Aufwand. Dazu sei m die Größe der Mustermenge. Die Delone-Zerlegung zu S lässt sich mit Aufwand $O(m \log m)$ berechnen. Wichtig ist, dass zusätzlich die Größe von D linear von m abhängt. Aus der nachstehenden Aufgabe folgt, dass der Gesamtaufwand von NN-Crust $O(m \log m)$ beträgt.

Aufgabe 11.13. Geben Sie exakte Formulierungen für die Schritte 2 und 5 des Algorithmus NN-Crust an, die jeweils nur Aufwand $O(m)$ haben.

Im Folgenden sei wiederum S ein r-Muster der Kurve C.

Lemma 11.14
Sei $e = [s^{(1)}, s^{(2)}]$ die Verbindungsstrecke zwischen zwei nicht benachbarten Musterpunkten $s^{(1)}, s^{(2)} \in S$. Für $i \in \{1, 2\}$ gilt dann $\|s^{(1)} - s^{(2)}\| > \lambda_C(s^{(i)})$, oder es gibt einen zu $s^{(i)}$ auf C benachbarten Musterpunkt $s' \in S$, so dass der Winkel zwischen e und $e' := [s^{(i)}, s']$ kleiner oder gleich $\pi/2$ ist und $\|s^{(i)} - s'\| < \|s^{(1)} - s^{(2)}\|$.

Beweis. Sei z der Mittelpunkt der Strecke e, und sei B die Kreisscheibe um z mit Durchmesser $\delta := \|s^{(1)} - s^{(2)}\|$. Nehmen wir zunächst an, der Schnitt von B mit der Kurve C sei ein Kurvenbogen. Da $s^{(1)}$ und $s^{(2)}$ nach Voraussetzung nicht benachbart sind, existiert ein dritter Musterpunkt $s' \in S \setminus \{s^{(1)}, s^{(2)}\}$ zwischen $s^{(1)}$ und $s^{(2)}$, der in B liegt. Nach Konstruktion ist der Winkel zwischen e und $e' := [s^{(1)}, s']$ kleiner oder gleich $\pi/2$.

Falls nun andererseits $B \cap C$ nicht zusammenhängend ist, so enthält das Innere von B nach Lemma 11.4 einen Punkt der medialen Achse. Es folgt $\|s^{(1)} - s^{(2)}\| > \lambda_C(s^{(i)})$. $\qquad\square$

Das nächste Lemma klärt nun, welche Werte von r für unsere Zwecke nützlich sind.

Lemma 11.15

Sei $s^{(1)} \in S$ ein beliebiger Musterpunkt, und es sei $s^{(2)} \in S \setminus \{s^{(1)}\}$ mit kürzestem Abstand zu $s^{(1)}$. Für $r \leq 1/3$ sind $s^{(1)}$ und $s^{(2)}$ auf der Kurve C benachbart.

Beweis. Wir führen den Beweis indirekt und gehen vom Gegenteil aus. Sei s' ein zu $s^{(1)}$ benachbarter Musterpunkt, der dann verschieden von $s^{(2)}$ sein muss. Wir betrachten zuerst den Fall, in dem $\|s^{(1)} - s^{(2)}\| > \lambda_C(s^{(1)})$ gilt. Mit $r \leq 1/3$ folgt dann aus (11.1), dass

$$\|s^{(1)} - s'\| \;\leq\; \frac{2r}{1-r}\,\lambda_C(s^{(1)}) \;\leq\; \lambda_C(s^{(1)})$$

gilt. Dies erzwingt dann aber $\|s^{(1)} - s'\| < \|s^{(1)} - s^{(2)}\|$ im Widerspruch zur Voraussetzung, dass $s^{(2)}$ ein Musterpunkt kürzesten Abstands zu $s^{(1)}$ sein soll.

Es bleibt, den Fall $\|s^{(1)} - s^{(2)}\| \leq \lambda_C(s^{(1)})$ zu untersuchen. Hier besagt nun Lemma 11.14, dass ein zu $s^{(1)}$ benachbarter Musterpunkt existiert, der näher zu $s^{(1)}$ liegt als $s^{(2)}$. Wie gewünscht erreichen wir einen Widerspruch, und dies beendet den Beweis. $\qquad\square$

Das Hauptergebnis dieses Kapitels zeigt, dass für genügend kleine Werte von r der Algorithmus NN-Crust tatsächlich das Gewünschte liefert.

Satz 11.16

Sei S ein r-Muster der geschlossenen Kurve C mit $r \leq 1/3$. Dann gibt der Algorithmus NN-Crust(S) genau die Kanten der polygonalen Rekonstruktion durch S aus.

Beweis. Wir müssen erstens zeigen, dass die berechneten Kanten tatsächlich auf der Kurve C benachbarte Musterpunkte verbinden, und zweitens, dass auch keine Kanten vergessen werden.

Sei $e = [s^{(1)}, s^{(2)}]$ eine von NN-Crust(S) berechnete Kante. Falls e in Schritt 2 berechnet wurde, so sind $s^{(1)}$ und $s^{(2)}$ wegen Lemma 11.15 tatsächlich auf C benachbart. Wir können also annehmen, dass e erst in Schritt 5 berechnet wurde. Seien dazu $x, y \in S$ die beiden zu $s^{(1)}$ benachbarten Musterpunkte. Dann ist die Kante $[s^{(1)}, x]$ oder die Kante $[s^{(1)}, y]$ in Schritt 2 berechnet worden; nehmen wir an dies gilt für $\{s^{(1)}, x\}$. Der Winkel zwischen den Strecken $[s^{(1)}, x]$ und $[s^{(1)}, s^{(2)}]$ ist größer als $\pi/2$. Der Ungleichung aus Aufgabe 11.12 entnehmen wir, dass der Winkel von $[s^{(1)}, x]$ und $[s^{(1)}, y]$ ebenfalls größer ist als $\pi/2$. Wenn nun $s^{(1)}$ und $s^{(2)}$ nicht benachbart wären, dann folgte aus Lemma 11.14, dass $\|s^{(1)} - y\| < \|s^{(1)} - s^{(2)}\|$, im Widerspruch dazu, dass e nach Konstruktion in Schritt 5 die kürzeste Kante ist, die einen stumpfen Winkel mit $[s^{(1)}, x]$ hat.

Seien umgekehrt $s^{(1)}$ und $s^{(2)}$ auf C benachbarte Musterpunkte. Falls $s^{(2)}$ ein abstandsminimaler Musterpunkt zu $s^{(1)}$ ist, so wird die Kante $[s^{(1)}, s^{(2)}]$ in

Schritt 2 berechnet. Andernfalls wurde wegen Lemma 11.15 in Schritt 2 die Kante $[s^{(1)}, s']$ berechnet, wobei s' der andere Nachbar von $s^{(1)}$ auf C ist. Aufgrund der Ungleichung aus Aufgabe 11.12 ist der Winkel zwischen $[s^{(1)}, s']$ und $[s^{(1)}, s^{(2)}]$ größer als $\pi/2$. Aus Lemma 11.14 folgt dann, dass $e = [s^{(1)}, s^{(2)}]$ die kürzeste unter all solchen Kanten ist. Daher wird e in Schritt 5 tatsächlich berechnet. $\square$

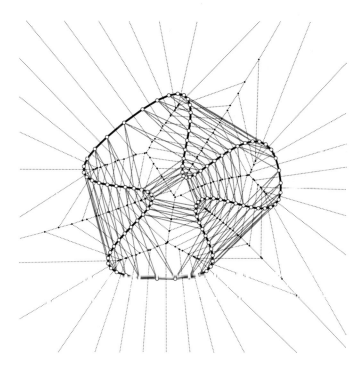

Abbildung 11.6. Rekonstruktion der Kurve in Abbildung 11.2 aus 96 Musterpunkten (licht gezeichnet). Die durchgehenden Linien sind die Kanten der Delone-Zerlegung; unter diesen bilden die fetten Kanten die polygonale Rekonstruktion. Die gepunkteten Linien sind die Kanten des Voronoi-Diagramms, die schwarzen Punkte seine Ecken.

11.5 Kurvenrekonstruktion mit polymake

Wie in Kapitel 6 erläutert, können in polymake Objekte vom Typ VoronoiDiagram erzeugt werden; zum Beispiel durch Erstellen einer Textdatei Dreiohr-12.vor, die wie folgt aussieht:

```
_application polytope
_version 2.3
_type VoronoiDiagram

SITES
1 32 99.2000000000000028
```

```
1 24.3750000000000000 81.0499999999999972
1 40.6000000000000014 76.4000000000000057
1 28.9249999999999972 61.9749985000000052
1 42 52.1999970000000033
1 58.2250000000000014 61.2499985000000038
1 54.2000000000000028 75.4000000000000057
1 70.3499999999999943 73.9000000000000057
1 79 85.
1 63.8000000000000043 90.9249999999999972
1 49.7999999999999972 83.2000000000000028
1 51.9249999999999972 102.300000000000011
```

In der Sektion SITES werden (hier zwölf) Punkte in homogenen Koordinaten angegeben, die die Menge $S \subseteq \mathbb{R}^2$ definieren. Das Verhalten des Algorithmus NN-Crust lässt sich durch

```
> polymake Dreiohr-12.vor VISUAL_NN_CRUST
```

visualisieren. Die Ausgabe ist in Abbildung 11.7, oben links dargestellt.

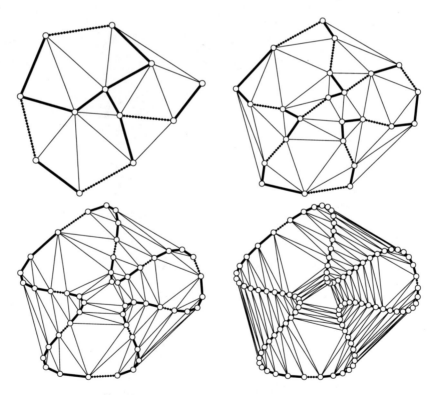

Abbildung 11.7. Ausgabe des Algorithmus NN-Crust für 12, 24, 48 und 96 Musterpunkte. Die Bilder zeigen jeweils die Kanten der Delone-Zerlegung. Die Kanten zu nächsten Nachbarn sind fett und durchgezogen, die Kanten, die in Schritt 5 des Algorithmus hinzugefügt werden, fett und gepunktet.

11.6 Aufgaben

Wir erinnern an eine Definition aus Kapitel 6: Eine S-*Voronoi-Kreisscheibe* einer endlichen Menge $S \subseteq \mathbb{R}^2$ ist eine Kreisscheibe, deren Mittelpunkt eine Ecke des Voronoidiagramms von S ist, deren Inneres keinen, aber deren Rand mindestens einen Punkt aus S enthält. Aus Korollar 6.15 wissen wir, dass der Rand einer S-Voronoi-Kreisscheibe mindestens drei Punkte aus S enthält.

Aufgabe 11.17. Sei S eine endliche Menge von Punkten auf C. Dann enthält jede S-Voronoi-Kreisscheibe einen Punkt der medialen Achse M_C. [Hinweis: Sehen Sie die Abbildung 11.8 an.]

Die nächsten beiden Aufgaben behandeln noch einmal Varianten der Frage, wie klein eine Kreisscheibe sein muss, um zu garantieren, dass der Schnitt mit der Kurve entweder leer oder ein Kurvenbogen ist.

Aufgabe 11.18. Es sei B eine Kreisscheibe, die einen Kurvenpunkt $p \in C$ enthält. Falls der Durchmesser von B nicht größer ist als die lokale Detailgröße $\lambda_C(p)$, so schneidet B die Kurve C in einem Kurvenbogen.

Aufgabe 11.19. Es sei B eine Kreisscheibe, deren Mittelpunkt z auf der Kurve C liegt. Falls der Radius von B nicht größer ist als die lokale Detailgröße $\lambda_C(z)$, so schneidet B die Kurve C in einem Kurvenbogen.

11.7 Anmerkungen

Auch wenn man an einer glatteren Approximation interessiert ist, so ist dennoch die polygonale Rekonstruktion zumeist der erste Schritt. Konstruktionen

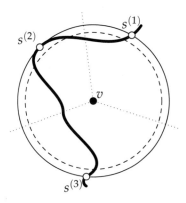

Abbildung 11.8. Kurve und Voronoi-Kreisscheibe um v. Der Schnitt der etwas geschrumpften Kreisscheibe mit der Kurve ist nicht zusammenhängend.

wie Bézier-Kurven oder andere Interpolationsverfahren setzen voraus, dass die Reihenfolge der gegebenen Punkte auf der Kurve bekannt ist.

Die beschriebenen elementaren Konzepte der Differenzialgeometrie finden sich beispielsweise im Analysis-Buch von Königsberger [65]. Als weiterführender Text sei Kühnel [68] empfohlen.

Die mediale Achse wurde 1967 von Blum im Kontext biologischer Formen eingeführt [15].

Der Algorithmus NN-Crust geht auf Dey und Kumar [33] zurück. Unsere Darstellung beruht außer auf dieser Arbeit vor allem auch auf Amenta, Bern und Eppstein [5].

Althaus und Mehlhorn [4] haben einen interessanten Algorithmus zur Kurvenrekonstruktion vorgestellt, der Bezüge zum Travelling-Salesman-Problem aus der kombinatorischen Optimierung nutzt.

12 Plücker-Koordinaten und Geraden im Raum

Bei der Modellierung geometrischer Probleme in der Computergrafik oder beim maschinellen Sehen spielen Geraden eine wichtige Rolle, insbesondere in $\mathbb{R}^3$. Beispielsweise kann von einem Punkt a ein Punkt b gesehen werden, wenn das Geradensegment von a nach b kein anderes Objekt der Szene schneidet.

Obwohl eine Gerade ein *affiner* Unterraum des zugrunde liegenden Raumes ist, sind Schnittbedingungen mit anderen Geraden inhärent *nichtlinear*. Um dies zu illustrieren, betrachten wir kurz das Problem, zu vier gegebenen Geraden $\ell_1, \ldots, \ell_4 \subseteq \mathbb{R}^3$ die Menge der Geraden zu bestimmen, die $\ell_1, \ldots, \ell_4$ schneiden, die sogenannten *Transversalen* zu $\ell_1, \ldots, \ell_4$. Wäre dieses Problem ein lineares oder affin-lineares Problem, so müssten sich stets 0, 1 oder unendlich viele Lösungen ergeben. Tatsächlich werden wir unten sehen, dass es für Geraden in allgemeiner Lage genau zwei (im Allgemeinen komplexe) Geraden mit dieser Eigenschaft gibt.

Für viele Probleme, die Konfigurationen von Geraden betreffen, ist es zweckmäßig, die Geraden auf nichtlineare Weise mit Punkten in einem höherdimensionalen Raum zu identifizieren, in dem dann etwa die Schnittbedingungen auf lineare Bedingungen führen. Dies leisten die sogenannten *Plücker-Koordinaten*.

Bevor wir uns dem Studium der Geradenkonfigurationen zuwenden, wollen wir zunächst Plücker-Koordinaten für beliebige Unterräume eines projektiven Raums einführen und untersuchen. Wir werden die oben genannten linearen Schnittbedingungen auch in dieser allgemeinen Situation betrachten, bis wir am Ende des Kapitels dann auf die spezielle Situation des dreidimensionalen Raumes eingehen.

12.1 Plücker-Koordinaten

Eine Gerade im projektiven Raum kann durch zwei Punkte auf der Geraden beschrieben werden. Diese Darstellung ist jedoch alles andere als eindeutig. Für viele Anwendungen erweist es sich aber als zweckmäßig, mit einer eindeutigen Geradendarstellung zu arbeiten. Die Beschreibung durch Plücker-Koordinaten stellt sich hierfür als besonders elegant und vielseitig heraus. Wir führen diese Koordinaten für beliebige Unterräume projektiver Räume über einem Körper K ein. Um die Notation in diesem Kapitel nicht unnötig mit Indizes zu überfrachten, betrachten wir stets k-dimensionale lineare Unterräume im n-dimensionalen Raum K^n. Dies entspricht also der Situation $(k-1)$-dimensionaler projektiver Unterräume des projektiven Raums $\mathbb{P}_K^{n-1}$.

Im folgenden ist stets $N := \binom{n}{k} - 1$. Sei U ein k-dimensionaler Unterraum des K^n, der von den Spalten einer $n \times k$-Matrix L aufgespannt wird. Für jede Teilmenge $I \subseteq \{1, \ldots, n\}$ der Kardinalität k sei p_I die $k \times k$-Unterdeterminante von L, die durch die Zeilen von I bestimmt ist. Dann heißt der Vektor

$$p := (p_I)_{I \subseteq \{1, \ldots, n\}, |I|=k}$$

der Vektor der *Plücker-Koordinaten* von U. Da mindestens eine der Koordinaten von Null verschieden ist, wird hierdurch ein Punkt in $\mathbb{P}^N = \mathbb{P}_K^N$ definiert.

Bemerkung 12.1
Für $k = 1$ erhalten wir insbesondere die homogenen Koordinaten eines Punktes in $\mathbb{P}^{n-1}$. In diesem Sinn werden homogene Koordinaten durch Plücker-Koordinaten verallgemeinert.

Beispiel 12.2
Wir betrachten den Fall $n = 4$, $k = 2$, der dem Fall von Geraden im dreidimensionalen projektiven Raum entspricht. Wird eine Gerade ℓ durch die Spalten der 4×2-Matrix

$$L = \begin{pmatrix} x_1 & y_1 \\ x_2 & y_2 \\ x_3 & y_3 \\ x_4 & y_4 \end{pmatrix}$$

aufgespannt, dann hat der Vektor p der Plücker-Koordinaten die sechs Komponenten

$$p_{i,j} = x_i y_j - x_j y_i, \quad 1 \le i < j \le 4.$$

Wir wollen zunächst zeigen, dass diese Koordinaten wohldefiniert sind. Seien hierzu L und L' zwei $k \times n$-Matrizen, deren Spalten U aufspannen. Aus der linearen Algebra wissen wir, dass eine reguläre $k \times k$-Matrix C existiert mit $L = C \cdot L'$. Folglich unterscheiden sich alle Koordinaten des Plücker-Vektors bezüglich L von denjenigen des Plücker-Vektors bezüglich L' um den gleichen Faktor $\det C \neq 0$. Die den beiden Plücker-Vektoren entsprechenden Punkte in $\mathbb{P}^N$ stimmen daher überein.

Nicht jeder Vektor $p \in \mathbb{P}^N$ ist tatsächlich der Plücker-Vektor eines k-Unterraums von K^n, sondern die einzelnen Komponenten stehen miteinander in einer algebraischen Beziehung. Für algorithmische Fragen (etwa: Ist ein gegebener Vektor $p \in \mathbb{P}^N$ der Plückervektor einer Geraden?) ist es erforderlich, diese algebraischen Abhängigkeiten genauer zu verstehen. Als zentrale Strukturaussage zeigen wir in den nachstehenden Abschnitten, dass diese Abhängigkeiten durch quadratische Bedingungen beschrieben werden können. Hierzu ist es günstig, die obige Definition von einem abstrakteren Standpunkt – der äußeren Algebra eines Vektorraums – zu betrachten. Dies lässt uns dann interessante Eigenschaften von Geradenkonfigurationen in Plücker-Koordinaten kompakt ausdrücken.

12.2 Äußere Multiplikation und äußere Algebra

Sei weiterhin K ein beliebiger Körper, und es sei V der n-dimensionale Vektorraum K^n mit der Standardbasis $e^{(1)}, \ldots, e^{(n)}$. Für $k \in \{1, \ldots, n\}$ und Indizes $1 \leq i_1 < \cdots < i_k \leq n$ führen wir das formale Symbol

$$e^{(i_1)} \wedge \cdots \wedge e^{(i_k)}$$

(kurz: $e^{(i_1, \ldots, i_k)}$) ein und nennen es das *äußere Produkt der Basisvektoren* $e^{(i_1)}, \ldots, e^{(i_k)}$.

Aus den Symbolen $e^{(i_1, \ldots, i_k)}$ für $i_1 < \cdots < i_k$ konstruieren wir einen neuen Vektorraum $\bigwedge^k V$.

Definition 12.3
Für $1 \leq k \leq n$ ist die *k-te äußere Potenz* $\bigwedge^k V$ definiert als die Menge der formalen K-Linearkombinationen (freies K-Vektorraumerzeugnis) der Symbole

$$e^{(i_1)} \wedge \cdots \wedge e^{(i_k)}, \qquad 1 \leq i_1 < \cdots < i_k \leq n.$$

Dieses Erzeugendensystem heißt *kanonische Basis* von $\bigwedge^k V$. Wir setzen ferner $\bigwedge^0 V := K$. Die (äußere) direkte Summe

$$\bigwedge V = \bigwedge^0 V \oplus \bigwedge^1 V \oplus \cdots \oplus \bigwedge^n V$$

heißt *äußere Algebra über V*.

Weil es $\binom{n}{k}$ viele Indexsequenzen $1 \leq i_1 < \cdots < i_k \leq n$ gibt, folgt

$$\dim_K \bigwedge^k V = \binom{n}{k} \quad \text{und} \quad \dim_K \bigwedge V = 2^n.$$

Üblicherweise wird $\bigwedge^1 V$ mit dem Vektorraum V selbst identifiziert. Man vereinbart zusätzlich, dass alle Vektorräume $\bigwedge^k V$ mit $k > n$ der Nullraum sind.

Der Begriff „Algebra" suggeriert, dass es eine Multiplikation auf $\bigwedge V$ gibt. Bevor wir diese definieren, betrachten wir erst einmal ein Beispiel.

Beispiel 12.4
Es sei $V = K^4$. Die zweite äußere Potenz $\bigwedge^2 V$ hat dann die kanonische Basis

$$e^{(1)} \wedge e^{(2)}, \quad e^{(1)} \wedge e^{(3)}, \quad e^{(1)} \wedge e^{(4)}, \quad e^{(2)} \wedge e^{(3)}, \quad e^{(2)} \wedge e^{(4)}, \quad e^{(3)} \wedge e^{(4)},$$

$\bigwedge^3 V$ hat die kanonische Basis

$$e^{(1)} \wedge e^{(2)} \wedge e^{(3)}, \quad e^{(1)} \wedge e^{(2)} \wedge e^{(4)}, \quad e^{(1)} \wedge e^{(3)} \wedge e^{(4)}, \quad e^{(2)} \wedge e^{(3)} \wedge e^{(4)}$$

und $\bigwedge^4 V$ hat die kanonische Basis $e^{(1)} \wedge e^{(2)} \wedge e^{(3)} \wedge e^{(4)}$. Die K-Vektorraum-dimension der äußeren Algebra $\bigwedge V$ beträgt daher $1 + 4 + 6 + 4 + 1 = 16 = 2^4$.

Wie definieren nun die folgende, mit $\wedge$ bezeichnete, *äußere Multiplikation* auf Paaren von Basisvektoren von V durch

$$e^{(i)} \wedge e^{(i)} := 0 \quad \text{und} \quad e^{(j)} \wedge e^{(i)} := -(e^{(i)} \wedge e^{(j)})$$

für $i < j$. Diese Abbildung hat eine eindeutige assoziative Fortsetzung auf die Menge aller Paare kanonischer Basisvektoren von $\bigwedge V$ mit der Eigenschaft

$$e^{(i_1)} \wedge \cdots \wedge e^{(i_k)} = \operatorname{sgn}(\sigma) \cdot \left(e^{(\sigma(i_1))} \wedge \cdots \wedge e^{(\sigma(i_k))} \right),$$

wobei $\sigma \in \operatorname{Sym}(\{i_1, \ldots, i_k\})$ eine Permutation ist.

Beispiel 12.5
Falls $n \geq 3$ ist, gilt also beispielsweise $e^{(1)} \wedge e^{(2)} \wedge e^{(3)} = -(e^{(2)} \wedge e^{(1)} \wedge e^{(3)})$.

Aufgabe 12.6. Zeigen Sie, dass die auf Paaren von kanonischen Basisvektoren definierte äußere Multiplikation eine eindeutige Fortsetzung zu einer K-bilinearen Abbildung

$$\wedge : \bigwedge V \times \bigwedge V \to \bigwedge V$$

besitzt, der *äußeren Multiplikation* auf V.

Zur systematischen Entwicklung sind nun einige Standard-Eigenschaften nach-zuweisen:

Aufgabe 12.7. Zeigen Sie:
a. Die äußere Multiplikation ist assoziativ.
b. Die äußere Multiplikation ist anti-kommutativ, das heißt, für alle $x, y \in V$ gilt $x \wedge y = -y \wedge x$.
c. Für $x^{(1)}, \ldots, x^{(k)} \in V$ gilt genau dann $x^{(1)} \wedge \cdots \wedge x^{(k)} = 0$, wenn $x^{(1)}, \ldots, x^{(k)}$ linear abhängig über K sind.

Die Bedeutung der äußeren Algebra für Plücker-Koordinaten und damit für Konfigurationen von Unterräumen beruht auf dem folgenden Lemma.

Lemma 12.8
Sei U ein von $u^{(1)}, \ldots, u^{(k)}$ aufgespannter k-dimensionaler Unterraum von V. Dann stimmt der Vektor der Koeffizienten $p_{i_1,\ldots,i_k}$ mit $i_1 < \cdots < i_k$ in der Basisdarstellung

$$u^{(1)} \wedge \cdots \wedge u^{(k)} = \sum_{i_1 < \cdots < i_k} p_{i_1,\ldots,i_k} \cdot e^{(i_1,\ldots,i_k)} \tag{12.1}$$

des äußeren Produkts $u^{(1)} \wedge \cdots \wedge u^{(k)}$ mit den Plücker-Koordinaten von U in homogenen Koordinaten überein, das heißt, beide Vektoren bezeichnen denselben Punkt in $\mathbb{P}^N$.

Beweis. Durch wiederholtes Anwenden der Linearität ergibt sich

$$u^{(1)} \wedge \cdots \wedge u^{(k)} = \sum_{i_1,\ldots,i_k \in \{1,\ldots,n\}} u_{i_1}^{(1)} \cdots u_{i_k}^{(k)} \cdot e^{(i_1)} \wedge \cdots \wedge e^{(i_k)}$$

$$- \sum_{i_1 < \cdots < i_k} \sum_{\sigma \in \mathrm{Sym}(\{i_1,\ldots,i_k\})} \mathrm{sgn}(\sigma)\, u_{\sigma(i_1)}^{(i_1)} \cdots u_{\sigma(i_k)}^{(i_k)} \cdot e^{(i_1,\ldots,i_k)}, \tag{12.2}$$

wobei sgn das Vorzeichen einer Permutation bezeichnet. Für den Koeffizienten

$$p_{i_1,\ldots,i_k} = \sum_{\sigma \in \mathrm{Sym}(\{i_1,\ldots,i_k\})} \mathrm{sgn}(\sigma)\, u_{\sigma(i_1)}^{(i_1)} \cdots u_{\sigma(i_k)}^{(i_k)}$$

in dieser Darstellung ergibt sich aufgrund der Leibniz-Darstellung der Determinante gerade die Plücker-Koordinate mit Index $(i_1,\ldots,i_k)$. □

Wir bezeichnen die in Lemma 12.8 gezeigte Darstellung der Plücker-Koordinaten durch das äußere Produkt als *äußere Plücker-Darstellung*.

Nun wollen wir beschreiben, wann ein gegebenes Element $\omega \in \bigwedge^k V$ als Plücker-Vektor eines k-dimensionalen Unterraumes hervorgeht, das heißt, wann $v^{(1)},\ldots,v^{(k)} \in V$ existieren mit $\omega = v^{(1)} \wedge \cdots \wedge v^{(k)}$. Dazu betrachten wir für ein festes $\omega \in \bigwedge^k V$ die lineare Abbildung

$$\begin{aligned} \wedge_\omega : V &\to \textstyle\bigwedge^{k+1} V, \\ v &\mapsto v \wedge \omega. \end{aligned}$$

Durch Wahl der kanonischen Basen für V und $\bigwedge^{k+1} V$ in lexikographischer Reihenfolge erhalten wir die zugehörige Darstellungsmatrix

$$M_\omega \in K^{\binom{n}{k+1} \times n}.$$

Lemma 12.9
Für $\omega \in \bigwedge^k V \setminus \{0\}$ sind die folgenden Eigenschaften äquivalent:
a. *Es existieren $v^{(1)},\ldots,v^{(k)} \in V$ mit $\omega = v^{(1)} \wedge \cdots \wedge v^{(k)}$.*
b. *$\dim \ker \wedge_\omega = k$.*
c. *$\mathrm{rang}\, M_\omega = n - k$.*

Beweis. Wir weisen nach, dass die Aussage a. äquivalent zu b. ist.
Für $v, v^{(1)}, \ldots, v^{(k)} \in V$ linear unabhängig gilt nach Aufgabe 12.7c.

$$v \wedge v^{(1)} \wedge \cdots \wedge v^{(k)} = 0 \quad \Longleftrightarrow \quad v \in \mathrm{lin}\{v^{(1)},\ldots,v^{(k)}\}. \tag{12.3}$$

Falls $0 \neq \omega = v^{(1)} \wedge \cdots \wedge v^{(k)}$, so sind die Vektoren $v^{(1)},\ldots,v^{(k)}$ linear unabhängig, und es ist $\ker \wedge_\omega = \mathrm{lin}\{v^{(1)},\ldots,v^{(k)}\}$, also $\dim \ker \wedge_\omega = k$.

Zum Nachweis der umgekehrten Richtung seien $v^{(1)},\ldots,v^{(n)}$ eine Basis von V, so dass die ersten k Vektoren $v^{(1)},\ldots,v^{(k)}$ eine Basis des Kerns von $\wedge_\omega$ bilden. Die Menge der Vektoren $v^{(I)} = v^{(i_1)} \wedge \cdots \wedge v^{(i_k)}$ mit $I = \{i_1,\ldots,i_k\}$ und $1 \le i_1 <$

$\cdots < i_k \leq n$ ist eine Basis für $\bigwedge^k V$. Damit existiert eine eindeutige Darstellung von ω als Linearkombination dieser Basisvektoren

$$\omega = \sum_I \omega_I v^{(I)}$$

mit Koeffizienten $\omega_I \in K$. Für jedes $i \in \{1, \ldots, k\}$ gilt nach Konstruktion $v^{(i)} \wedge \omega = 0$, so dass nach Definition des äußeren Produkts alle ω_I mit $i \notin I$ verschwinden. Als Konsequenz kann daher nur der Koeffizient $\omega_{\{1,\ldots,k\}}$ von Null verschieden sein.

Die Äquivalenz von b. und c. ist klar. $\square$

Die nachstehende Übungsaufgabe liefert eine Variation des voranstehenden Lemmas.

Aufgabe 12.10.   Zeigen Sie, dass für $\omega \in \bigwedge^k V \setminus \{0\}$ gilt:

$$\dim \ker \wedge_\omega = k \quad \Longleftrightarrow \quad \dim \ker \wedge_\omega \geq k.$$

Wir sind nun in der Lage, den Begriff der „Koordinaten" zu rechtfertigen, indem wir zeigen, dass je zwei verschiedene k-dimensionale Unterräume verschiedene Plücker-Vektoren haben.

Die Menge der k-dimensionalen Unterräume von K^n wird mit $G_{k,n} K$ bezeichnet und heißt k-te *Grassmannsche* von K^n. Es sind $G_{1,n} K$ und $G_{2,n} K$ die Punkt- bzw. die Geradenmenge des projektiven Raums $\mathbb{P}_K^{n-1}$.

Lemma 12.11
Die Abbildung von der Grassmannschen $G_{k,n} K$ nach $\mathbb{P}_K^N$, die einen k-dimensionalen Unterraum auf seine Plücker-Koordinaten abbildet, ist injektiv.

Beweis. Seien $\omega = v^{(1)} \wedge \cdots \wedge v^{(k)}$ und $\omega' = w^{(1)} \wedge \cdots \wedge w^{(k)}$ äußere Plücker-Darstellungen, insbesondere also verschieden von 0. Es ist zu zeigen, dass $\lin\{v^{(1)}, \ldots, v^{(k)}\} = \lin\{w^{(1)}, \ldots, w^{(k)}\}$ genau dann gilt, wenn ω' ein von Null verschiedenes Vielfaches von ω ist.

Wir gehen zunächst davon aus, dass $\lin\{v^{(1)}, \ldots, v^{(k)}\} = \lin\{w^{(1)}, \ldots, w^{(k)}\}$ ist. Jeder Vektor $w^{(i)}$ hat daher eine Darstellung $w^{(i)} = \sum_{j=1}^k \lambda_{ij} v^{(j)}$. Wir erhalten folglich

$$\omega' = \sum_{j_1, \ldots, j_k} \lambda_{1,j_1} \cdots \lambda_{k,j_k} \cdot v^{(1)} \wedge \cdots \wedge v^{(k)}.$$

Nur die Terme, für die $\{j_1, \ldots, j_k\}$ eine Permutation von $\{1, \ldots, k\}$ ist, können von Null verschieden sein, und wir erhalten wie in Lemma 12.8

$$\omega' = \det(v^{(1)}, \ldots, v^{(k)}) \cdot v^{(1)} \wedge \cdots \wedge v^{(k)},$$

so dass ω' ein Vielfaches von ω ist.

Die umgekehrte Implikation folgt aus Lemma 12.8 und der Wohldefiniertheit der Plücker-Koordinaten. $\square$

Beispiel 12.12

Zur Illustration betrachten wir wiederum den Fall $n = 4, k = 2$. Jedes $\omega \in \bigwedge^2 V$ hat eine Darstellung der Form

$$\omega = \sum_{1 \leq i < j \leq 4} p_{ij} \cdot e^{(i)} \wedge e^{(j)}$$

mit Plücker-Koordinaten p_{ij}. In den Spalten der Darstellungsmatrix M_ω von $\wedge_\omega$ stehen bekanntlich die Koordinatenvektoren der Bilder der kanonischen Basisvektoren. Für die Reihenfolge $e^{(1)}, \ldots, e^{(4)}$ der kanonischen Basisvektoren von V und der Reihenfolge $e^{(123)}, e^{(124)}, e^{(134)}, e^{(234)}$ der kanonischen Basisvektoren von $\bigwedge^3 V$ ergibt sich die Darstellungsmatrix M_ω von $\wedge_\omega$ als

$$M_\omega = \begin{pmatrix} p_{23} & -p_{13} & p_{12} & 0 \\ p_{24} & -p_{14} & 0 & p_{12} \\ p_{34} & 0 & -p_{14} & p_{13} \\ 0 & p_{34} & -p_{24} & p_{23} \end{pmatrix}.$$

Der Vektor ω definiert nach Lemma 12.9 genau dann den Plücker-Vektor einer Geraden im $\mathbb{P}^3$, wenn diese Matrix den Rang 2 hat.

12.3 Dualität

Auch bei Plücker-Koordinaten spielt das Konzept der Dualität eine Rolle. Bei der Definition der Plücker-Koordinaten haben wir Unterräume U von $V = K^n$ als Erzeugnis von k linear unabhängigen Vektoren dargestellt. Geht man von einer Darstellung von U als Durchschnitt von $n - k$ Hyperebenen aus, dann gelangt man zu den im Folgenden definierten dualen Plücker-Koordinaten.

Sei U ein als Durchschnitt von $n - k$ Hyperebenen gegebener k-dimensionaler Unterraum in K^n,

$$\sum_{i=1}^n u_i^{(1)} x_i = 0, \ldots, \sum_{i=1}^n u_i^{(n-k)} x_i = 0,$$

deren Koeffizientenvektoren $u^{(1)}, \ldots, u^{(n-k)}$ die Zeilen einer $(n-k) \times n$-Matrix M bilden. Für jede Teilmenge $I \subseteq \{1, \ldots, n\}$ der Kardinalität $n - k$ sei q_I die $(n - k) \times (n - k)$-Unterdeterminante von M, die durch die Spalten von I bestimmt ist. Dann heißt der durch

$$q := (q_I)_{I \subseteq \{1,\ldots,n\}, \, |I| = n-k}$$

definierte Vektor im $\mathbb{P}^N$ der Vektor der *dualen Plücker-Koordinaten* von U. In gleicher Weise wie bei den primalen Plücker-Koordinaten können wir auch die dualen Plücker-Koordinaten als äußeres Produkt darstellen. Die zur Standardbasis duale Basis $(e^{(1)})^*, \ldots, (e^{(n)})^*$ besteht aus den Linearformen $x \mapsto x_1, \ldots, x \mapsto x_n$. Auf dem dualen Vektorraum V^* lässt sich nun wie zuvor die äußere Algebra $\bigwedge V^*$ definieren.

Bemerkung 12.13

Für $k = n - 1$ sind die dualen Plücker-Koordinaten genau die homogenen Koordinaten von Hyperebenen in $\mathbb{P}^{n-1}$. Dies ist die duale Aussage zu Bemerkung 12.1.

Die dualen Plücker-Koordinaten hängen eng mit den primalen Plücker-Koordinaten zusammen. Um diesen Zusammenhang zu untersuchen, definieren wir einen Operator $*$ als lineare Abbildung $\bigwedge^k V \;\to\; \bigwedge^{n-k} V^*$ durch Angabe der Bilder auf den Basiselementen $e^{(I)}$ von $\bigwedge^k V$ (und lineare Fortsetzung). Sei also $I = \{i_1, \ldots, i_k\}$ mit $1 \le i_1 < \cdots < i_k \le n$ und $J = \{j_1, \ldots, j_{n-k}\} := \{1, \ldots, n\} \setminus I$ mit aufsteigenden Indizes $j_1 < \cdots < j_{n-k}$ das Komplement von I. Dann definieren wir

$$
\begin{aligned}
*(e^{(I)}) &:= \operatorname{sgn}(i_1, \ldots, i_k, j_1, \ldots, j_{n-k}) \cdot (e^{(J)})^* \\
&= \operatorname{sgn}(i_1, \ldots, i_k, j_1, \ldots, j_{n-k}) \cdot (e^{(j_1)})^* \wedge \cdots \wedge (e^{(j_{n-k})})^* ,
\end{aligned}
$$

wobei wir hier und im Folgenden die Permutation $(1 \mapsto i_1, \ldots, n \mapsto i_n)$ als Vektor der Bildfolge $(i_1, \ldots, i_n)$ schreiben.

Beispiel 12.14

Für $n = 4, k = 2$ liefert der $*$-Operator $*(1) = e^{(1234)}$, $*(e^{(1234)}) = 1$ sowie

$$
\begin{array}{llll}
*e^{(1)} = (e^{(234)})^*, & *e^{(12)} = (e^{(34)})^*, & *e^{(123)} = (e^{(4)})^*, \\
*e^{(2)} = -(e^{(134)})^*, & *e^{(13)} = -(e^{(24)})^*, & *e^{(124)} = -(e^{(3)})^*, \\
*e^{(3)} = (e^{(124)})^*, & *e^{(14)} = (e^{(23)})^*, & *e^{(134)} = (e^{(2)})^*, \\
*e^{(4)} = -(e^{(123)})^*, & *e^{(23)} = (e^{(14)})^*, & *e^{(234)} = -(e^{(1)})^*, \\
 & *e^{(24)} = -(e^{(13)})^*, & \\
 & *e^{(34)} = (e^{(12)})^*. &
\end{array}
$$

Wir zeigen, dass die duale äußere Plücker-Darstellung eines Unterraums U (bis auf einen von Null verschiedenen Faktor) mit dem $*$-Operator angewandt auf die primale äußere Plücker-Darstellung übereinstimmt. Hierzu benötigen wir die folgende Determinantenidentität von Jacobi.

Lemma 12.15

Sei $A \in K^{n \times n}$ invertierbar und von der Form

$$
A = \begin{pmatrix} A_{11} & A_{12} \\ A_{21} & A_{22} \end{pmatrix}, \qquad B := A^{-1} = \begin{pmatrix} B_{11} & B_{12} \\ B_{21} & B_{22} \end{pmatrix}
$$

mit $k \times k$-Matrizen A_{11}, B_{11}. Dann gilt

$$
\det B_{22} \cdot \det A = \det A_{11} .
$$

Beweis. Wegen $A \cdot A^{-1} = \mathrm{Id}$ gilt

$$\begin{pmatrix} A_{11} & A_{12} \\ A_{21} & A_{22} \end{pmatrix} \cdot \begin{pmatrix} \mathrm{Id} & B_{12} \\ 0 & B_{22} \end{pmatrix} = \begin{pmatrix} A_{11} & 0 \\ A_{12} & \mathrm{Id} \end{pmatrix}.$$

Durch Determinantenbildung auf beiden Seiten ergibt sich unmittelbar die Behauptung.   □

Satz 12.16
Seien p, q die Vektoren der primalen bzw. dualen Plücker-Koordinaten eines k-dimensionalen Unterraumes U von V. Werden p und q als Vektoren im $\mathbb{R}^{N+1}$ betrachtet, so existiert eine Konstante $c \neq 0$, so dass für alle Permutationen $(i_1, \ldots, i_n) \in \mathrm{Sym}(\{1, \ldots, n\})$ gilt:

$$p_{i_1, \ldots, i_k} = c \cdot \mathrm{sgn}(i_1, \ldots, i_n) \cdot q_{i_{k+1}, \ldots, i_n}. \tag{12.4}$$

Beweis. Wir beginnen mit dem Spezialfall des durch $x_{k+1} = \cdots = x_n = 0$ definierten k-dimensionalen Unterraums. Dieser wird durch die Einheitsvektoren $e^{(1)}, \ldots, e^{(k)}$ aufgespannt. Die Koordinate $p_{i_1, \ldots, i_k}$ ist genau dann von Null verschieden, wenn $\{i_1, \ldots, i_k\} = \{1, \ldots, k\}$, und in diesem Fall ist $p_{i_1, \ldots, i_k}$ genau dann 1, wenn die Permutation $(i_1, \ldots, i_k)$ positives Signum hat. Entsprechendes gilt für $q_{i_{k+1}, \ldots, i_n}$, so dass wegen $\mathrm{sgn}(i_1, \ldots, i_k) \cdot \mathrm{sgn}(i_{k+1}, \ldots, i_n) = \mathrm{sgn}(i_1, \ldots, i_n)$ die Behauptung folgt.

Für den allgemeinen Fall gehen wir davon aus, dass der k-dimensionale Unterraum U durch eine lineare Abbildung mit Darstellungsmatrix M aus dem speziellen Unterraum hervorgeht. Aus der Determinantenidentität von Jacobi, Lemma 12.15, folgt, dass die Proportionalität von primalen zu dualen Plücker-Koordinaten erhalten bleibt.   □

Korollar 12.17
Sei $\omega \in \bigwedge^k V$ äußere Plücker-Darstellung eines Unterraums U von V, dann ist $*(\omega) \in \bigwedge^{n-k} V^*$ eine äußere Darstellung der dualen Plücker-Koordinaten von U.

Aus Korollar 12.17 und $*(*(\omega)) = (-1)^{k(n-k)} \omega$ folgt:

Korollar 12.18
Ein Element $\omega \in \bigwedge^k V$ ist genau dann eine äußere Plücker-Darstellung eines k-dimensionalen Unterraums von V, wenn $*(\omega)$ eine duale äußere Plücker-Darstellung eines k-dimensionalen Unterraums von V ist.

Wie $\wedge_\omega$ definieren wir nun die Abbildung

$$\begin{aligned} \wedge_{*(\omega)} : V^* &\to \bigwedge^{n-k+1} V^*, \\ \varphi &\mapsto \varphi \wedge *(\omega). \end{aligned}$$

Die Darstellungsmatrix dieser Abbildung (bezüglich lexikographisch geordneter kanonischer Basen) sei mit $M_\omega^* \in K^{\binom{n}{n-k+1} \times n}$ bezeichnet.

Beispiel 12.19

Im Fall $n = 4, k = 2$ gilt für ein $\omega = \sum_{1 \le i < j \le 4} p_{ij}(e_i \wedge e_j)$, dass

$$* (\omega) = p_{12}(e^{(34)})^* - p_{13}(e^{(24)})^* + p_{14}(e^{(23)})^*$$
$$+ p_{23}(e^{(14)})^* - p_{24}(e^{(13)})^* + p_{34}(e^{(12)})^*.$$

Beispielsweise folgt daraus

$$(e^{(1)})^* \wedge *(\omega) = p_{14}(e^{(123)})^* - p_{13}(e^{(124)})^* + p_{12}(e^{(134)})^*,$$

woraus sich insbesondere die erste Spalte der Darstellungsmatrix

$$M_{\omega}^* = \begin{pmatrix} p_{14} & p_{24} & p_{34} & 0 \\ -p_{13} & -p_{23} & 0 & p_{34} \\ p_{12} & 0 & -p_{23} & -p_{24} \\ 0 & p_{12} & p_{13} & p_{14} \end{pmatrix}$$

ergibt.

Satz 12.20

Ein Element $\omega \in \bigwedge^k V \setminus \{0\}$ ist genau dann eine äußere Plücker-Darstellung eines k-dimensionalen Unterraums von V, wenn gilt

$$M_{\omega} \cdot (M_{\omega}^*)^T = 0. \tag{12.5}$$

Beweis. Nach Korollar 12.18 ist ω genau dann eine äußere Plücker-Darstellung eines k-dimensionalen Unterraums, wenn $*(\omega)$ eine duale äußere Plücker-Darstellung eines k-dimensionalen Unterraums ist. Folglich existiert in diesem Fall eine Basis $v^{(1)}, \ldots, v^{(n)}$ von V mit

$$\omega = v^{(1)} \wedge \cdots \wedge v^{(k)} \quad \text{und} \quad *(\omega) = v^{(k+1)} \wedge \cdots \wedge v^{(n)}.$$

Für jedes $v \in V$ und jedes $u \in V^*$ verschwindet daher die durch $u \wedge *(\omega)$ definierte Linearform auf $v \wedge \omega$, woraus die zu zeigende Eigenschaft folgt.

Wir betrachten nun die umgekehrte Richtung. Nach Lemma 12.9 und Aufgabe 12.10 gilt für alle $\omega \in \bigwedge^k V \setminus \{0\}$ die Eigenschaft $\dim \ker \wedge_{\omega} \le k$ und analog $\dim \ker \wedge_{*(\omega)} \le n - k$. Ist also (12.5) erfüllt, muss in beiden Fällen sogar Gleichheit vorliegen. Aus Lemma 12.9 folgt nun, dass ω eine äußere Plücker-Darstellung ist. $\qquad\square$

Als Korollar erhalten wir nun die gesuchte Charakterisierung derjenigen Punkte $p \in \mathbb{P}^N$, die Plücker-Koordinaten eines k-dimensionalen Unterraumes von $V = K^n$ sind.

Satz 12.21

Die Plücker-Koordinaten $(p_I)_{I\subseteq\{1,\ldots,n\},|I|=k}$ der k-dimensionalen Unterräume von V entsprechen genau denjenigen Punkten von $\mathbb{P}^N$, die für alle $i_1,\ldots,i_{k+1},j_1,\ldots,j_{k-1}\in \{0,\ldots,n\}$ die Bedingung

$$\sum_{l=1}^{k+1}(-1)^l p_{i_1,\ldots,\hat{i}_l,\ldots,i_{k+1}}\, p_{j_1,\ldots,j_{k-1},i_l} = 0 \tag{12.6}$$

erfüllen, wobei $\hat{i}_l$ bedeutet, dass dieser Index ausgelassen wird.

Beweis. Für die Darstellungsmatrix $M_\omega \in K^{\binom{n}{k+1}\times n}$ gilt

$$(M_\omega)_{Ij} = \begin{cases} 0 & \text{falls } j\notin I, \\ \varepsilon p_{I\setminus\{j\}} & \text{falls } j\in I, \end{cases}$$

wobei $I\setminus\{j\} = \{i_1,\ldots,i_k\}$ mit $i_1 \leq \cdots \leq i_k$ und

$$\varepsilon = \mathrm{sgn}(j,i_1,\ldots,i_k).$$

Analog gilt für $M_\omega^* \in K^{\binom{n}{n-k+1}\times n}$ dass

$$(M_\omega^*)_{I'j} = \begin{cases} 0 & \text{falls } j\notin I', \\ \varepsilon' p_I & \text{falls } j\in I' \end{cases}$$

mit $I' = \{i_1',\ldots,i_{n-k+1}'\}$, $i_1' \leq \cdots \leq i_{n-k+1}'$, $J = \{1,\ldots,n\}\setminus I' = \{j_1,\ldots,j_{k-1}\}$, $j_1 \leq \cdots \leq j_{k-1}$ und $\varepsilon' = \mathrm{sgn}(i_1',\ldots,i_{n-k+1}',j_1,\ldots,j_{k-1})$

Dies liefert die Gleichungen (12.6). $\qquad\square$

Durch Spezialisierung auf den Fall $k = 2$, also den Fall der Geraden im projektiven Raum, erhält man das folgende Korollar.

Korollar 12.22

Die Plücker-Koordinaten einer Geraden ℓ in $\mathbb{P}^{n-1}$ erfüllen die Bedingungen

$$p_{ij}p_{rs} - p_{ir}p_{js} + p_{is}p_{jr} = 0 \quad \text{für } 1\leq i<j<r<s\leq n.$$

Für $n = 4$ spezialisieren sich diese Bedingungen weiter zu einer einzigen quadratischen Gleichung

$$p_{12}p_{34} - p_{13}p_{24} + p_{14}p_{23} = 0. \tag{12.7}$$

Die durch die Gleichung (12.7) definierte Quadrik im $\mathbb{P}^5$ heißt *Kleinsche Quadrik*. Wir fassen die Aussagen dieses Abschnitts wie folgt zusammen:

Korollar 12.23

Die Abbildung von $G_{k,n}\,K$ auf die durch die Gleichungen (12.6) gegebene Varietät im $\mathbb{P}^N$, die einen Unterraum auf ihren Plücker-Vektor abbildet, ist bijektiv.

12.4   Rechnen mit Plücker-Koordinaten

Der Grund für die Einführung von Plücker-Koordinaten in primaler und dualer
Form liegt darin, dass sich Schnitte von Unterräumen damit bequem berechnen
lassen. In Proposition 2.5 hatten wir bereits die Inzidenz von Punkten mit Hyperebenen im projektiven Raum über das innere Produkt homogener Koordinatenvektoren ausgedrückt. Dies soll nun verallgemeinert werden.

Das innere Produkt zweier Punkte im projektiven Raum $\mathbb{P}^{n-1}$ (als inneres
Produkt der Repräsentanten im K^n) ist zwar nur bis auf ein von Null verschie-
denes Vielfaches definiert; ob das innere Produkt Null wird, ist jedoch analog zu
Proposition 2.5 unabhängig von der Wahl der Repräsentanten.

Satz 12.24
*Ein $(k-1)$-dimensionaler projektiver Unterraum U von $\mathbb{P}^{n-1}$ schneidet genau dann
einen $(n-k-1)$-dimensionalen projektiven Unterraum W von $\mathbb{P}^{n-1}$, wenn das innere
Produkt der Plücker-Koordinaten p von U und der dualen Plücker-Koordinaten q von W
verschwindet, das heißt, wenn gilt*

$$\sum_{I \subseteq \{1,\dots,n\}, |I|=k} p_I q_I = 0. \tag{12.8}$$

Beweis. Wir identifizieren projektive Unterräume von $\mathbb{P}^{n-1}$ mit linearen Unterräumen von $V = K^n$.

Sei $u^{(1)}, \dots, u^{(k)}$ eine Basis des linearen Unterraums U von V und $w^{(1)}, \dots, w^{(k)}$
die Koeffizientenvektoren der Gleichungen für den linearen Unterraum W. Ein
Punkt $\sum_{i=1}^{k} \lambda_i u^{(i)} \in U$ mit Koeffizienten $\lambda_1, \dots, \lambda_k$ liegt genau dann in W, wenn
gilt

$$\sum_{i=1}^{k} \sum_{l=1}^{k} \lambda_i u_l^{(i)} w_l^{(j)} = 0, \qquad \text{für alle } j \in \{1, \dots, k\}.$$

Dieses Gleichungssystem hat genau dann eine nichttriviale Lösung in $\lambda_1, \dots, \lambda_k$,
wenn

$$\det \left(\sum_{l=1}^{n} u_l^{(i)} w_l^{(j)} \right)_{\substack{1 \le i \le k \\ 1 \le j \le k}} = 0 \tag{12.9}$$

ist. Diese Determinante können wir auch als Determinante des Produkts der Matrizen $(u_l^{(i)})_{l,i}$ und $(w_l^{(j)})_{j,l}$ interpretieren.

Nach der Determinanten-Multiplikationsformel von Cauchy-Binet gilt für
zwei beliebige Matrizen $A \in K^{n \times k}, B \in K^{k \times n}$ die Eigenschaft

$$\det AB = \sum_{I \subseteq \{1,\dots,n\}, |I|=k} \det A_I \, \det B_I,$$

wobei A_I und B_I die Untermatrizen von A bzw. B sind, bei denen nur die Spalten
aus A bzw. die Zeilen aus B verwendet werden, deren Indizes in I vorkommen.

(Ein sehr eleganter Beweis dieser Aussage findet sich etwa im BUCH der Beweise [3].) Mit der Cauchy-Binet-Formel lässt sich (12.9) auch als

$$\sum_I p_I q_I,$$

schreiben, woraus die Behauptung folgt. $\qquad\qquad\qquad\qquad\qquad\qquad\qquad$ $\square$

12.5 Geraden in $\mathbb{R}^3$

Geraden im dreidimensionalen Raum treten beispielsweise bei *Ray shooting* Fragen in der Computergrafik auf. In der einfachsten Situation soll etwa für eine gegebene Gerade sowie ein gegebenes Polytop (in der Computergrafik oft ein Polygon) in $\mathbb{R}^3$ getestet werden, ob die Gerade das Polytop schneidet. Oder es soll beispielsweise für eine gerichtete Gerade ℓ und eine endliche Menge disjunkter Polytope die Reihenfolge berechnet werden, in der ℓ die Polytope schneidet. Die konkreten Anwendungsfragen sind vielfältig.

Vom Standpunkt der nichtlinearen Geometrie sind hierbei besonders die kritischen Situationen interessant und relevant, bei der eine Gerade $\ell \subseteq \mathbb{R}^3$ ein Polytop $P \subseteq \mathbb{R}^3$ tangential berührt. Bei einer solchen tangentialen Berührung existiert insbesondere auch ein Punkt p in einer Kante e von P, der in der Geraden ℓ enthalten ist. Bezeichnet ℓ' die der Kante e zugrunde liegende Gerade, so entspricht dies genau der Situation in Satz (12.24). In der dreidimensionalen (projektiven) Situation mit homogenen Koordinaten $x_1, \ldots, x_4$ spezialisiert sich diese Schnittbedingung wie folgt:

Korollar 12.25
Eine Gerade ℓ schneidet genau dann eine Gerade ℓ' in $\mathbb{P}^3$, wenn ihre Plücker-Koordinaten p bzw. p' die Eigenschaft

$$p_{12}p'_{34} - p_{13}p'_{24} + p_{14}p'_{23} + p_{23}p'_{14} - p_{24}p'_{13} + p_{34}p'_{12} = 0 \qquad (12.10)$$

erfüllen.

Mit den in Abschnitt 10.2 entwickelten Eliminationstechniken könnte man sich die Plücker-Relation aus (12.7) Korollar 12.22 alternativ auch bequem durch Singular berechnen lassen. Hierzu setzen wir $p_{ij} = x_i y_j - x_j y_i$ und eliminieren dann alle x- und y-Variablen aus dem dadurch resultierenden Ideal.

```
> ring R = 0, (x1,x2,x3,x4,y1,y2,y3,y4,p12,p13,p14,p23,p24,p34), lp;
> ideal I = p12 - (x1*y2 - x2*y1), p13 - (x1*y3 - x3*y1),
            p14 - (x1*y4 - x4*y1), p23 - (x2*y3 - x3*y2),
            p24 - (x2*y4 - x4*y2), p34 - (x3*y4 - x4*y3);
> eliminate(I,x1*x2*x3*x4*y1*y2*y3*y4);
  _[1]=p12*p34-p13*p24+p14*p23
```

Die lexikographische Gröbnerbasis für das Ideal I besteht aus 17 Polynomen. In Übereinstimmung mit Satz 10.1 ist eines dieser Polynome das durch die Elimination berechnete Polynom der Plückerrelation.

Transversalen

Die Bestimmung aller Geraden ℓ, die eine gegebene Menge von Geraden $\ell_1, \ldots,$ $\ell_k \subseteq \mathbb{R}^3$ schneiden, ist in der Tat eine Grundoperation in der Computergrafik. Jede solche Gerade heißt eine *Transversale* von $\ell_1, \ldots, \ell_k$. An diesem Problem lässt sich der Übergang von linearen zu nichtlinearen Strukturen gut veranschaulichen. Denn obwohl Geraden affine Unterräume des $\mathbb{R}^3$ sind, gibt es – wie bereits in der Einleitung dieses Kapitels erwähnt – im Allgemeinen zwei (eventuell komplexe) Transversalen von vier gegebenen Geraden.

Sind $\ell_1, \ldots, \ell_k$ beispielsweise in dualen Plücker-Koordinaten gegeben, dann liefert jede Schnittbedingung $\ell \cap \ell_i \neq 0$ nach Korollar 12.25 eine in den Plücker-Koordinaten p der zu bestimmenden Geraden ℓ lineare Bedingung

$$f_i(p_{12}, \ldots, p_{34}) = 0.$$

Gilt etwa $k = 4$ und sind die vier Bedingungen linear unabhängig, dann hat dieses als homogenes System in $\mathbb{R}^6$ betrachtete Gleichungssystem einen zweidimensionalen Lösungsraum. Sind v und w Erzeugende dieses Lösungsraums, dann liefert das Einsetzen der allgemeinen Lösung $\lambda v + \mu w$ ($\lambda, \mu \in \mathbb{R}$) in die Plücker-Gleichung eine homogene quadratische Gleichung in λ, μ. Durch Dehomogenisierung können diese Lösungen leicht bestimmt werden.

Tatsächlich kann diese Situation auch sehr schön geometrisch interpretiert werden. Sind ℓ_1, ℓ_2 und ℓ_3 windschief, dann liegen ℓ_1, ℓ_2 und ℓ_3 entweder in einem eindeutig bestimmten einschaligen Hyperboloid oder in einem hyperbolischen Paraboloid, siehe Aufgaben 12.26 und 12.27. In beiden Fällen enthält diese

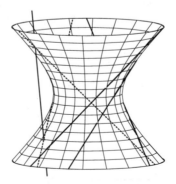

Abbildung 12.1. Geometrie der gemeinsamen Transversalen durch vier gegebene Geraden. Die beiden Transversalen sind gestrichelt gezeichnet.

Quadrik zwei Geradenscharen, und ℓ_1, ℓ_2 und ℓ_3 liegen in der gleichen Schar. ℓ_4 schneidet die Quadrik im Allgemeinen in zwei Punkten. Die beiden durch diese Schnittpunkte bestimmten Geraden der anderen Geradenschar schneiden sowohl ℓ_1, ℓ_2, ℓ_3 als auch ℓ_4. Siehe Abbildung 12.1 für den Fall, dass die ersten drei Geraden in einem einschaligen Hyperboloid enthalten sind.

Auch die Entartungsfälle gehen aus dieser Sichtweise hervor. Liegt ℓ_4 in der gleichen Geradenschar der Quadrik wie die ersten drei Geraden, dann schneidet jede Gerade der anderen Geradenschar die vier gegebenen Geraden.

12.6 Aufgaben

Aufgabe 12.26. Gegeben sei ein *Hyperboloid H* der Form

$$\frac{x^2}{a^2} + \frac{y^2}{b^2} - \frac{z^2}{c^2} = 1 \quad \text{mit } a, b, c > 0.$$

Bestimmen Sie eine Parametrisierung der beiden in H enthaltenen Familien von Geraden.

Aufgabe 12.27. Zeigen Sie, dass drei gegebene paarweise windschiefe Geraden in $\mathbb{R}^3$ in einer eindeutig bestimmten quadratischen Hyperfläche liegen; genauer, in einem einschaligen Hyperboloid oder einem hyperbolischen Paraboloid.

Aufgabe 12.28. Schreiben Sie ein Singular-Programm, das zu drei gegebenen windschiefen Geraden die in der vorherigen Aufgabe beschriebene Quadrik berechnet.

Aufgabe 12.29. Die Menge der Tangentialgeraden an die Einheitssphäre $S^2 \subseteq \mathbb{R}^3$ mit Mittelpunkt im Ursprung definiert in Plücker-Koordinaten eine Hyperfläche in $\mathbb{P}^5$. Wie lautet ihr definierendes Polynom?

12.7 Anmerkungen

Plücker-Koordinaten gehen auf Julius Plücker (1808–1868) zurück. Weitere Informationen zu Plücker-Koordinaten und Grassmann-Mannigfaltigkeiten finden sich in dem klassischen Buch von Hodge und Pedoe [57], bei Pottmann und Wallner [76] und bei Fischer und Piontkowski [39].

Dass die auf den kanonischen Basisvektoren definierte äußere Multiplikation eine eindeutige bilineare Fortsetzung auf die äußere Algebra $\bigwedge V$ besitzt (wie in Aufgabe 12.6 nachzuweisen), beruht auf der entsprechenden universellen Eigenschaft der Tensoralgebra von V, als deren Quotient sich $\bigwedge V$ schreiben lässt.

Für einige aktuelle Entwicklungen der algorithmischen Geradengeometrie siehe die Übersichtsarbeit von Sottile und Theobald [81].

13 Anwendungen der nichtlinearen algorithmischen Geometrie

In diesem abschließenden Kapitel betrachten wir einige Anwendungen der nicht-linearen algorithmischen Geometrie. Als ein erstes Fallbeispiel untersuchen wir Voronoi-Diagramme für Geradensegmente, die auf nichtlineare Kanten führen. Anschließend soll illustriert werden, wie einige zwei- bzw. dreidimensionale Anwendungsprobleme (aus der Robotik bzw. der Satellitengeodäsie) geeignet durch polynomiale Gleichungen formuliert und mittels der in früheren Kapiteln diskutierten Techniken behandelt werden können. Wir weisen darauf hin, dass es sich hier um einfache exemplarische Untersuchungen handelt, bei denen es uns vor allem auch darum geht, geeignete Modellierungen der Probleme durch polynomiale Gleichungen zu studieren. Viele verwandte Probleme und Frage-stellungen führen sehr schnell auf algorithmisch-geometrische und algebraisch-geometrische Aspekte, die weit über die in diesem Buch vorgestellten Methoden hinausgehen.

13.1 Voronoi-Diagramme für Geradensegmente in der Ebene

Sei $S = \{s^{(1)}, \ldots, s^{(m)}\}$ eine endliche Menge von Geradensegmenten in $\mathbb{R}^2$. In Analogie zu den in Kapitel 6 behandelten gewöhnlichen Voronoi-Diagrammen sei die *Voronoi-Region* von $s^{(i)}$ definiert als

$$\mathrm{VR}(s^{(i)}) := \left\{ x \in \mathbb{R}^2 : \mathrm{dist}(x, s^{(i)}) \leq \mathrm{dist}(x, s^{(j)}) \text{ für alle } 1 \leq j \leq m \right\},$$

wobei $\mathrm{dist}(x, s^{(i)})$ den euklidischen Abstand vom Punkt x zum Segment $s^{(i)}$ be-zeichnet. Wir beobachten zunächst, dass die Voronoi-Regionen von S im Allge-meinen *nicht* polyedrisch sind, sondern auch auch durch nichtlineare Kurvenbö-gen begrenzt sein können (siehe Abbildung 13.1).

Ist y ein Punkt einer Voronoi-Region $\mathrm{VR}(s^{(i)})$ und z derjenige Punkt auf $s^{(i)}$, der den kürzesten Abstand zu y hat, dann ist das gesamte Segment $[y, z]$ in $\mathrm{VR}(s^{(i)})$ enthalten. Es existiert also eine konvexe Menge (das Segment $s^{(i)}$), so dass für jeden Punkt in der Voronoi-Region zu $s^{(i)}$ mindestens ein Punkt der konvexen Menge sichtbar ist. Man sagt auch, dass $\mathrm{VR}(s^{(i)})$ *schwach sternförmig* ist. Insbesondere folgt aus dieser Eigenschaft, dass jede Voronoi-Zelle $s^{(i)}$ im to-pologischen Sinne zusammenhängend und sogar einfach zusammenhängend ist.

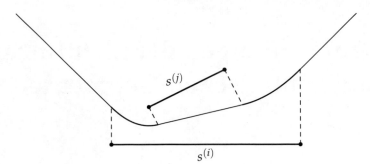

Abbildung 13.1. Der Bisektor zweier disjunkter Segmente $s^{(i)}$ und $s^{(j)}$ besteht in diesem Beispiel aus zwei Parabelbögen, zwei unendlichen Strahlen sowie einem Geradensegment.

Wir betrachten zunächst den Fall, dass die Segmente $s^{(i)}$ paarweise disjunkt sind, und untersuchen für gegebene Indizes $i \neq j$ die *Bisektorkurve* (kurz: den *Bisektor*)

$$B_{ij} := \text{VR}(s^{(i)}) \cap \text{VR}(s^{(j)}).$$

Der Bisektor B_{ij} ist eine unbeschränkte und stückweise algebraische Kurve in der Ebene (siehe Abbildung 13.1). In Abschnitt 6.4 haben wir gesehen, dass die Menge der Punkte gleichen Abstandes von einem gegebenen Punkt und einer gegebenen Geraden eine Parabel definieren. Also besteht B_{ij} aus Geradensegmenten und parabolischen Bögen. Tatsächlich gilt:

Aufgabe 13.1. a. Die Bisektorkurve B_{ij} zweier disjunkter Segmente $s^{(i)}$ und $s^{(j)}$ ist eine unbeschränkte und stückweise algebraische Kurve in der Ebene, die aus höchstens sieben (eventuell unbeschränkten) Geradensegmenten und parabolischen Bögen besteht.

    b. Die Schranke 7 ist scharf, das heißt, es existieren Segmentpaare, deren Bisektor aus genau sieben Geradensegmenten und parabolischen Bögen besteht.

Falls die Segmente $s^{(i)}$ und $s^{(j)}$ einen gemeinsamen Endpunkt besitzen, dann ist der Bisektor B_{ij} keine Kurve, sondern eine zweidimensionale Menge (siehe Abbildung 13.2). Solche „2-dimensionalen Voronoi-Kanten" sind sehr unschön, so dass wir diesen Fall nicht weiter verfolgen wollen.

Wir konzentrieren uns von nun an wieder auf disjunkte Segmente. Auch wenn durch die Voronoi-Regionen kein polyedrischer Komplex erzeugt wird, definieren die 0-, 1- und 2-dimensionalen (nichtlinearen) Zellen weiterhin eine *zelluläre Zerlegung* von $\mathbb{R}^2$. Die 1-Zellen sind die linearen und parabolischen Stücke der Bisektoren; die 0-Zellen sind die Punkte dazwischen. Den so konstruierten nichtlinearen Zellkomplex bezeichnen wir als *Voronoi-Diagramm* von S. Wie im polyedrischen Fall sind die Zellen per Inklusion partiell geordnet, der f-Vektor (f_0, f_1, f_2) zählt die Zellen der verschiedenen Dimensionen, und es gilt die an die Situation in $\mathbb{R}^2$ angepasste *Euler-Formel* $f_0 - f_1 + f_2 = 1$. Die *Komplexität* eines Voronoi-Diagramms für Liniensegmente ist definiert als die Summe $f_0 + f_1 + f_2$.

Satz 13.2

Ein Voronoi-Diagramm für m Segmente hat lineare Komplexität $O(m)$.

Beweis. Das Voronoi-Diagramm der m Segmente besitzt m zusammenhängende Voronoi-Regionen. Im Falle allgemeiner Lage ist jede Ecke in genau drei Regionen enthalten, und nach Aufgabe 13.1 besteht jede Kante aus höchstens sieben Geradensegmenten und parabolischen Bögen. Nach der Euler-Formel ist die Komplexität des Voronoi-Diagramms daher linear beschränkt.

Der Fall nicht allgemeiner Lage kann durch eine Perturbation in allgemeine Lage überführt werden. Hierbei wird die Anzahl der Ecken, Kantenbögen und Flächen nicht verkleinert. □

Der Wellenfront-Algorithmus aus Abschnitt 6.4 lässt sich zu einem Sichtlinienverfahren für die Konstruktion des Voronoi-Diagramms von Liniensegmenten verallgemeinern.

Aufgabe 13.3. Zeigen Sie, dass das Voronoi-Diagramm von m Geradensegmenten mittels eines Sichtlinienverfahrens in Laufzeit $O(m \log m)$ berechnet werden kann.

In Kapitel 11 haben wir für eine ebene Kurve C die mediale Achse von C als topologischen Abschluss derjenigen Punkte in der Ebene definiert, deren nächster Punkt auf der Kurve C nicht eindeutig ist. Betrachtet man die Menge S von Geradensegmenten als nicht-zusammenhängende Kurve, also $C := \bigcup_{i=1}^{m} s^{(i)}$, dann besteht die mediale Achse von C aus den Ecken und Kanten des Voronoi-Diagramms von S.

Das Softwarepaket CGAL beherrscht die Berechnung von Voronoi-Diagrammen disjunkter Geradensegmente. Eine Beispielausgabe ist in Abbildung 13.3 zu sehen.

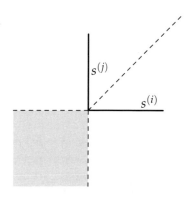

Abbildung 13.2. Der Bisektor der beiden sich in einem Endpunkt schneidenden Segmente $s^{(i)}$ und $s^{(j)}$ besteht aus dem schraffierten Bereich sowie aus den gestrichelten Kanten.

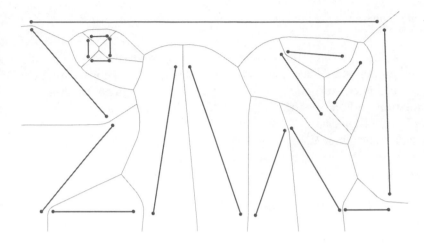

Abbildung 13.3. Voronoi-Diagramm zu disjunkten Geradensegmenten

13.2 Kinematische Probleme und Bewegungsplanungen

Wir betrachten hier elementare Robotermechanismen, die wir uns vereinfacht als
ein System von Bauelementen, Gelenken und Achsen vorstellen, deren Parameter
(zum Beispiel die Länge eines Elements oder der Winkel zwischen zwei Elementen) variabel sind. Insbesondere konzentrieren wir uns auf sogenannte *Manipula-
toren*; das sind Robotermechanismen, die an einem festen Arbeitsplatz eingesetzt
sind und nicht mobil sind.

Die Disziplin der *Kinematik* beschäftigt sich mit der Geometrie und den zeit-
abhängigen Aspekten der Bewegung eines solchen Mechanismus; die Kräfte, die
die Bewegung verursachen, werden hierbei nicht in die Überlegungen mit einbe-
zogen.

Wir untersuchen zunächst den folgenden einfachen Robotermechanismus in
der Ebene: Gegeben seien drei feste Punkte $p^{(1)}, p^{(2)}, p^{(3)} \in \mathbb{R}^2$. Ohne Einschränkung können wir die Koordinaten so wählen, dass $p^{(1)} = 0$ und $p^{(2)} = (p_{21}, 0)$
ist. Wir betrachten nun ein starres Dreieck Δ mit Eckpunkten $q^{(1)}, q^{(2)}, q^{(3)}$, das
über drei längenveränderliche Verbindungssegmente mit den drei festen Punk-
ten verbunden ist, und zwar so, dass $p^{(i)}$ mit $q^{(i)}$ verbunden ist. Wir nehmen an,
dass an beiden Endpunkten eines Segments frei bewegliche Gelenke vorhanden
sind. Die Länge des i-ten Verbindungssegments sei mit ℓ_i bezeichnet, siehe Abbildung 13.4.

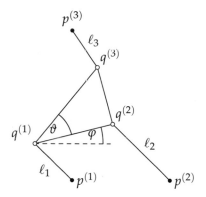

Abbildung 13.4. Bezeichnungen für das direkte kinematische Problem

Typischerweise können bei Robotermechanismen die Längen der Verbindungssegmente viel einfacher bestimmt werden als die kartesischen Koordinaten der beweglichen Punkte. Im Allgemeinen sind die Positionen der relevanten Eckpunkte (hier etwa der Eckpunkte des Dreiecks Δ) durch die Längen der Verbindungssegmente jedoch nicht eindeutig festgelegt. Bei dem sogenannten *direkten kinematischen Problem* besteht die Aufgabe nun darin, zu gegebenen Längen die möglichen Positionen des Dreiecks zu bestimmen.

Eine naheliegende (allerdings, wie unten zu diskutieren, nicht ideale) Formulierung würde das planare Problem durch das Gleichungssystem

$$
\begin{aligned}
\ell_i^2 &= (q^{(i)} - p^{(i)})^2, \quad 1 \leq i \leq 3, \\
s_{ij}^2 &= (q^{(i)} - q^{(j)})^2, \quad 1 \leq i < j \leq 3
\end{aligned}
\tag{13.1}
$$

beschreiben, wobei $s_{ij} = \mathrm{dist}(q^{(i)}, q^{(j)})$ den fest vorgegebenen Abstand von $q^{(i)}$ nach $q^{(j)}$ bezeichnet, für $1 \leq i \leq 3$. Wir werden weiter unten sehen, dass dieses Gleichungssystem für generische Wahlen von $p^{(i)}$ zwölf (komplexe) Lösungen für $q^{(1)}, q^{(2)}, q^{(3)}$ hat. Die Formulierung (13.1) bestimmt das Dreieck durch seine drei Seitenlängen nur bis auf Kongruenz. Daher beziehen sich einige Lösungen auf das Spiegelbild des in Abbildung 13.4 beweglichen Dreiecks. Wir kommen weiter unten auf diese Modellierung und die zusätzlichen Lösungen zurück, betrachten hier jedoch zunächst eine Formulierung, die diese zusätzlichen unerwünschten Lösungen vermeidet.

Setzt man zur Abkürzung $q^{(1)} = (x, y)$, dann kann das Problem gemäß Abbildung 13.4 durch folgendes Gleichungssystem beschrieben werden. Hierbei ist ϑ der feste Dreieckswinkel beim Punkt $q^{(1)}$ und φ der Winkel, den das Dreieck am

Punkt $q^{(1)}$ mit der Horizontalen bildet.

$$
\begin{aligned}
\ell_1^2 &= x^2 + y^2, \\
\ell_2^2 &= (x + s_{12}\cos\varphi - p_{21})^2 + (y + s_{12}\sin\varphi)^2, \\
\ell_3^2 &= (x + s_{13}\sin(\varphi + \vartheta) - p_{31})^2 + (y + s_{13}\sin(\varphi + \vartheta) - p_{32})^2.
\end{aligned}
\tag{13.2}
$$

Die Lösungen dieser drei Geichungen für die Unbestimmten (x, y, φ) bilden die Lösungen des direkten kinematischen Problems.

Jedoch ist die Formulierung (13.2) einer direkten Behandlung durch algebraische Methoden nicht zugänglich, da noch trigonometrische Ausdrücke auftreten. Wir überführen das System wie folgt in ein polynomiales Gleichungssystem. Zunächst schreiben wir die Gleichungen in der Form

$$
\begin{aligned}
\ell_1^2 &= x^2 + y^2, \\
\ell_2^2 &= x^2 + y^2 + Rx + Sy + Q, \\
\ell_3^2 &= x^2 + y^2 + Ux + Vy + W
\end{aligned}
$$

mit

$$
\begin{aligned}
R &= 2s_{12}\cos\varphi - 2p_{21}, \\
S &= 2s_{12}\sin\varphi, \\
Q &= -2s_{12}p_{21}\cos\varphi + s_{12}^2 + p_{21}^2, \\
U &= 2s_{13}\cos(\varphi + \vartheta) - 2p_{31}, \\
V &= 2s_{13}\sin(\varphi + \vartheta) - 2p_{32}, \\
W &= -2s_{13}\cos(\varphi + \vartheta)p_{31} - 2s_{13}\sin(\varphi + \vartheta)p_{32} + s_{13}^2 + p_{31}^2 + p_{32}^2.
\end{aligned}
$$

Um die trigonometrischen Größen durch Polynome auszudrücken, verwenden wir die Substitutionen

$$
\sin\varphi = \frac{2T}{1 + T^2} \quad \text{und} \quad \cos\varphi = \frac{1 - T^2}{1 + T^2}.
$$

Aus Lemma 7.1 wissen wir, dass die stereographische Projektion

$$
T \mapsto \left(\frac{1 - T^2}{1 + T^2}, \frac{2T}{1 + T^2} \right)
$$

die reelle Achse bijektiv auf $\mathbb{S}^1 \setminus \{(-1, 0)\} \subseteq \mathbb{R}^2$ abbildet.

Im Folgenden betrachten wir exemplarisch die Situation $p^{(1)} = (0, 0)$, $p^{(2)} = (16, 0)$, $p^{(3)} = (0, 10)$, $s_{12} = 17$, $s_{13} = 21$, $l_1 = 15$, $l_2 = 15$, $l_3 = 12$ sowie $\sin\vartheta = 3/5$ mit $0 \le \vartheta \le \pi/2$. In Maple halten wir dies wie folgt fest:

```
> with(Groebner):
```

```
> p21 := 16: p31 := 0: p32 := 10:
```

```
> s12 := 17: s13 := 21:
> l1 := 15: l2 := 15: l3 := 12:
> sth := 3/5: cth := sqrt(1-sth^2):
```

Für die Umsetzung verwenden wir die Additionstheoreme

$$\sin(\varphi + \vartheta) = \sin\varphi\cos\vartheta + \cos\varphi\sin\vartheta \text{ und } \cos(\varphi + \vartheta) = \cos\varphi\cos\vartheta - \sin\varphi\sin\vartheta.$$

Die benötigten Gleichungen lauten dann:

```
> sphi := 2*T/(1+T^2): cphi := (1-T^2)/(1+T^2):
> sphith := sphi*cth + cphi*sth: cphith := cphi*cth - sphi*sth:

> R := 2*s12*cphi - 2*p21:
> S := 2*s12*sphi:
> Q := -2*s12*p21*cphi + s12^2 + p21^2:
> U := 2*s13*cphith - 2*p31:
> V := 2*s13*sphith - 2*p32:
> W := -2*s13*p31*cosphith - 2*s13*p32*sphith  + s13^2 + p31^2 + p32^2:

> eq1 := x^2 + y^2 - l1^2;
> eq2 := x^2 + y^2 + R*x + S*y + Q - l2^2;
> eq3 := x^2 + y^2 + U*x + V*y + W - l3^2;
```

Der Ausdruck eq1 ist bereits ein Polynom. Es ergibt sich:

```
    eq1 := x^2+y^2-225
```

Die Ausdrücke eq2 und eq3 werden nach Substitution durch die Additionstheoreme zwar zu Polynomen in x und y, aber nur zu rationalen Funktionen in T. Durch Multiplikation mit $1 + T^2$ erhalten wir dann Polynome in den drei verbleibenden Unbestimmten T, x, y:

```
> eq2b := simplify((1+T^2)*eq2);
> eq3b := simplify((1+T^2)*eq3);


          2    2  2    2    2  2                   2                        2
eq2b := x  + x  T  + y  + y  T  + 2 x - 66 x T  + 68 T y - 224 + 864 T


          2    2  2    2    2  2                       2
eq3b := x  + x  T  + y  + y  T  + 168/5 x - 168/5 x T  - 252/5 x T

                               2                   2
       + 336/5 y T + 26/5 y - 226/5 y T  - 672 T + 145 + 649 T
```

Unter Verwendung der Ergebnisse der früheren Kapitel können wir nun beispielsweise die x-Koordinaten des Punktes (x, y) durch Bestimmung eines univariaten Polynoms in dem von eq1, eq2b, eq3b erzeugten Ideal bestimmen. Hieraus lassen sich dann durch Fortsetzung der partiellen Lösungen die zugehörigen y-Koordinaten bestimmen und via T die Winkel φ.

```
> p := UnivariatePolynomial(x, [eq1, eq2b, eq3b], {T,x,y});
> xi := fsolve(p,x);
```

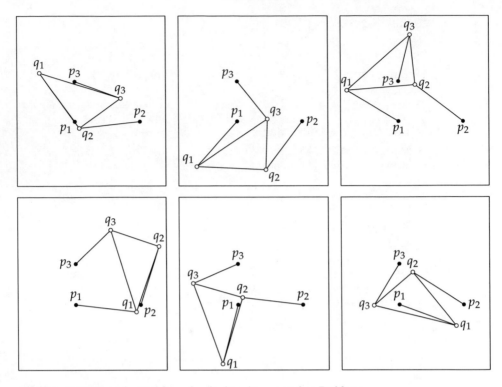

Abbildung 13.5. Die sechs Lösungen des direkten kinematischen Problems

Das Ergebnis dieser Rechnung ist dann:

```
                     6                                                              5
   p := 476463824896000 x   + 429366265301742624625 + 3063379125125120 x


                                                            2
        + 178314148629310179920 x + 14077640037857031888 x


                             3                     4
        - 1525932079400113280 x  - 175035877377261312 x


   xi := -12.85759683, -9.949639909, -8.770015468, -3.829357647,
            14.07828959, 14.89891479
```

Tatsächlich sind für unsere Beispielkonfiguration alle sechs gefundenen Lösungen reell (was nicht für jede Wahl der Längen der Fall ist). Abbildung 13.5 illustriert die sechs Lösungen des direkten kinematischen Problems.

Wir betrachten nun einen etwas komplizierteren, dreidimensionalen Manipulator, die sogenannte *Stewart-Plattform*. Hierbei handelt es sich um einen Robotermechanismus, bei der sechs Punkte $p^{(1)}, \ldots, p^{(6)}$ im Raum (oft in der Grundebene) fixiert sind und sechs Punkte $q^{(1)}, \ldots, q^{(6)}$ auf einem in sich starren Körper

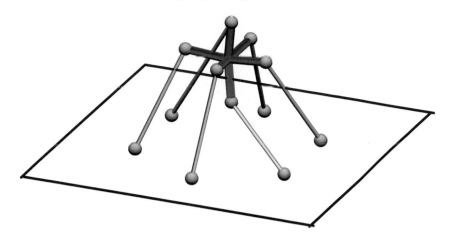

Abbildung 13.6. Eine Stewart-Plattform

K liegen, der jedoch im Raum beweglich ist (via Translation und Rotation). Die Punkte $p^{(i)}$ und $q^{(i)}$ sind durch Verbindungssegmente („Beine") variabler Länge miteinander verbunden, und diese Beine sind an den Punkten $p^{(i)}$ und $q^{(i)}$ mit Kugelgelenken befestigt (siehe Abbildung 13.6). Mechanismen dieser Art kommen beispielsweise in Spezialfahrzeugen und Flugsimulatoren zum Einnatz.

Bei dem direkten kinematischen Problem für die Stewart-Plattform sollen nun für gegebene Längen der sechs Verbindungssegmente die Position und die Orientierung von K bestimmt werden. Die Abstandsbedingung für jedes Bein ist durch eine Gleichung gegeben. Bei der Modellierung betrachtet man für die Basispunkte und für die Plattformpunkte in der Regel zunächst getrennte Koordinatensysteme Σ_1 und Σ_2. Seien $p^{(i)}$ und $q^{(j)}$ die Basispunkte und die Plattformpunkte *in den jeweiligen Koordinatensystemen*. Mit $x = (x_1, x_2, x_3)$ bezeichnen wir die Koordinaten des Ursprungs von Σ_2 in Σ_1. Ferner sei R die orthogonale 3×3-Matrix, die die Orientierung (also die Rotation) von K im äußeren Koordinatensystem Σ_1 beschreibt. Die Gleichung für das i-te Bein lässt sich dann in der Form

$$(x + Rq^{(i)} - p^{(i)})(x + Rq^{(i)} - p^{(i)}) = \ell_i^2 \tag{13.3}$$

notieren. Die Matrix R kann beispielsweise in der Form

$$R = \begin{pmatrix} \cos\alpha\cos\beta & \cos\alpha\sin\beta\sin\gamma - \sin\alpha\cos\gamma & \cos\alpha\sin\beta\cos\gamma + \sin\alpha\sin\gamma \\ \sin\alpha\cos\beta & \sin\alpha\sin\beta\sin\gamma + \cos\alpha\cos\gamma & \sin\alpha\sin\eta\cos\gamma - \cos\alpha\sin\gamma \\ -\sin\beta & \cos\alpha\sin\gamma & \cos\beta\cos\gamma \end{pmatrix}$$

geschrieben werden. Einsetzen der Matrix R in (13.3) liefert ein Gleichungssystem von sechs Gleichungen in den sechs Unbestimmten $x = (x_1, x_2, x_3)$, α, β und γ. Um dieses System in ein polynomiales Gleichungssystem zu überführen, setzen

Abbildung 13.7. Die spezielle Stewart-Plattform

wir

$$x_4 = \sin\alpha, \quad x_5 = \cos\alpha,$$
$$x_6 = \sin\beta, \quad x_6 = \cos\beta,$$
$$x_7 = \sin\gamma, \quad x_7 = \cos\gamma$$

und verwenden die Beziehungen

$$x_4^2 + x_5^2 = 1, \quad x_6^2 + x_7^2 = 1, \quad x_8^2 + x_9^2 = 1.$$

Zusammen mit den sechs Gleichungen (13.3) für die einzelnen Beine erhalten wir damit ein System von neun Gleichungen in neun Unbestimmten.

Tatsächlich besitzt das direkte kinematische Probleme für eine Stewart-Plattform 40 Lösungen über $\mathbb{C}$, sofern die Längen in allgemeiner Lage gewählt sind; und es existieren tatsächlich Längen, für die alle diese 40 Lösungen reell sind.

Wir konzentrieren uns hier im Folgenden auf einen Sonderfall, bei dem die Punkte $p^{(i)}$ und $p^{(4+i)}$ senkrecht übereinander liegen, also etwa entlang einer vertikalen Säule angebracht sind. Zusätzlich nehmen wir an, dass $q^{(i)} = q^{(3+i)}$ ist für $1 \le i \le 3$. Diese *spezielle Stewart-Plattform* ist in Abbildung 13.7 illustriert. Für vorgegebene Längen ℓ_i der Verbindungssegmente beschreiben die möglichen Endpunkte der Segmente $[p^{(1)}, q^{(1)}]$ und $[p^{(2)}, q^{(2)}]$ einen Kreis C_1 in einer horizontalen Ebene des $\mathbb{R}^3$, dessen Mittelpunkt auf der Verbindungsgerade von $p^{(i)}$ und $q^{(i)}$ liegt. Gleiches gilt für die anderen zusammengehörenden Paare der Verbindungssegmente. Wir können daher jedes der Verbindungspaare durch eine einzige Verbindung ersetzen, die um die jeweilige vertikale Achse aff$\{p^{(i)}, q^{(i)}\}$ rotiert (siehe Abb 13.7). Die Radien der drei Kreise C_1, C_2 und C_3 seien mit $r_1, r_2,$ bzw. r_3 bezeichnet.

Sei H_i die Ebene, die den Kreis C_i enthält; H_i ist parallel zur Grundebene $(1 \le i \le 3)$. Wir betrachten die orthogonalen Projektionen $\pi(C_2)$ und $\pi(C_3)$ auf

H_1. Jede Bewegung von $q^{(2)}$ entlang des Kreises C_2 induziert eine Bewegung von $\pi(q^{(2)})$ entlang des Kreises $\pi(C_2)$. In dem Dreieck conv$\{q^{(1)}, q^{(2)}, \pi(q^{(2)})\}$ ist die Länge der Seite $[q^{(1)}, q^{(2)}]$ konstant; die Länge der Seite $[q^{(2)}, \pi(q^{(2)})]$ ist ebenfalls konstant und stimmt mit dem Abstand der Ebenen H_1 und H_2 überein. Da der Winkel $(q^{(2)}, \pi(q^{(2)}), q^{(1)})$ ein rechter Winkel ist, ist also auch der Abstand von $\pi(q^{(2)})$ zu $q^{(1)}$ konstant. Analoges gilt für das Dreieck conv$\{q^{(1)}, q^{(3)}, \pi(q^{(3)})\}$. In der Ebene H_1 erhalten wir daher ein Dreieck conv$\{q^{(1)}, \pi(q^{(2)}), \pi(q^{(3)})\}$, dessen Kantenlängen konstant sind und dessen Ecken mit festen Punkten durch Verbindungssegmente der Längen r_1, r_2, r_3 verbunden sind. Dies ist genau die zuvor betrachtete Situation des planaren Robotermechanismus, jedoch mit dem Unterschied, dass wir hier nicht die spiegelbildlichen Lösungen ausschließen können. Zu jedem Dreiecks, das die Abstandsbedingungen erfüllt, existiert sein Spiegelbild, mit den gleichen Eigenschaften. Wir halten fest:

Korollar 13.4

Eine spezielle Stewart-Plattform (in allgemeiner Lage) hat genau dann zwölf reelle Lösungen, wenn der zugrunde liegende planare Robotermechanismus insgesamt zwölf reelle Lösungen einschließlich der spiegelbildlichen Lösungen hat.

In Singular können wir das Problem nun wie folgt formulieren, wobei die Variablen p1p, p2p, p3p die orthogonalen Projektionen von $p^{(1)}$, $p^{(2)}$, $p^{(3)}$ auf die Ebene H_1 bezeichnen.

```
> LIB "solve.lib";
> ring R = 0, (q11,q12,q21,q22,q31,q32), (lp);

> vector p1p, p2p, p3p;
> int s1p,s2p,s3p;
> int r1, r2, r3;
> int q13, q23, q33;

> p1p = [1,2]; p2p = [7,4]; p3p = [4,5];
> s1p = 3; s2p = 5; s3p = 7;
> r1 = 7; r2 = 8; r3 = 9;
> q13 = 0; q23 = 0; q33 = 0;

> poly f1 = (q11-q21)^2 + (q12-q22)^2 + (q13-q23)^2 - s1p^2;
> poly f2 = (q11-q31)^2 + (q12-q32)^2 + (q13-q33)^2 - s2p^2;
> poly f3 = (q21-q31)^2 + (q22-q32)^2 + (q23-q33)^2 - s3p^2;
> poly f4 = (q11-p1p[1])^2 + (q12-p1p[2])^2 - r1^2;
> poly f5 = (q21-p2p[1])^2 + (q22-p2p[2])^2 - r2^2;
> poly f6 = (q31-p3p[1])^2 + (q32-p3p[2])^2 - r3^2;

> ideal I = f1, f2, f3, f4, f5, f6;
```

Die q_{11}-Koordinaten des beweglichen Dreiecks erhalten wir nun via

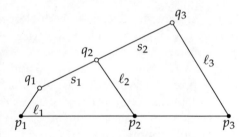

Abbildung 13.8. Degenerierter planarer Mechanismus

```
> ideal J = eliminate(I, q12*q21*q22*q31*q32);
> laguerre_solve(J[1]);
```

Tatsächlich ergeben sich zwölf komplexe Lösungen, von denen acht reell sind:

[1]: -2.8003292 , [2]: -2.69678323 , [3]: 1.453208 , [4]: 2.18551634 ,
[5]: 2.37409582 , [6]: 4.28762055 , [7]: 6.82883162 , [8]: 7.309411 ,
[9]: (6.39757021+i*1.05308349) , [10]: (6.39757021-i*1.05308349) ,
[11]: (7.71054443+i*1.71522046) , [12]: (7.71054443-i*1.71522046)

Aufgabe 13.5. Betrachten Sie den Spezialfall des planaren Roboter-Mechanismus, bei dem die drei festen Punkte $p^{(1)}$, $p^{(2)}$ und $p^{(3)}$ kollinear sind, sowie das Dreieck mit den Ecken $q^{(1)}$, $q^{(2)}$ und $q^{(3)}$ zu einem Segment mit festen Teilabschnittlängen s_1 und s_2 degeneriert (siehe Abbildung 13.8). Wie viele Lösungen hat das direkte kinematische Problem für generische Längen ℓ_1, ℓ_2 und ℓ_3?

13.3   Das Global Positioning System GPS

Das *Global Positioning System (GPS)* ist ein satellitengestützes Navigationssystem. Es funktioniert mithilfe von Satelliten, die kontinuierlich die Erde so umkreisen, dass von fast jeder Stelle auf der Erde vier Satelliten geradlinig erreichbar sind. In den Anfangsjahren von GPS betrug die Anzahl der Satelliten 18, mittlerweile sind es 24. Jeder Satellit sendet permanent Nachrichten aus, die die genaue aktuelle Position und die genaue Sendezeit enthalten. Es existieren Stationen auf der Erde, die die Uhren der Satelliten synchronisieren und die die Satelliten über ihre aktuellen Bewegungsparameter informieren.

Mit einem kleinen Handempfänger kann nun innerhalb weniger Sekunden die eigene Position bis auf weniger als einen halben Meter bestimmt werden. Hierzu empfängt das Handgerät, dessen Ort wir mit x bezeichnen, zur gleichen Zeit die Nachrichten von mindestens vier Satelliten mit den Positionen $p^{(1)}, \ldots, p^{(4)} \in \mathbb{R}^3$.

Der Empfänger bestimmt die Laufzeit des übertragenen Signals und damit die Entfernung des Senders. Da jedoch die Uhr in dem Empfänger nicht absolut synchron mit den Satellitenuhren ist, kann die Entfernung nur bis auf eine

Tabelle 13.1. Beispieldaten zu einem GPS-Problem, entnommen aus [10]. Alle Längenangaben in 10^{-3}m.

i	p_{i1}	p_{i2}	p_{i3}	r_i
1	14832308660	-20466715890	-7428634750	24310764064
2	-15799854050	-13301129170	17133838240	22914600784
3	1984818910	-11867672960	23716920130	20628809405
4	-12480273190	-23382560530	3278472680	23422377972

Konstante z bestimmt werden. Falls die eigene Uhr etwas zu langsam läuft, dann erscheint die gemessene Zeitdifferenz und damit die berechnete Distanz etwas kürzer. Man sagt auch, dass die sogenannten *Pseudoabstände*

$$r_i := \|x - p^{(i)}\| - z$$

bestimmt werden. Dies führt auf folgendes Gleichungssystem:

$$(x_1 - p_{i1})^2 + (x_2 - p_{i2})^2 + (x_3 - p_{i3})^2 = (z + r_i)^2, \quad 1 \le i \le 4. \tag{13.4}$$

Wir können uns den Pseudoabstand r_i als Radius einer Sphäre S_i mit Mittelpunkt $p^{(i)}$ vorstellen; die zweidimensionale Situation (mit drei Kreisen) ist in Abbildung 13.9 dargestellt. Dann muss die Sphäre S mit Mittelpunkt x und Radius z die vier Sphären $S_1, \ldots, S_4$ berühren. Daher ist das GPS-Problem eng verwandt mit dem klassischen Apollonius-Problem der Geometrie (in der dreidimensionalen Version), bei dem nach den Sphären gefragt ist, die vier gegebene Sphären in $\mathbb{R}^3$ berühren. Eine der 16 Lösungen des dreidimensionalen Apollonius-Problems für die gegebenen Sphären $S_1, \ldots, S_4$ ist genau die gesuchte Position x. Da entweder S alle vier Sphären S_i von außen berührt (im Fall $z > 0$) oder S alle S_i von innen berührt (im Fall $z < 0$), enthält das Gleichungssystem (13.4) nur zwei der 16 Lösungen des Apollonius-Problems. In der Regel ist die Lösung mit kleinerem Radius r die richtige, da die Zeitungenauigkeit klein ist.

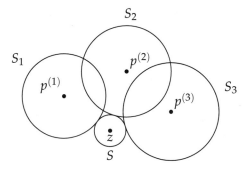

Abbildung 13.9. Das Problem des Apollonius, gewissermaßen eine ebene Variante des GPS-Problems

Tabelle 13.2. Ergebnis des GPS-Problems zu den Daten aus Tabelle 13.1

x_1	x_2	x_3	z
−2892123412	7568784349	−7209505102	−57479918164.14
1111590460	−4348258631	4527351820	−100000.55

Wir untersuchen das Beispiel aus Tabelle 13.1 mit `Maple`, wobei wir davon ausgehen, dass die Variablen `p[i,j]` und `r[i]` bereits mit den Werten der Tabelle initialisiert sind. Mit

```
> for i from 1 to 4 do
>   f[i] := (x1-p[i,1])^2 + (x2-p[i,2])^2 + (x3-p[i,3])^2 - (z+r[i])^2;
> od;
```

stellen wir die Gleichungen auf. Um etwa alle Lösungen für x_1 zu erhalten, verwenden wir

```
> with(Groebner):
> g := UnivariatePolynomial(x1, [f[1],f[2],f[3],f[4]], {x1,x2,x3,z}):
> fsolve(g,x1,complex);
```

Als numerisches Ergebnis liefert dies

```
-2892123412., 1111590460.
```

Die beiden numerischen Lösungen für (x_1, x_2, x_3, z) sind der Tabelle 13.2 zu entnehmen. In diesem Fall wäre also die zweite Lösung die richtige.

Falls mehr als vier Satelliten zur gleichen Zeit erreichbar sind, kann die Genauigkeit der Messung erhöht werden. Dies führt dann auf eine Reihe numerischer Aspekte und auf Stabilitätsfragen.

13.4 Anmerkungen

Eine ausführliche Darstellung von Voronoi-Diagrammen für Geradensegmente findet sich in der Monographie von Boissonnat und Yvinec [16].

Für weitergehendes Material zur Bewegungsplanung für Roboter und zu kinematischen Probleme siehe etwa das Buch von McCarty [71] sowie den Übersichtsartikel von Halperin, Kavraki und Latombe [54]. Ein Beispiel für die Stewart-Plattform (die auch als Stewart-Gough-Plattform bezeichnet wird) mit 40 reellen Lösungen wurde von Dietmaier angegeben [35]. Für die spezielle Stewart-Plattform wurde das direkte kinematische Problem von Lazard und Merlet untersucht [69].

Weitere Infomationen zu den algorithmisch-geometrischen Fragen in Zusammenhang mit dem Global Positioning System finden sich in dem Buch von Awange und Grafarend [10].

Teil IV
Anhänge

A Algebraische Strukturen

Wir stellen einige Grundbegriffe der Algebra zusammen, die in jedem einführenden Lehrbuch zu finden sind, zum Beispiel in den Büchern von Bosch [17] oder Wüstholz [90]. Dies dient auch zur Festlegung unserer Notation.

A.1 Gruppen, Ringe, Körper

Definition A.1
Eine nichtleere Menge G mit einer binären Verknüpfung $\circ$ heißt *Gruppe*, wenn folgende Bedingungen erfüllt sind.
a. Assoziativität: $(a \circ b) \circ c = a \circ (b \circ c)$ für alle $a, b, c \in G$;
b. es existiert ein *neutrales Element* e, das heißt $e \circ a = a \circ e = a$ für alle $a \in G$;
c. jedes Element a besitzt ein *Inverses*, das heißt, es existiert ein Element $b \in G$ mit $a \circ b = b \circ a = e$.

Gilt über die Gruppenaxiome hinaus auch Kommutativität (das heißt $a \circ b = b \circ a$ für alle $a, b \in G$), dann heißt G *abelsch*. Eine *Halbgruppe* $(G, \circ)$ erfüllt die Eigenschaften a. und b.

Definition A.2
Eine nichtleere Menge R zusammen mit zwei binären Operationen $+$ und $\cdot$ („Addition" und „Multiplikation") heißt *Ring*, wenn gilt:
a. $(R, +)$ ist eine abelsche Gruppe, mit neutralem Element 0;
b. $(R, \cdot)$ ist eine Halbgruppe;
c. es gelten die Distributivgesetze $a(b + c) = ab + ac$, $(a + b)c = ab + ac$.
Ein Ring heißt *kommutativ*, wenn die Multiplikation kommutativ ist.

Ein *Einselement* $1 \in R \setminus \{0\}$ in einem Ring ist ein neutrales Element bezüglich der Multiplikation. Sofern nicht ausdrücklich auf das Gegenteil hingewiesen wird, besitzen alle Ringe, denen wir begegnen, ein Einselement. Die Menge

$$R^\times := \{a \in \mathbb{R} : \text{es existiert ein } b \in R \text{ mit } ab = 1\}$$

bildet bezüglich der Multiplikation eine Gruppe, die *Einheitengruppe* von R. Ist $(R \setminus \{0\}, \cdot)$ eine abelsche Gruppe, dann ist $(R, +, \cdot)$ ein *Körper*.

Es gibt Ringe, in denen $ab = 0$ mit $a, b \neq 0$ gelten kann. a und b heißen dann *Nullteiler*. In Ringen ohne Nullteiler darf man kürzen, das heißt aus $ac = bc$ folgt

$(a - b)c = 0$ und damit $a = b$. Ein kommutativer Ring ohne Nullteiler ist ein *Integritätsbereich*.

Sei R ein Integritätsbereich (mit Einselement). Ein Element $p \in R \setminus \{0\}$ mit $p \notin R^\times$ heißt *irreduzibel*, falls für jede Zerlegung $p = ab$ mit $a, b \in R$ gilt, dass $a \in R^\times$ oder $b \in R^\times$. Ein Element $p \in R \setminus \{0\}$ mit $p \notin R^\times$ heißt *prim*, falls für alle $a, b \in R$ mit $p|ab$ folgt, dass $p|a$ oder $p|b$. R heißt *faktoriell*, falls jedes von Null verschiedene Element, welches keine Einheit ist, Primelement oder Produkt von endlich vielen Primelementen ist.

In faktoriellen Ringen stimmt die Menge der primen Elemente mit der Menge der irreduziblen Elemente überein. Darüber hinaus ist eine Zerlegung eines Elements in Primfaktoren eindeutig, bis auf Einheiten und die Reihenfolge. Genauer: Hat $a \in R \setminus (\{0\} \cup R^\times)$ die Primfaktorzerlegungen $a = p_1 \cdot \ldots \cdot p_r = q_1 \cdot \ldots \cdot q_r$, so folgt $r = s$, und nach einer geeigneten Permutation der q_i gilt $p_i = e_i q_i$ mit Einheiten e_i für $i \in \{1, \ldots, r\}$.

Beispiel A.3

Der Ring

$$\mathbb{Z}[\sqrt{-5}] = \{a + b\sqrt{-5} : a, b \in \mathbb{Z}\}$$

ist nicht faktoriell. Die Zahl 6 hat beispielsweise die Zerlegungen

$$6 = 2 \cdot 3 = (1 + \sqrt{-5})(1 - \sqrt{-5}),$$

und man kann zeigen, dass die auftretenden Faktoren $2, 3, 1 + \sqrt{-5}, 1 - \sqrt{-5}$ irreduzible Elemente in $\mathbb{Z}[\sqrt{-5}]$ sind.

Für einen Integritätsbereich R lässt sich in Analogie zu dem Übergang von den ganzen Zahlen zu den rationalen Zahlen der *Quotientenkörper* Q von R definieren. Die Elemente von Q sind die „Brüche" p/q mit $p \in R$ und $q \in R \setminus \{0\}$. Man addiert und multipliziert in Q so wie man mit rationalen Zahlen rechnet:

$$\frac{p}{q} + \frac{s}{t} = \frac{pt + qs}{qt} \quad \text{und} \quad \frac{p}{q} \cdot \frac{s}{t} = \frac{ps}{qt}.$$

Zwei Elemente $\frac{p}{q}$ und $\frac{p'}{q'}$ stellen in Q genau dann das gleiche Element dar, wenn $pq' = p'q$ gilt.

A.2   Polynomringe

Sei R ein kommutativer Ring mit Einselement. Dann definiert auch die Menge aller (formalen) Polynome $a_n x^n + \cdots + a_1 x + a_0$ mit $a_i \in R$ in der Unbestimmten x einen Ring. Die Addition und Multiplikation zweier Polynome $f = \sum_{i=0}^n a_i x_i$

und $g = \sum_{j=0}^{m} b_j x^j$ sind definiert durch

$$f + g := \sum_{i=0}^{\max(m,n)} (a_i + b_i)x^i,$$

$$f \cdot g := \sum_{i=0}^{m+n} c_i x^i \quad \text{mit } c_i := \sum_{j+k=i} a_j b_k.$$

Hierbei vereinbaren wir $a_i = b_j = 0$ für alle $i > n$ und alle $j > m$. Der Koeffizientenring R ist in $R[x]$ durch die konstanten Polynome eingebettet. Ein Einselement in R ist auch ein Einselement in $R[x]$, und für Integritätsbereiche R gilt $R[x]^\times = R^\times$. Man sagt, $R[x]$ entsteht aus R durch Adjunktion einer Unbestimmten x.

Über einem endlichen Körper K gibt es verschiedene Polynome, deren Einsetzungsabbildungen

$$K \to K : x \mapsto f(x)$$

gleich sind; im Falle eines Körpers mit unendlich vielen Elementen ist hingegen die Abbildung eines Polynoms auf die Einsetzungsabbildung stets injektiv. Siehe hierzu auch Aufgabe 10.29.

Bei der Betrachtung von Polynomringen ist die folgende Aussage essentiell:

Satz A.4
Ist R ein faktorieller Ring, dann ist auch $R[x]$ faktoriell.

Induktiv folgt, dass für jeden faktoriellen Ring R auch der Ring der Polynome $R[x_1, \ldots, x_n]$ in den Unbestimmten $x_1, \ldots, x_n$ faktoriell ist.

Für einen Körper K ist der Quotientenkörper des Polynomrings $K[x_1, \ldots, x_n]$ der *Körper der rationalen Funktionen* über K; dieser wird üblicherweise mit $K(x_1, \ldots, x_n)$ bezeichnet.

Ein Körper K heißt *algebraisch abgeschlossen*, wenn jedes nichtkonstante Polynom f aus $K[x]$ eine Nullstelle in K besitzt, das heißt ein $a \in K$ mit $f(a) = 0$. Es gilt:

Satz A.5
Jeder algebraisch abgeschlossene Körper besitzt unendlich viele Elemente.

Beweisidee. Enthält ein Körper K nur endlich viele Elemente $a_1, \ldots, a_k$, dann kann mittels eines Lagrange-Interpolationspolynoms ein Polynom f vom Grad $k - 1$ mit $f(a_i) = 1$ für alle i angegeben werden. $\square$

Jeder Körper K besitzt einen *algebraischen Abschluss*, das heißt einen bezüglich der Inklusion minimalen algebraisch abgeschlossenen Körper, der K enthält. Bis auf Isomorphie ist der algebraische Abschluss eines Körpers eindeutig.

B Trennungssätze

Aus dem Wechselspiel zwischen Analysis und Konvexität ergibt sich eine reichhaltige Theorie, von der wir in diesem Buch nur einen ersten Anfangspunkt benötigen. Für eine umfassende Darstellung sei auf die Monographie von Gruber [52] verwiesen. Ein Einstieg findet sich auch bei Grünbaum [53, §2].

Zwei Mengen $A, B \subseteq \mathbb{R}^n$ liegen *(strikt) getrennt*, wenn es eine affine Hyperebene H gibt mit $A \subseteq H_\circ^+$ und $B \subseteq H_\circ^-$ (vergleiche (2.3) und (2.4)). Wenn A und B nur jeweils in den beiden *abgeschlossenen* affinen Teilräumen von H liegen, spricht man von *schwacher Trennung*.

Eine Teilmenge von $\mathbb{R}^n$ heißt *kompakt*, wenn sie abgeschlossen und beschränkt ist. Polytope sind kompakt.

Satz B.1
Sei C eine abgeschlossene, konvexe Menge im $\mathbb{R}^n$ und $p \in \mathbb{R}^n \setminus C$. Dann existiert eine Hyperebene $H \subseteq \mathbb{R}^n$ mit $p \in H$ und $H \cap C = \emptyset$.

Weil jede konvexe Menge zusammenhängend ist, aber $\mathbb{R}^n \setminus H$ nicht zusammenhängend, ist p also schwach von C getrennt.

Beweis. Ohne Einschränkung können wir $p = 0$ und $C \neq \emptyset$ annehmen. Sei nun c ein beliebiger Punkt in C und $\bar{B} := \bar{B}(0, \|c\|)$ die abgeschlossene Kugel um 0 mit Radius $\|c\|$, wobei $\|\cdot\|$ die euklidische Norm bezeichnet.

Da die Menge $C \cap \bar{B}$ nicht leer und kompakt ist, wird das Minimum der euklidischen Norm auf der Menge $C \cap \bar{B}$ an einem Punkt b angenommen. Sei $H := \{x \in \mathbb{R}^n : \sum_{i=1}^{n} b_i x_i = 0\}$. Wegen der Annahme $p \notin C$ ist $b \neq 0$. Da $0 \in H$ ist, genügt es nun zu zeigen, dass gilt

$$\langle b, c \rangle = \sum_{i=1}^{n} b_i c_i \geq \|b\|^2 > 0 \qquad (\text{B.1})$$

für alle $c \in C$.

Angenommen, es existiert ein $c \in C$ mit $\sum_{i=1}^{n} b_i c_i < \|b\|^2$. Da C konvex ist, enthält C die Strecke $[b, c]$, und die Punkte dieser Strecke haben die Form

$$x(\lambda) := b + \lambda(c - b), \quad 0 \leq \lambda \leq 1.$$

Wir zeigen nun, dass es ein $\lambda \in (0, 1)$ mit $\|x(\lambda)\| < \|b\|$ gibt, im Widerspruch zu Wahl von b. Betrachte hierzu die durch

$$\varphi : \mathbb{R} \to \mathbb{R}, \quad \varphi(\lambda) := \|b\|^2 - \|x(\lambda)\|^2 = -\lambda^2 \|c - b\|^2 - 2\lambda \langle b, c - b \rangle$$

definierte differenzierbare Funktion in λ. Die Ableitung an der Stelle $\lambda = 0$ ist $2(\|b\|^2 - \langle b, c \rangle) > 0$. Folglich existiert ein $\varepsilon > 0$ mit $\|x(\lambda)\| = \|b + \lambda(c - b)\| < \|b\|$ für $0 < \lambda < \varepsilon$.   □

Durch Inspektion des Beweises erhalten wir sofort die schärfere Aussage, dass p und C strikt getrennt liegen.

Korollar B.2
Sei C eine abgeschlossene, konvexe Menge im $\mathbb{R}^n$ und $p \in \mathbb{R}^n \setminus C$. Dann existiert eine Hyperebene $H \subseteq \mathbb{R}^n$ mit $p \in H_\circ^-$ und $C \subseteq H_\circ^+$.

Beweis. Dadurch, dass die Ungleichung $\langle b, c \rangle > 0$ in (B.1) strikt ist, lässt sich die im Beweis von Satz B.1 konstruierte Hyperebene H um ein wenig auf C zu verschieben, ohne C zu berühren. Die explizite Rechnung ist analog zu der im Beweis von Satz 3.8, siehe auch Abbildung 3.3.   □

Eine affine Hyperebene H heißt *Stützhyperebene* an eine konvexe Menge $C \subseteq \mathbb{R}^n$, falls $H \cap C \neq \emptyset$ gilt und C vollständig in einem der beiden durch H definierten abgeschlossenen affinen Halbräume H^+ oder H^- liegt. Mindestens einer der beiden offenen Halbräume $H_\circ^+$ oder $H_\circ^-$ hat dann also einen leeren Durchschnitt mit C.

Im Fall $\dim C < n$ ist es möglich, dass beide offenen Halbräume einen leeren Durchschnitt mit C haben; für $C \neq 0$ ist jede C enthaltende Hyperebene dann bereits eine Stützhyperebene.

Korollar B.3
Sei C eine abgeschlossene, konvexe Teilmenge des $\mathbb{R}^n$. Dann ist jeder Punkt des Randes von C in einer Stützhyperebene enthalten.

Beweis. Ohne Einschränkung sei $p = 0$ ein Randpunkt von C. Da p ein Randpunkt von C ist, existiert eine Folge $(p^{(k)})_{k \in \mathbb{N}}$ außerhalb von C, die gegen den Nullpunkt konvergiert. Nach Satz B.1 existiert für jedes Folgenelement $p^{(k)}$ eine Hyperebene

$$H^{(k)} = \left\{ x \in \mathbb{R}^n : b^{(k)} + \sum_{i=1}^{n} a_i^{(k)} x_i = 0 \right\},$$

mit $a^{(k)} \in \mathbb{R}^n \setminus \{0\}$ und $b^{(k)} \in \mathbb{R}$, so dass C im Halbraum

$$(H^{(k)})^+ = \left\{ x \in \mathbb{R}^n : b^{(k)} + \sum_{i=1}^{n} a_i^{(k)} x_i \geq 0 \right\}$$

enthalten ist. Wir können weiter annehmen, dass $\|a^{(k)}\| = 1$ gilt. Dann ist $|b^{(k)}|$ der euklidische Abstand von $H^{(k)}$ zum Nullpunkt. Da $p^{(k)}$ gegen den Nullpunkt konvergiert, ist die Folge $(a^{(k)}, b^{(k)})$ im $\mathbb{R}^{n+1}$ beschränkt. Nach dem Satz von Bolzano-Weierstraß existiert daher eine konvergente Teilfolge (siehe etwa [65]).

Sei (a, b) der Grenzwert dieser Teilfolge, und $H = \{x \in \mathbb{R}^n : b + \sum_{i=1}^{n} a_i x_i = 0\}$ die hierdurch definierte Hyperebene. Aus Stetigkeitsgründen folgt $b = 0$ und dass C im Halbraum

$$H^+ = \left\{ x \in \mathbb{R}^n : \sum_{i=1}^{n} a_i x_i \geq 0 \right\}$$

enthalten ist. Wegen $0 \in H$ ist H eine Stützhyperebene an C. $\qquad\square$

Von den hier bewiesenen Sätzen gibt es eine Reihe weiterer Verschärfungen und Varianten, die in der Literatur ebenfalls unter der Bezeichnung *Trennungssätze* subsumiert werden. Gelegentlich wird auch das Farkas-Lemma aus Aufgabe 4.25 hierzu gezählt.

C   Algorithmen und Komplexität

An dieser Stelle sollen einige Begriffe zu Algorithmen und Komplexität skizziert werden. Systematische Einführungen finden sich beispielsweise in den Büchern von Cormen, Leiserson, Rivest und Stein [29], Wegener [89], Schöning [79] oder Garey und Johnson [43].

C.1   Komplexität von Algorithmen

Algorithmen werden in der Regel danach beurteilt, wieviel Rechenzeit und wieviel Speicherplatz sie benötigen. Dieser Ressourcenbedarf wird in Abhängigkeit von der Eingabegröße gemessen.

Die *Codierungslänge* (oder *Größe*) sizeof(x) eines Datenobjekts x ist die Anzahl der Bits, die notwendig sind, um dieses Objekt im Rechner zu speichern. Das zugrunde gelegte Rechnermodell ist hier das der *Turingmaschine* beziehungsweise des *von-Neumann-Rechners*. Eine natürliche Zahl $n > 0$ etwa hat eine Binärdarstellung mit $\lfloor \log_2 n \rfloor + 1$ Ziffern, also gilt sizeof(n) $= \lfloor \log_2 n \rfloor + 1$. Rationale Zahlen können als Paare natürlicher Zahlen mit einem zusätzlichen Vorzeichenbit codiert werden, Matrizen oder Polynome werden gespeichert als Folgen ihrer Koeffizienten (etwa von rationalen Zahlen) und so weiter.

Die *Zeitkomplexität* $t_A(n)$ eines Algorithmus A bezeichnet die maximale Zahl von Schritten, die A zur Lösung einer Instanz des Problems der Codierungslänge n benötigt. Analog beschreibt die *Speicherplatzkomplexität* $s_A(n)$ die maximale Anzahl an Speicherzellen, die zur Lösung einer Probleminstanz der Größe n benötigt werden. Der Schwerpunkt unserer Darstellung liegt auf der Zeitkomplexität von Algorithmen.

Oft ist es unmöglich, die genaue Komplexität eines Algorithmus A zu bestimmen. Man ist jedoch zumindest daran interessiert, das Wachstum der Funktionen $t_A(n)$ und $s_A(n)$ in Abhängigkeit der Größe n der Eingabeinstanz möglichst gut zu kennen. Abschätzungen für dieses Wachstum dienen als Maßstab zur Bewertung der Güte eines Algorithmus.

Um von technischen Aspekten wie der verwendeten Hardware (innerhalb unseres Maschinenmodells) oder der verwendeten Programmiersprache abstrahieren zu können, ist es beispielsweise nützlich, konstante Faktoren zu vernachlässigen. Darüber hinaus erscheint es ebenso sinnvoll, nicht nur konstante Faktoren zu vernachlässigen, sondern sich bei der Komplexitätsanalyse allein auf die dominanten Terme der auftretenden Komplexitätsfunktionen zu beschränken. Man spricht hierbei von der *asymptotischen Analyse*.

Zur asymptotischen Charakterisierung der oberen Schranke einer Komplexitätsfunktion $f : \mathbb{N} \to \mathbb{R}_{\geq 0}$ benutzt man die Bezeichung

$$f \in O(g),$$

falls zwei Konstanten $c, n_0 \in \mathbb{N}$ existieren, so dass für alle $n \geq n_0$ gilt

$$f(n) \leq c \cdot g(n).$$

Man sagt „f ist höchstens von der Ordnung g". Üblich sind auch arithmetische Ausdrücke, in denen $O(n)$ als Term auftritt.

Beispiel C.1
Die Klasse $O(1)$ ist die Klasse der konstant beschränkten Funktionen. Mit $f \in n^{O(1)}$ ist gemeint, dass f durch ein Polynom in n beschränkt ist.

Ist man an unteren Schranken für eine Komplexitätsfunktion f interessiert, dann wird die folgende Bezeichnung verwendet. Wir sagen

$$f \in \Omega(g),$$

gelesen „f ist mindestens von der Ordnung g", falls zwei Konstanten $c, n_0 \in \mathbb{N}$ existieren, so dass für alle $n \geq n_0$ gilt

$$f \geq c \cdot g.$$

Wir schreiben

$$f \in \Theta(g),$$

falls $f \in O(g)$ und $g \in O(f)$, das heißt, falls die Wachstumsordnungen von f und g gleich sind.

Beispiel C.2 (Binäre Suche)
Gegeben sei eine aufsteigend sortierte Folge $(a_1, \ldots, a_n)$ paarweise verschiedener natürlicher Zahlen. Für eine Zahl $x \in \mathbb{N}$ soll nun algorithmisch getestet werden, ob x in der gegebenen Folge bereits enthalten ist. Ein naives Verfahren würde x nacheinander mit jedem der Elemente $a_1, \ldots, a_n$ vergleichen und daraufhin die passende Antwort ausgeben. Dieses Verfahren benötigt im ungünstigsten Fall, der zum Beispiel eintritt, wenn das gesuchte Element nicht in der Folge enthalten ist, $\Theta(n)$ viele Schritte.

Das Prinzip „teile und herrsche" („divide and conquer") führt wegen der Sortierung der Folge zu einer Verbesserung. Durch einen Vergleich von x mit $a_{\lfloor n/2 \rfloor}$ kann festgestellt werden, ob x in der ersten Hälfte oder der zweiten Hälfte der Folge enthalten sein müsste. Durch rekursive Wiederholung dieses Schrittes kann in $O(\log n)$ vielen Schritten festgestellt werden, ob x in der Folge enthalten ist.

Das Prinzip der binären Suche wird beispielsweise bei der Bestimmung des nächsten Nachbarn in Abschnitt 6.5 angewandt.

Auf dem Prinzip „teile und herrsche" beruht auch der in Abschnitt 5.3 vorgestellte Algorithmus 5.4 zur Berechnung der konvexen Hülle in der Ebene.

Ein einfaches Problem, anhand dessen viele Paradigmen aus der Theorie effizienter Algorithmen studiert werden können, ist das Sortieren von Zahlen. Sortieren spielt auch für geometrische Algorithmen (beispielsweise für ebene Konvexe-Hülle-Algorithmen) eine entscheidende Rolle. Es gilt:

Satz C.3
Das Sortieren von n Zahlen ist in $O(n \log n)$ Schritten möglich.

Beweisskizze. Wir betrachten ohne Einschränkung eine Folge $A = (a_1, \ldots, a_n)$ paarweise verschiedener Zahlen mit einer Zweierpotenz n. Mit dem auf dem „teile und herrsche"-Prinzip beruhenden *Sortieren durch Mischen* (*merge sort*) können wir ein Verfahren angeben, das die behauptete Laufzeitschranke nicht überschreitet. Der Algorithmus C.1 besteht aus den angegebenen drei Schritten.

---

1 **Aufteilen.** Die Folge A wird in zwei Teilfolgen $A_1 = (a_1, \ldots, a_{n/2})$, $A_2 = (a_{n/2+1}, \ldots, a_n)$ zerlegt.
2 **Rekursion.** Rekursiv wird nun jede der beiden Teilfolgen mit der gleichen Methode sortiert. Seien B_1 und B_2 die beiden daraus resultierenden sortierten Teilfolgen.
3 **Mischen.** Füge die beiden sortierten Folgen B_1 und B_2 zu einer sortierten Gesamtfolge für die Folge A zusammen.

Algorithmus C.1. MergeSort: Sortieren durch Mischen

Für die Laufzeit $t(n)$ von merge-sort ergibt sich daher die rekursive Beziehung

$$t(n) \leq 2t\left(\frac{n}{2}\right) + dn$$

mit einer Konstanten $d > 0$. Durch Lösen dieser Rekursionsbeziehung erhalten wir die obere Schranke für das Sortieren. $\square$

Eine grundsätzliche Aussage der Komplexitätstheorie besagt, dass kein Algorithmus, der lediglich auf dem Vergleich von Zahlen als Elementarschritt beruht, eine asymptotisch bessere Laufzeit haben kann. Dies lässt sich durch ein Entscheidungsbaummodell beweisen [29]. Wir erhalten auf diese Weise eine asymptotisch exakte Abschätzung für die Laufzeitkomplexität des Sortierproblems.

Satz C.4
Das vergleichsbasierte Sortieren von n Zahlen hat die Komplexität $\Theta(n \log n)$.

C.2   Die Komplexitätsklassen P und NP

Ein *Entscheidungsproblem* ist ein Problem, das nur zwei mögliche Lösungen hat: „Ja" oder „Nein". Ein *Optimierungsproblem* erfordert das Auffinden einer *optimalen* Lösung aus einer (möglicherweise großen) Menge zulässiger Lösungen. Hierbei wird die Güte einer Lösung über den Wert einer Kostenfunktion gemessen. Jedes Optimierungsproblem induziert eine Filtrierung von Entscheidungsproblemen: Das Optimierungsproblem $\max\{c(x) : x \in X\}$ und die Schranke k führen auf die Frage, ob eine Lösung $x \in X$ existiert mit der Gütegarantie $c(x) \geq k$.

Es hängt vom konkreten Anwendungsgebiet ab, welche Klasse von Algorithmen als *effizient* betrachtet wird. Im Optimierungskontext etwa gelten für praktische Anwendungen nur Algorithmen als praktikabel, deren Laufzeit von oben durch ein Polynom in der Codierungslänge der Eingabe beschränkt ist. Algorithmen mit exponentiellem Aufwand versucht man soweit wie möglich zu vermeiden. Dagegen existieren für die Berechnung einer Gröbnerbasis wie in Kapitel 9 bislang nur Algorithmen, deren Zeitkomplexität *doppelt exponentiell* in der Eingabelänge beschränkt ist. Dennoch beruhen zahlreiche moderne Anwendungen auf solchen Methoden.

Definition C.5
Ein Algorithmus A heißt *Polynomialzeit-Algorithmus*, wenn es ein univariates Polynom p gibt, so dass A zu jeder Eingabe x in $O(p(\text{sizeof}(x)))$ Schritten terminiert.

Eine wichtige Frage der Komplexitätstheorie beschäftigt sich damit, für welche Probleme solche Algorithmen existieren. Im Folgenden konzentrieren wir unsere Ausführungen vor allem auf Entscheidungsprobleme. Als Maßstab für *Effizienz* gilt hier die Definition C.5.

Die Komplexitätsklasse P.   Die Klasse P (Polynomialzeit) bezeichnet die Menge aller Entscheidungsprobleme, für deren Lösung ein Polynomialzeit-Algorithmus existiert.

Die Klasse der Algorithmen, die mit polynomial beschränktem Speicheraufwand auskommen heißt PSPACE. Offensichtlich ist P in PSPACE enthalten.

Die Komplexitätsklasse NP.   Die nachfolgend definierte Klasse NP (nichtdeterministisch Polynomialzeit) enthält Probleme, die zumindest nichtdeterministisch effizient gelöst werden können. Im Gegensatz zum deterministischen Fall, bei dem es in einer Situation genau eine Handlungsmöglichkeit gibt, wird bei nichtdeterministischen Betrachtungen eine Vielzahl möglicher Aktivitäten zugelassen.

Betrachtet man beispielsweise die Suche nach einem Beweis für einen mathematischen Satz, dann gibt es im Falle einer falschen Behauptung überhaupt keinen Beweis. Ist die Behauptung jedoch wahr, dann lassen sich im Allgemeinen verschiedene Beweise führen. Wichtig für den Nachweis der Richtigkeit des Satzes ist lediglich, dass *wenigstens ein* Beweis angegebenen werden kann. Natürlich kann das Finden eines Beweises beliebig schwierig sein. Wird jedoch ein Beweis vorgelegt, dann ist es im Allgemeinen nicht mehr schwer, ihn nachzuvollziehen und die Behauptung zu akzeptieren. In der Komplexitätstheorie werden solche Beweise auch als *Zertifikate* (oder *Zeugen*) bezeichnet.

Definition C.6

Ein Entscheidungsproblem A liegt in NP, falls ein Polynom p und ein polynomialer Algorithmus A existieren, der für jede Eingabe x und jedes mögliche Zertifikat y der Länge höchstens $p(\text{sizeof}(x))$ einen Wert $t(x, y)$ berechnet, so dass gilt:

a. Lautet die Antwort zur Eingabe x „Nein", dann gilt $t(x,y) = 0$ für alle möglichen Zertifikate.

b. Lautet die Antwort zur Eingabe x „Ja", dann gilt $t(x,y) = 1$ für wenigstens ein Zertifikat.

Die Frage „P $=$ NP?".   Offenbar ist die Klasse P in der Klasse NP enthalten. Ein wichtiges offenes Problem der Komplexitätstheorie ist die Frage

$$\text{„P} \overset{?}{=} \text{NP"}.$$

Ihre Bedeutung erklärt sich daraus, dass es viele wichtige Aufgabenstellungen gibt, für die keine polynomialen Algorithmen bekannt sind, aber für die die Mitgliedschaft zur Klasse NP nachgewiesen werden kann. Ohne eine Klärung der Frage „P $\overset{?}{=}$ NP" ist es nicht möglich zu entscheiden, ob es sich bei diesen Aufgabenstellungen um Probleme handelt, die überhaupt nicht in Polynomialzeit lösbar sind, oder ob bisher nur noch keine solchen Algorithmen gefunden werden konnten.

Ein Entscheidungsproblem A heißt NP-*schwer*, falls sich jedes Problem in NP in Polynomialzeit auf A reduzieren lässt. NP-*vollständig* heißt ein Entscheidungsproblem A in NP, wenn jedes Problem aus NP mittels einer geeigneten Polynomialzeitreduktion auf A zurückgeführt werden kann. Exakte Definitionen dieser Begriffe stehen beispielsweise bei Garey und Johnson [43].

NP-vollständige Probleme verkörpern die „schwersten" Probleme in der Klasse NP. Es gilt: Falls irgendein NP-vollständiges Problem in Polynomialzeit gelöst werden kann, so ist das für alle anderen Probleme in NP auch möglich, und es gilt P $=$ NP.

Ein Beispiel für ein NP-vollständiges Entscheidungsproblem ist die Frage nach der Existenz eines *Hamilton-Kreises* in einem endlichen Graphen:

Beispiel C.7

Gegeben sei ein (ungerichteter) endlicher Graph. Existiert ein geschlossener Weg durch den Graphen, der jeden Knoten des Graphen genau einmal besucht?

Fast alle Experten auf dem Gebiet der Komplexitätstheorie vermuten, dass die Klassen P und NP verschieden sind.

Die Komplexitätsklasse #P.   Analog zu Entscheidungsproblemen kann man auch Zählprobleme untersuchen. Hierbei ist die Ausgabe jeweils eine natürliche Zahl. Wie bei Optimierungsproblemen gibt es einen direkten Zusammenhang mit den Entscheidungsproblemen.

Definition C.8
Ein Zählproblem $\mathcal{A}$ liegt in #P, falls ein Entscheidungsproblem $\mathcal{B} \in$ NP existiert, so dass die Aufgabe für $\mathcal{A}$ darin besteht, die Anzahl der $\mathcal{B}$ validierenden Lösungen zu bestimmen.

Ähnlich zu den Begriffen „NP-schwer" und „NP-vollständig" lassen sich auch entsprechende Klassen von Zählproblemen definieren. Ein Zählproblem ist #P-*schwer*, wenn sich jedes Problem in #P in Polynomialzeit darauf reduzieren lässt, und es heißt #P-*vollständig*, falls es zusätzlich selbst in #P liegt.

Beispiel C.9
Die Frage, wie viele verschiedene Hamiltonkreise es in einem gegebenen endlichen Graphen gibt, ist #P-vollständig.

Weitere Komplexitätsklassen.   Die Anzahl der Komplexitätsklassen, die in der Literatur betrachtet werden, scheint ständig zuzunehmen. Mittlerweile spricht man auch von einem „Zoo" von Komplexitätsklassen.

In den Anmerkungen zu Kapitel 9 tritt bei uns ferner noch EXPSPACE auf, die Klasse der Algorithmen, deren Speicherbedarf durch $\exp^{O(1)}$ beschränkt ist.

D Software

Es gibt sehr viel Software zum Thema *Algorithmische Geometrie*. Die Palette reicht von der Implementierung einzelner Algorithmen bis hin zu großen Systemen mit einem weiten Anwendungsspektrum. Dieser Abschnitt soll für vier Softwarepakete kurz auflisten, wofür sie sich im Hinblick auf die algorithmische Geometrie einsetzen lassen.

D.1 polymake

Das System polymake ist spezialisiert auf Algorithmen zum Studium der Geometrie und Kombinatorik von Polytopen und Polyedern in beliebiger Dimension [45, 44]. Mehrere Konvexe-Hülle-Verfahren stehen zur Verfügung, und es können Voronoi-Diagramme sowie Delone-Zerlegungen berechnet werden. Über die Behandlung von Polytopen hinaus bietet die aktuelle Version 2.3 unter anderem Methoden zur Untersuchung algebraischer Invarianten endlicher Simplizialkomplexe sowie Algorithmen für polyedrische Flächen und zur Untersuchung von Starrheit.

polymake ist ein Open-Source-System, das in Perl und C++ geschrieben ist und in beiden Sprachen erweitert werden kann. Zusätzlich bietet es eine umfangreiche C++-Klassenbibliothek zur linearen Algebra und algorithmischen Geometrie, die auch unabhängig vom Rest des Systems genutzt werden kann.

Im WWW ist polymake unter www.polymake.de vertreten.

D.2 Maple

Maple ist ein kommerzielles mathematisches Softwaresystem mit breiter Funktionalität. Hinsichtlich der algorithmischen Geometrie bietet die aktuelle Version 11 nur wenige der Algorithmen, die im ersten Teil des Buches vorgestellt wurde, darunter einen Konvexe-Hülle-Algorithmus in der Ebene und eine Bibliothek zur Lösung linearer Programme. Hingegen kann Maple Gröbnerbasen berechnen und verfügt über die Eliminationstechniken aus dem zweiten Teil. Zusätzlich gibt es einfache Visualisierungsmöglichkeiten.

Für Maple gibt es zahlreiche Erweiterungen und Anwendungsbeispiele, über die man sich auf www.maplesoft.com informieren kann. Maple besitzt sowohl eine eigene Programmiersprache als auch C- und Java-Schnittstellen.

Zwar ist `Maple` jedem der hier genannten spezialisierten Programme in dessen Domäne in puncto Methodenreichtum und Geschwindigkeit weit unterlegen, aber es bietet andererseits die Möglichkeit, Verfahren aus allen Bereichen zu kombinieren.

Beim Ausprobieren unserer Code-Beispiele ist zu berücksichtigen, dass die Syntax zwischen verschiedenen `Maple`-Versionen teilweise differiert.

D.3 Singular

`Singular` ist ein Open-Source-Softwareprojekt, das der algorithmischen kommutativen Algebra und algebraischen Geometrie gewidmet ist [49, 48]. Die aktuelle Version trägt die Nummer 3.0.3. Zahlreiche Verfahren für die Berechnung von Gröbnerbasen sind implementiert. Elimination und viele Verfeinerungen, wie etwa das Conti-Traverso-Verfahren aus Abschnitt 10.6, stehen zur Verfügung. Zusätzlich bietet das System unter anderem Algorithmen zur Invarianten- und Codierungstheorie sowie numerische Verfahren zur Lösung polynomialer Gleichungssysteme.

Die Web-Site ist `www.singular.uni-kl.de`. `Singular` kann in einer eigenen Sprache programmiert werden.

D.4 CGAL

Die „Computational Geometry Algorithms Library" (`CGAL`) ist ein umfassendes Open-Source-Softwaresystem vor allem für die niedrigdimensionale algorithmische Geometrie [20]. Voronoi-Diagramme und Delone-Triangulierungen sind in vielen Varianten und Verfeinerungen verfügbar, darunter auch die in Abschnitt 13.1 behandelten Voronoi-Diagramme von Geradensegmenten. Es existiert ein Konvexe-Hülle-Algorithmus in beliebiger Dimension.

Das Anwendungsspektrum reicht von Arrangements von Geraden und Kurven, Gittererzeugung, geometrische Datenverarbeitung, Suchstrukturen bis zur Bewegungsplanung.

`CGAL` ist eine C++-Bibliothek, die in ihrer derzeit aktuellen Version 3.3 mit vielen Beispielprogrammen erhältlich ist von der Web-Site `www.cgal.org`.

E   Notation

Die Elemente eines Vektorraums schreiben wir üblicherweise als Spaltenvektoren. Während wir dies im ersten Teil des Buches konsequent durchzuhalten versuchen, sind wir im zweiten und dritten Teil diesbezüglich etwas großzügiger, um die Notation zu entlasten.

Die Tabelle unten führt die wichtigsten verwendeten Symbole auf, zumeist mit einem Verweis auf die Seite des ersten Auftretens.

$\lvert M \rvert$	Anzahl der Elemente der Menge M	
$\mathbb{N} = \{0, 1, 2, \dots\}$	natürliche Zahlen	
$\mathbb{Z}$	ganze Zahlen	
$\mathbb{Q}$	rationale Zahlen	
$\mathbb{R}$	reelle Zahlen	
$\mathbb{C}$	komplexe Zahlen	
Id	Einheitsmatrix (passender Dimension)	
$\mathrm{Sym}(M)$	Menge der Permutationen der Menge M, symmetrische Gruppe auf M	
$\mathrm{sgn}(\sigma)$	Signum der Permutation $\sigma \in \mathrm{Sym}(M)$	
$\mathrm{int}\, M$	Inneres einer Menge $M \subseteq \mathbb{R}^n$	18
$\overline{M}$	Abschluss von M	18
∂M	Rand von M	18
$(K^n)^*$	Dualraum des Vektorraums K^n	
$\mathbb{P}^n_K$	n-dimensionaler projektiver Raum über K	11
$\mathrm{G}_{k,n}\, K$	k-te Grassmannsche von K^n	210
$\mathrm{lin}\, M$	lineare Hülle der Teilmenge M eines Vektorraums	
$\mathrm{aff}\, M$	affine Hülle	16
$\mathrm{conv}\, M$	konvexe Hülle	16
$[x, y] = \mathrm{conv}\{x, y\}$	Strecke zwischen zwei Punkten $x, y \in \mathbb{R}^n$	
$\mathrm{pos}\, M$	positive Hülle	36
$(x_0 : x_1 : \cdots : x_n)^T$	homogene Koordinaten eines Punktes im projektiven Raum	12
$[a_0 : a_1 : \cdots : a_n]$	(orientierte) homogene Koordinaten einer Hyperebene	13, 17

$\langle \cdot, \cdot \rangle$	inneres Produkt bzw. euklidisches Skalarprodukt	13, 17
$\| \cdot \|$	euklidische Norm	
$\operatorname{vol} M$	n-dimensionales Volumen von $M \subseteq \mathbb{R}^n$	
M°	zu M polare Menge	31
$\mathcal{F}(P)$	Seitenverband eines Polytops P	37
$I(V, \mathcal{H})$	Inzidenzmatrix der doppelten Beschreibung $(V, \mathcal{H})$	72
$[\mathcal{C}]$	von einer Familie $\mathcal{C}$ von Polyedern (mit Schnittbedingung) erzeugter polyedrischer Komplex	85
$\operatorname{VR}_S(p)$	Voronoi-Region des Punktes p bezüglich $S \subseteq \mathbb{R}^n$	83
$\operatorname{VD}(S)$	Voronoi-Diagramm von $S \subseteq \mathbb{R}^n$	86
$\mathcal{P}(S)$	Polyeder, durch das $\operatorname{VD}(S)$ als vertikale Projektion entsteht	88
$\mathcal{P}^*(S)$	Delone-Polytop	105
$\operatorname{DZ}(S)$	Delone-Zerlegung	107
$\operatorname{ggT}(f, g)$	größter gemeinsamer Teiler von f und g	
$\operatorname{kgV}(f, g)$	kleinstes gemeinsames Vielfaches	
$\deg_x f$	Grad des Polynoms f in der Unbestimmten x	
$\operatorname{tdeg} f$	Totalgrad von f	135
$\operatorname{Res}_x(f, g)$	Resultante von f und g bezüglich der Unbestimmten x	130
$\langle f_1, \ldots, f_t \rangle$	von den Polynomen $f_1, \ldots, f_t$ erzeugtes Ideal	145
$V(I)$	durch das Ideal I definierte affine oder projektive algebraische Varietät	145
I_k	k-tes Eliminationsideal von I	145, 169
$\operatorname{rem}_\prec(f; g_1, \ldots, g_t)$	Rest der multivariaten Division	147, 151
$\prec_{\text{lex}}$	lexikographische Monomordnung	150
$\prec_{\text{revlex}}$	umgekehrt lexikographische Monomordnung	152
$\prec_{\text{grevlex}}$	graduierte umgekehrt lexikographische Monomordnung	152
M_C	mediale Achse der Kurve C	193
$\lambda_C(p)$	lokale Detailgröße der Kurve C im Punkt p	194
$\bigwedge^k V$	k-te äußere Potenz des Vektorraums V	207
$\bigwedge V$	äußere Algebra des Vektorraums V	207
$x \wedge y$	äußeres Produkt von x und y	208
P, NP, #P	Komplexitätsklassen	248

Literaturverzeichnis

[1] William W. Adams und Philippe Loustaunau. *An introduction to Gröbner bases*, Band 3 der *Graduate Studies in Mathematics*. American Mathematical Society, Providence, RI, 1994.

[2] Martin Aigner. *Diskrete Mathematik*. Vieweg Studium: Aufbaukurs Mathematik. Vieweg, Wiesbaden, 5. Auflage, 2004.

[3] Martin Aigner und Günter M. Ziegler. *Das BUCH der Beweise*. Springer-Verlag, Berlin, 2. Auflage, 2004.

[4] Ernst Althaus und Kurt Mehlhorn. Traveling salesman-based curve reconstruction in polynomial time. *SIAM J. Comput.*, 31(1):27–66, 2001.

[5] Nina Amenta, Marshall Bern und David Eppstein. The crust and the β-skeleton: Combinatorial curve reconstruction. *Graphical Models and Image Processing*, 60:125–136, 1998.

[6] Enrique Arrondo. Another elementary proof of the Nullstellensatz. *Amer. Math. Monthly*, 113(2):169–171, 2006.

[7] David Avis. lrslib 4.2. http://cgm.cs.mcgill.ca/~avis/C/lrs.html.

[8] David Avis, David Bremner und Raimund Seidel. How good are convex hull algorithms? *Comput. Geom.*, 7(5-6):265–301, 1997.

[9] David Avis und Komei Fukuda. A pivoting algorithm for convex hulls and vertex enumeration of arrangements and polyhedra. *Discrete Comput. Geom.*, 8(3):295–313, 1992.

[10] Joseph L. Awange und Erik W. Grafarend. *Solving algebraic computational problems in geodesy and geoinformatics*. Springer-Verlag, Berlin, 2005.

[11] Saugata Basu, Richard Pollack und Marie-Françoise Roy. *Algorithms in real algebraic geometry*, Band 10 der *Algorithms and Computation in Mathematics*. Springer-Verlag, Berlin, 2. Auflage, 2006.

[12] Thomas Becker und Volker Weispfenning. *Gröbner bases*, Band 141 der *Graduate Texts in Mathematics*. Springer-Verlag, New York, 1993.

[13] Dimitris Bertsimas und Robert Weismantel. *Optimization over integers*. Dynamic Ideas, Belmont, MA, 2005.

[14] Albrecht Beutelspacher und Ute Rosenbaum. *Projektive Geometrie*. Vieweg, Wiesbaden, 2. Auflage, 2004.

[15] Harry Blum. A transformation for extracting new descriptors of shape. In Weiant Whaten-Dunn, Hg., *Proc. Symposium on Models for the Perception of Speech and Visual Form*, 362–380. MIT Press, Cambridge, MA, 1967.

[16] Jean-Daniel Boissonnat und Mariette Yvinec. *Algorithmic geometry*. Cambridge University Press, Cambridge, 1998.

[17] Siegfried Bosch. *Algebra.* Springer-Verlag, Berlin, 6. Auflage. Auflage, 2006.

[18] Arne Brøndsted. *An introduction to convex polytopes,* Band 90 der *Graduate Texts in Mathematics.* Springer-Verlag, New York, 1983.

[19] Bruno Buchberger. *Ein Algorithmus zum Auffinden der Basiselemente des Restklassenrings nach einem nulldimensionalen Polynomideal.* Dissertation, Universität Innsbruck, 1965.

[20] CGAL, Computational Geometry Algorithms Library. www.cgal.org.

[21] Timothy M. Chan. Optimal output-sensitive convex hull algorithms in two and three dimensions. *Discrete Comput. Geom.,* 16(4):361–368, 1996.

[22] Timothy M. Chan, Jack Snoeyink und Chee-Keng Yap. Primal dividing and dual pruning: output-sensitive construction of four-dimensional polytopes and three-dimensional Voronoi diagrams. *Discrete Comput. Geom.,* 18(4):433–454, 1997.

[23] Bernard Chazelle. An optimal convex hull algorithm in any fixed dimension. *Discrete Comput. Geom.,* 10(4):377–409, 1993.

[24] Vašek Chvátal. *Linear programming.* W. H. Freeman and Company, New York, 1983.

[25] Kenneth L. Clarkson und Peter W. Shor. Algorithms for diametral pairs and convex hulls that are optimal, randomized, and incremental. In *Proc. Fourth Annual Symposium on Computational Geometry (Urbana, IL, 1988),* 12–17, New York, 1988. ACM.

[26] CoCoA-Team. CoCoA: a system for doing Computations in Commutative Algebra. cocoa.dima.unige.it.

[27] George E. Collins. Quantifier elimination for real closed fields by cylindrical algebraic decomposition. In *Automata theory and formal languages (Second GI Conf., Kaiserslautern, 1975),* 134–183. Lecture Notes in Comput. Sci., Vol. 33. Springer, Berlin, 1975.

[28] Pasqualina Conti und Carlo Traverso. Buchberger algorithm and integer programming. In *Applied algebra, algebraic algorithms and error-correcting codes (New Orleans, LA, 1991),* Band 539 der *Lecture Notes in Comput. Sci.,* 130–139. Springer, Berlin, 1991.

[29] Thomas H. Cormen, Charles E. Leiserson, Ronald L. Rivest und Cliff Stein. *Algorithmen – Eine Einführung.* Oldenbourg, München, 2. Auflage, 2007.

[30] David Cox, John Little und Donal O'Shea. *Ideals, varieties, and algorithms.* Undergraduate Texts in Mathematics. Springer, New York, 3. Auflage, 2007.

[31] David A. Cox, John Little und Donal O'Shea. *Using algebraic geometry,* Band 185 der *Graduate Texts in Mathematics.* Springer, New York, 2. Auflage, 2005.

[32] Mark de Berg, Marc van Kreveld, Mark Overmars und Otfried Schwarzkopf. *Computational geometry.* Springer-Verlag, Berlin, 2. Auflage, 2000.

[33] Tamal K. Dey und Piyush Kumar. A simple provable algorithm for curve reconstruction. In *Proc. Symposium on Discrete Algorithms (Baltimore, MD),* 893–894, 1999.

[34] Leonard E. Dickson. Finiteness of the odd perfect and primitive abundant numbers with n distinct prime factors. *Amer. J. Math.,* 35:413–422, 1913.

[35] Peter Dietmaier. The Stewart-Gough platform of general geometry can have 40 real postures. In J. Lenarcic und M.L. Husty, Hg., *Advances in Robot Kinematics: Analysis and Control,* 7–16. Kluwer Academic Publishers, Dordrecht, 1998.

[36] Martin E. Dyer und Alan M. Frieze. On the complexity of computing the volume of a polyhedron. *SIAM J. Comput.,* 17(5):967–974, 1988.

[37] Herbert Edelsbrunner. *Algorithms in combinatorial geometry*, Band 10 der *EATCS Monographs on Theoretical Computer Science*. Springer-Verlag, Berlin, 1987.

[38] Gerd Fischer. *Ebene algebraische Kurven*. Vieweg, Braunschweig, 1994.

[39] Gerd Fischer und Jens Piontkowski. *Ruled varieties*. Vieweg, Braunschweig, 2001.

[40] Steven Fortune. A sweepline algorithm for Voronoï diagrams. *Algorithmica*, 2(2):153–174, 1987.

[41] Komei Fukuda. cddlib 0.94b. http://www.ifor.math.ethz.ch/~fukuda/cdd_home/cdd.html.

[42] Komei Fukuda und Alain Prodon. Double description method revisited. In *Combinatorics and computer science (Brest, 1995)*, Band 1120 der *Lecture Notes in Comput. Sci.*, 91–111. Springer-Verlag, Berlin, 1996.

[43] Michael R. Garey und David S. Johnson. *Computers and intractability: A guide to the theory of NP-completeness*. W. H. Freeman and Co., San Francisco, CA, 1979.

[44] Ewgenij Gawrilow und Michael Joswig. polymake: a framework for analyzing convex polytopes. In *Polytopes – combinatorics and computation (Oberwolfach, 1997)*, Band 29 der *DMV Sem.*, 43–73. Birkhäuser, Basel, 2000.

[45] Ewgenij Gawrilow und Michael Joswig. polymake 2.3. Technical report, Technische Universität Berlin und Technische Universität Darmstadt, 2007. Mit Beiträgen von Thilo Rörig und Niko Witte, www.polymake.de.

[46] Jacob E. Goodman und Joseph O'Rourke, Hg. *Handbook of discrete and computational geometry*. Chapman & Hall/CRC, Boca Raton, FL, 2. Auflage, 2004

[47] Daniel R. Grayson und Michael E. Stillman. Macaulay 2, a software system for research in algebraic geometry. http://www.math.uiuc.edu/Macaulay2/.

[48] Gert-Martin Greuel und Gerhard Pfister. *A Singular introduction to commutative algebra*. Springer-Verlag, Berlin, 2002.

[49] Gert-Martin Greuel, Gerhard Pfister und Hans Schönemann. Singular 3.0.3. A computer algebra system for polynomial computations, Centre for Computer Algebra, Universität Kaiserslautern, 2007. www.singular.uni-kl.de.

[50] Peter Gritzmann. *Optimierung*. Vieweg, Wiesbaden. In Vorbereitung.

[51] Martin Grötschel, Lászlo Lovász und Alexander Schrijver. *Geometric algorithms and combinatorial optimization*, Band 2 der *Algorithms and Combinatorics*. Springer, 2. Auflage, 1993.

[52] Peter Gruber. *Convex and discrete geometry*, Band 336 der *Grundlehren der Mathematischen Wissenschaften*. Springer, Berlin, 2007.

[53] Branko Grünbaum. *Convex polytopes*, Band 221 der *Graduate Texts in Mathematics*. Springer-Verlag, New York, 2. Auflage, 2003.

[54] Dan Halperin, Lydia Kavraki und Jean-Claude Latombe. Robotics. In *Handbook of discrete and computational geometry*, CRC Press Ser. Discrete Math. Appl., 1065–1094. CRC, Boca Raton, FL, 2. Auflage, 2004.

[55] Heisuke Hironaka. Resolution of singularities of an algebraic variety over a field of characteristic zero. I, II. *Ann. of Math. (2) 79 (1964)*, 109–203; *ibid. (2)*, 79:205–326, 1964.

[56] John Hobby. METAPOST. http://cm.bell-labs.com/who/hobby/MetaPost.html.

[57] William V. D. Hodge und Dan Pedoe. *Methods of algebraic geometry. Vol. I, II.* Cambridge University Press, Cambridge, 1947.

[58] Stephan Holzer und Oliver Labs. surfex 0.89. Technical report, Universität Mainz und Universität Saarbrücken, 2007. www.surfex.AlgebraicSurface.net.

[59] Hoon Hong, Christopher W. Brown et al. QEPCAD b 1.46. Technical report, RISC Linz und U.S. Naval Academy, Annapolis, 2007. http://www.cs.usna.edu/~qepcad/B/QEPCAD.html.

[60] Michael Joswig. Beneath-and-beyond revisited. In *Algebra, geometry, and software systems*, 1–21. Springer-Verlag, Berlin, 2003.

[61] David E. Joyce. Euclid's elements. http://aleph0.clarku.edu/~djoyce/java/elements/elements.html, 1998.

[62] Leonid Khachiyan, Endre Boros, Konrad Borys, Khaled Elbassioni und Vladimir Gurvic. Generating all vertices of a polyhedron is hard. In *Proc. Seventeenth Annual ACM-SIAM Symposium on Discrete Algorithms*, 758–765, 2006.

[63] Frances Kirwan. *Complex algebraic curves*, Band 23 der *London Mathematical Society Student Texts*. Cambridge University Press, Cambridge, 1992.

[64] Rolf Klein. *Algorithmische Geometrie*. Springer, Berlin, 2. Auflage, 2005.

[65] Konrad Königsberger. *Analysis 1*. Springer-Verlag, Berlin, 6. Auflage, 2004.

[66] Konrad Königsberger. *Analysis 2*. Springer-Verlag, Berlin, 5. Auflage, 2004.

[67] Bernhard Korte und Jens Vygen. *Combinatorial optimization*, Band 21 der *Algorithms and Combinatorics*. Springer-Verlag, Berlin, 3. Auflage, 2006.

[68] Wolfgang Kühnel. *Differentialgeometrie*. Vieweg Studium: Aufbaukurs Mathematik. Vieweg, Braunschweig, 2. Auflage, 2003.

[69] Jean-Pierre Lazard, Daniel Merlet. The (true) Stewart platform has 12 configurations. In *Proc. IEEE International Conference on Robotics and Automation (San Diego, CA)*, 2160–2165, 1994.

[70] Ernst W. Mayr und Albert R. Meyer. The complexity of the word problems for commutative semigroups and polynomial ideals. *Adv. in Math.*, 46(3):305–329, 1982.

[71] J. Michael McCarthy. *Geometric design of linkages*, Band 11 der *Interdisciplinary Applied Mathematics*. Springer-Verlag, New York, 2000.

[72] Peter McMullen. The maximum numbers of faces of a convex polytope. *Mathematika*, 17:179–184, 1970.

[73] Richard Morris. SingSurf: A program for calculating singular algebraic curves and surfaces. www.singsurf.org, 2005.

[74] Ketan Mulmuley. *Computational geometry: An introduction through randomized algorithms*. Prentice Hall, Englewood Cliffs, NJ, 1993.

[75] Konrad Polthier, Eike Preuss, Klaus Hildebrandt und Ulrich Reitebuch. JavaView, version 3.95. www.javaview.de, 2005.

[76] Helmut Pottmann und Johannes Wallner. *Computational line geometry*. Springer-Verlag, Berlin, 2001.

[77] Franco P. Preparata und Se June Hong. Convex hulls of finite sets of points in two and three dimensions. *Comm. ACM*, 20(2):87–93, 1977.

[78] J.L. Rabinowitsch. Zum Hilbertschen Nullstellensatz. *Math. Ann.*, 102:520, 1929.

[79] Uwe Schöning. *Algorithmik*. Spektrum Akademischer Verlag, Heidelberg, 2001.

[80] Alexander Schrijver. *Theory of linear and integer programming*. John Wiley & Sons Ltd., Chichester, 1986.

[81] Frank Sottile und Thorsten Theobald. Line problems in nonlinear computational geometry. *Discrete and computational geometry – Twenty years later*, Contemporary Mathematics, American Mathematical Society, Providence, RI, 2007.

[82] Ralph Stöcker und Heiner Zieschang. *Algebraische Topologie*. B. G. Teubner, Stuttgart, 1988.

[83] Josef Stoer und Roland Bulirsch. *Numerische Mathematik 2*. Springer-Verlag, Berlin, 5. Auflage, 2005.

[84] Bernd Sturmfels. *Gröbner bases and convex polytopes*, Band 8 der *University Lecture Series*. American Mathematical Society, Providence, RI, 1996.

[85] Bernd Sturmfels. *Solving systems of polynomial equations*, Band 97 der *CBMS Regional Conference Series in Mathematics*. American Mathematical Society, Providence, RI, 2002.

[86] Santosh Vempala. Geometric random walks: a survey. In *Combinatorial and computational geometry*, Band 52 der *Math. Sci. Res. Inst. Publ.*, 577–616. Cambridge Univ. Press, Cambridge, 2005.

[87] Joachim von zur Gathen und Jürgen Gerhard. *Modern computer algebra*. Cambridge University Press, Cambridge, 2. Auflage, 2003.

[88] Roger Webster. *Convexity*. The Clarendon Press Oxford University Press, New York, 1994.

[89] Ingo Wegener. *Theoretische Informatik – eine algorithmenorientierte Einführung*. Teubner, Wiesbaden, 3. Auflage, 2005.

[90] Gisbert Wüstholz. *Algebra*. Vieweg, Wiesbaden, 2004.

[91] Günter M. Ziegler. *Lectures on polytopes*, Band 152 der *Graduate Texts in Mathematics*. Springer-Verlag, New York, 1995.

Index

Das Buch bringt alles von Abzählung bis zu Codes, Graphen und Algorithmen

Aigner, Martin
Diskrete Mathematik
6., korr. Aufl. 2006. XI, 356 S. Mit 140 Abb. 600 Übungsaufg.
Br. EUR 25,90   ISBN 978-3-8348-0084-8

Inhalt: Abzählung: Grundlagen - Summation - Erzeugende Funktionen - Muster - Asymptotische Analyse

Graphen und Algorithmen: Graphen - Bäume - Matchings und Netzwerke - Suchen und Sortieren - Allgemeine Optimierungsmethoden

Algebraische Systeme: Boolesche Algebren - Modulare Arithmetik - Codierung - Kryptographie - Lineare Optimierung

Lösungen zu ausgewählten Übungen

Das Standardwerk über Diskrete Mathematik in deutscher Sprache. Großer Wert wird auf die Übungen gelegt, die etwa ein Viertel des Textes ausmachen. Die Übungen sind nach Schwierigkeitsgrad gegliedert, im Anhang findet man Lösungen für etwa die Hälfte der Übungen. Das Buch eignet sich für Lehrveranstaltungen im Bereich Diskrete Mathematik, Kombinatorik, Graphen und Algorithmen.

vieweg

Abraham-Lincoln-Straße 46
65189 Wiesbaden
Fax 0611.7878-400
www.vieweg.de

Stand 1.Juni 2007. Änderungen vorbehalten.
Erhältlich im Buchhandel oder im Verlag.

Printed in the United States
By Bookmasters